Christian Scholz / Volker Stein / Roman Bechtel

Human Capital Management

Christian Scholz / Volker Stein / Roman Bechtel

Human Capital Management

Wege aus der Unverbindlichkeit

Die Deutsche Bibliothek – CIP-Einheitsaufnahme

Bibliografische Information Der Deutschen Bibliothek

Die Deutsche Bibliothek verzeichnet diese Publikation in der Deutschen Nationalbibliografie; detaillierte bibliografische Daten sind im Internet über http://dnb.ddb.de abrufbar.

ISBN 3-472-05632-0

Umschlaggestaltung: Atelier Weiß & Haenitsch, Obernbreit
Satz: TGK Wienpahl, Köln
Druck: Wilhelm & Adam, Heusenstamm

Vorwort

„Für Unternehmen ist Human Capital Management erfolgsentscheidend. Zwar bewerten nicht alle Unternehmen ihr Human Capital – aber wenn sie es bewerten, sollten sie es richtig machen!“ Dieser Grundsatz für eine erfolgversprechende Auseinandersetzung mit dem HCM leitet unmittelbar hin zur Aufgabenstellung für unser Buch: erstens verstehen, wo HCM notwendig wird und wie es auf sinnvolle Weise funktioniert, zweitens HCM professionell gestalten. Oder kurz: Weg mit dem gefährlichen HCM-Dilettantismus!

Die Idee zu diesem Buch entstand in einem Gespräch mit Personalvorständen, die sich in einem schönen Hotel am Rhein darüber unterhielten, dass es doch möglich sein müsse, in einer Vorstandssitzung nicht nur den börsenbezogenen Unternehmenswert zu diskutieren, sondern auch den mitarbeiterbezogenen Wert des Human Capitals.

Verstärkt wurde der Gedanke dann, als einer der Autoren auf einem Treffen renommierte Finanzvorstände zum Thema immaterielle Vermögenswerte von Unternehmen begrüßen durfte. Die dort zu beantwortende Frage klang simpel: Wenn ein Unternehmen ein anderes Unternehmen übernimmt und der Kaufpreis teilweise weit über den reinen Vermögenswerten liegt – woher kommt dann die Differenz?

Diskutiert wurde hauptsächlich aus börsen- und bilanztechnischer Sicht über Höhe und Bewertung („US-GAAP versus IAS“) dieser als „Goodwill“ bezeichneten Differenz. Interessant war aber vor allem ein Aspekt: Zwar wurde im Zusammenhang mit der Schaffung von Synergien der Personalbestand erwähnt (im Sinne von Abbaupotenzial), und es kam auch das Wort „Intellectual Capital“ vor – aber abgesehen davon tauchten Mitarbeiter als Teil der Unternehmen überhaupt nicht auf. Oder wie es der Veranstalter ausdrückte: „Herr Scholz wird es mir verzeihen, dass wir hier nicht über Mitarbeiter reden – aber für uns gibt es Wichtigeres!“

Mit dieser Aussage sollte mitnichten die Rolle des Personalmanagements infrage gestellt werden. Aber in der subjektiven Wahrnehmung und der objektiven Ausgestaltung des Ressorts „Finanz- und Rechnungswesen“ spielen nun einmal die Mitarbeiter keine herausragende Rolle als „Werttreiber“. Dies sieht man auch an der Bewertung von Unternehmen bei Börsengängen: Abgesehen von einer Pauschalbewertung „Qualität des Managements“ herrscht hier Fehlanzeige im Hinblick sowohl auf Personal als auch auf Personalarbeit.

Anders sieht es dagegen im Profisport aus: Hier ist es sogar üblich, den Wert einzelner Fußballspieler auf den Euro genau anzugeben, was sich dann in Ablösesummen und Traumgehältern, aber auch in schlagartigen „Freisetzungen" niederschlägt.

Ein Buch über ein situationsbezogen vernünftiges Human Capital Management ist aus unserer Sicht dringend notwendig – weil Verstehen und Gestalten dieser anspruchsvollen Thematik ein in Zukunft unverzichtbarer Bestandteil einer professionellen Personalarbeit werden wird. Gerade vor dem Hintergrund der sich teilweise dramatisch ändernden Arbeitswelt ist dieses Buch eine Weiterführung der Trendstudie „Spieler ohne Stammplatzgarantie. Darwiportunismus in der neuen Arbeitswelt" (Wiley-VCH, 2003). Human Capital Management bietet gerade in wettbewerbsintensiven Umfeldern die Chance, Unternehmen mitarbeiterorientiert zu führen und zu steuern.

Ohne vorgreifen zu wollen, bereits an dieser Stelle ein wichtiger Hinweis: Einigen Arbeiten zum HCM wird (teilweise zu Recht) vorgeworfen, sie beschränkten sich auf ein pauschales Plädoyer für die Wichtigkeit der Personalarbeit. Deshalb versuchen wir, konkreter zu werden und den Einstieg in eine analytisch-numerische Vorgehensweise zu finden. Anderen Arbeiten wird (und teilweise auch zu Recht) vorgeworfen, sie reduzierten den Mitarbeiter auf seinen monetären Wert. Wenn wir letztlich ebenfalls zumindest für Mitarbeitergruppen monetäre Werte ausrechnen beziehungsweise diverse Ausrechnungen thematisieren wollen, ist es auch unser Ziel, den Mitarbeiter von seinem (negativen) Status als Kostenfaktor auf seinen (positiven) Status als nachweisbar bedeutsamen Bestandteil des Unternehmens aufzuwerten. Sicherlich kann man dann noch immer fragen, ob dazu monetäre Größen nötig sind und vor allem, ob dies überhaupt sinnvoll zu realisieren ist. Genau dieser Frage kann aber nie durch eine pauschale Ablehnung nachgegangen werden, sondern ausschließlich durch eine konstruktiv-kritische Diskussion.

Der Messung von Human Capital kommt insgesamt eine wichtige Bedeutung zu, woraus sich auch ihr zentraler Stellenwert in der generellen Auseinandersetzung mit dem HCM ergibt:

- Am Beginn des HCMs steht die unternehmens- und personalpolitische Frage, warum ein Unternehmen sich überhaupt damit beschäftigen soll. Gesucht ist also ein *HC-Bekenntnis*. Hierzu gibt es viele Beispiele in der wissenschaftlichen Literatur und in der Unternehmenspraxis: Sie zeigen (a) seine Notwendigkeit auf, (b) spezifizieren das Rollenbewusstsein der durchführenden Personalabteilung und (c) setzen sich mit der generellen Kritik am HCM auseinander. Arbeiten zum HC-Bekenntnis sparen im Regelfall die Frage aus, wie das Human Capital überhaupt bestimmt werden kann. Sie geben allerdings den wichtigen Impuls, sich generell mit dem Human Capital zu beschäftigen, und leiten somit über zu HC-Bewertung und HC-Optimierung.

- Wie die Ermittlung eines Wertes für die Gesamtbelegschaft eines Unternehmens erfolgen kann, ist Thema der *HC-Bewertung.* Auf sie konzentrieren wir uns in diesem Buch: Wir wollen Ideen zur Messung des Human Capitals spezifizieren. Dass sich ein solcher Text zwangsläufig sperriger liest als ein freudiges Plädoyer, den wirklichen Wert des Mitarbeiters als individuelle Persönlichkeit endlich zu erkennen, liegt auf der Hand. Im Übrigen sind wir auch keine Vertreter einer sozialromantischen Personalarbeit, die jegliche Messung ablehnen, dafür Applaus ernten, später dann aber Krokodilstränen weinen, wenn Unternehmen mangels seriöser Personalarbeit Mitarbeiter entlassen. Also: raus aus der Unverbindlichkeit und hinein in eine ergebnisoffene HC-Bewertung.

- Aus der Bewertung ergibt sich die Chance, das Unternehmen über den Ansatzpunkt Human Capital personalseitig zu steuern. Die *HC-Optimierung* nutzt das Instrumentarium des Personalmanagements, um Wirtschaftlichkeit und Personalführung stimmig zusammenzubringen. Sie ist damit ein essenzieller Baustein für ein Personalmanagement, das aus unserer Sicht eine höhere Priorität (wenn nicht sogar das Primat) in der Unternehmensführung beanspruchen kann. Diese Thematik der HC-Optimierung wird im vorliegenden Text jedoch nur am Rande berührt.

Unser Buch gleicht ein wenig einem „Kochbuch“: Es umfasst neben den allgemeinen Anforderungen an ein sinnvolles Human Capital Management vor allem auch die wichtigsten gegenwärtig bestehenden Ansätze, die in komprimierter Form und nach immer der gleichen, standardisierten Logik präsentiert werden. Wer Interesse an einem bestimmten HCM-Ansatz hat, kann zunächst die Passung für das betreffende Unternehmen beurteilen, um ihn später zu adaptieren und zu verfeinern. Entsprechend dieser Diktion ist klar, womit wir uns in diesem Text überwiegend *nicht* beschäftigen:

- Wir werden nicht die generelle Wichtigkeit von Mitarbeitern als Werttreiber im Unternehmen behandeln.

- Wir werden nicht die Bedeutung des Wertschöpfungsbeitrages der Personalarbeit thematisieren.

- Wir werden nicht auf die Konsequenzen hinsichtlich Aufgabe und Organisation der Personalarbeit eingehen.

Diese drei Aspekte übergehen wir nicht wegen ihrer geringen Bedeutung im Gesamtkontext eines HCMs – im Rahmen dieser Publikation wird lediglich ein anderer Fokus gesetzt.

Eine persönliche Anmerkung: Das vorliegende Buch über das Human Capital Management – mit Schwerpunkt auf der *HC-Bewertung* – ist kein Zufallsprodukt. Vielmehr ergänzt es stimmig die Palette der in der Saarbrücker Personalforschung publizierten Bücher (Abbildung 1):

- Das *HC-Bekenntnis* ist bereits Teil der oben erwähnten Trendstudie „Spieler ohne Stammplatzgarantie. Darwiportunismus in der neuen Arbeitswelt“: Das Buch thematisiert die Auseinandersetzung mit der Arbeitswelt, die gegenwärtig tief greifende Veränderungen erlebt, und verweist auf das HCM als unverzichtbaren Bestandteil einer professionellen Personalarbeit.
- Die *HC-Optimierung* wird in dem Handbuch „Personalmanagement. Informationsorientierte und verhaltenstheoretische Grundlagen“ (Vahlen, 5. Aufl. 2000) ausführlichst beschrieben. Die zur Verfügung stehenden Instrumente und Methoden des Personalmanagements sind zudem Inhalt des gerade in Vorbereitung befindlichen „Vahlens Großes Personallexikon“.

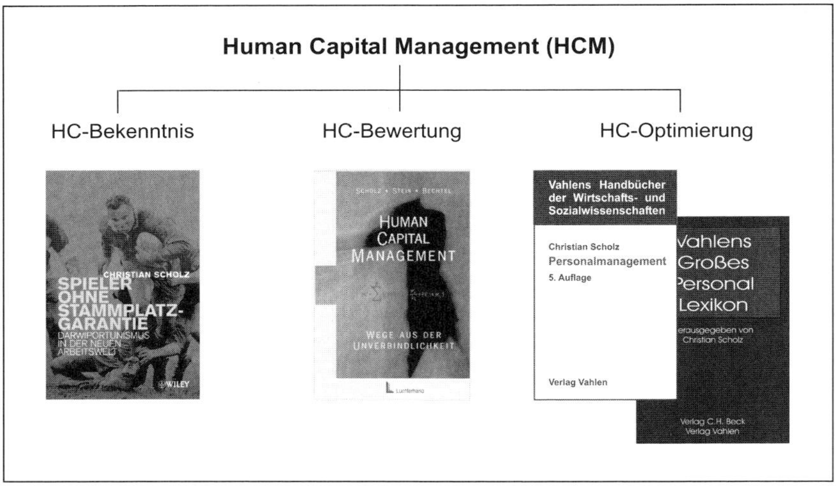

Abb. 1: Positionierung des Buches in der Saarbrücker Personalmanagementforschung

Unser Buch wendet sich an alle, die einen Handlungsleitfaden für die unternehmensindividuelle – und gleichzeitig sinnvolle – Bewertung des Human Capitals suchen. Zu diesem Zweck werden wir nach einer kurzen Einführung in die Problematik (Kapitel A) zehn generelle Gestaltungsgrundsätze für ein Human Capital Management ableiten (Kapitel B). Welche Vorschläge zur Bewertung des Human Capitals es gibt und inwieweit sie unsere Postulate erfüllen, erfährt man in Kapitel C. Aus diesen umfangreichen Überlegungen heraus entwickeln wir in Kapitel D einen Entscheidungsbaum, der für Unternehmen die Auswahl der HC-Bewertungsansätze erleichtern soll. Kapitel E liefert mit der Saarbrücker Formel einen eigenen Bewertungsvorschlag. Abschließend stellt Kapitel F als Ergebnis heraus, welche Konsequenzen sich aus der HC-Bewertung für Unternehmen, Mitarbeiter und die Personalabteilung ergeben.

Unser Dank gilt dem Arbeitskreis „Wertorientiertes Personalmanagement (WoP)“ der Deutschen Gesellschaft für Personalführung e.V. (DGFP), der uns die Reflexion interessanter Ideen vor dem Hintergrund der unternehmerischen Personalpraxis ermöglichte.

Saarbrücken, im Februar 2004

Christian Scholz
Volker Stein
Roman Bechtel

Inhalt

A Die Ausgangslage einer anspruchsvollen Fragestellung ... 15

1. Ratlosigkeit: Was ist denn unser Personal wert? ... 15
2. Handlungsdruck: Es gibt keine Stammplatzgarantie mehr! ... 17
3. Leitidee: Sicherheit beim Bungee-Springen! ... 20

B Gestaltungsgrundsätze: Die zehn Postulate ... 23

1. HCM muss mehr sein als eine bloße Umbenennung von Personalmanagement! ... 23
2. HCM muss sich zum Mitarbeiter als elementarem Vermögenswert des Unternehmens bekennen! ... 27
3. HCM muss Kernaufgabe von Personalexperten sein! ... 29
4. HCM muss sich von der Fixierung auf den Aktienkurs lösen und auf den Arbeitsmarkt ausrichten! ... 32
5. HCM muss Bewertung und Optimierung umfassen! ... 37
6. Die HC-Bewertung muss einem ganzheitlichen Ansatz folgen! ... 38
7. Die HC-Bewertung muss sich durch eine explizite Zukunftsorientierung auszeichnen! ... 41
8. Die HC-Bewertung muss gruppenbezogen und unternehmensbezogen erfolgen! ... 43
9. Die HC-Optimierung muss mindestens eines der zentralen Personalmanagement-Aktivitätsfelder abdecken! ... 45
10. HCM muss kollektiven Wettbewerb mit individueller Chancenvielfalt kombinieren! ... 47

C Praxis: Der State-of-the-Art ... 51

1. Marktwertorientierte Ansätze ... 54
   - 1.1 Markt-/Buchwert-Relation ... 54
   - 1.2 Markt-/Buchwert-Differenz ... 57
   - 1.3 Human Capital Market Value (HCMV) ... 61
   - 1.4 Investor-Assigned Market Value (IAMV) ... 66
   - 1.5 Tobin's q ... 68
   - 1.6 Marktwert/Mitarbeiter-Quotient ... 71
   - 1.7 Value Creation Index (VCI) ... 75

2. Accounting-orientierte Ansätze ... 78
2.1 Accounting For The Future (AFTF) ... 78
2.2 Human Resource Accounting (HRA) ... 80
2.3 Entgeltbarwert-Ansatz ... 85
2.4 Lernzeitbasierte Wissensbilanz ... 90

3. Indikatorenbasierte Ansätze ... 95
3.1 Value Explorer ... 95
3.2 Intangible Assets Monitor (IAM) ... 100
3.3 Intellectual Capital-Index (IC-Index) ... 104
3.4 Intellectual Capital Navigator ... 108
3.5 Skandia Navigator ... 111
3.6 Intellectual Capital-Audit (IC-Audit) ... 117
3.7 IC-Rating ... 121
3.8 Balanced Scorecard (BSC) ... 124
3.9 HR Scorecard ... 129
3.10 Kennzahlenbasierte Wissensbilanz ... 132
3.11 Employee-Value-Index (EVI) ... 136
3.12 Summenmodell des Humankapitals ... 140
3.13 Humatics ... 145
3.14 Human Asset Worth (HAW) ... 148
3.15 Human Capital Indikator ... 151
3.16 Competence x Commitment ... 154
3.17 Aries ... 156
3.18 CIPD-Framework ... 158

4. Value Added-Ansätze ... 161
4.1 Originärer Value Added Intellectual Coefficient (VAIC) ... 161
4.2 Weiterentwickelter Value Added Intellectual Coefficient (VAIC) ... 165
4.3 Market Value Added (MVA) ... 168
4.4 Economic Value Added (EVA) ... 171
4.5 Human Economic Value Added (HEVA) ... 175
4.6 Workonomics ... 178
4.7 Knowledge Capital ... 183
4.8 Total Value Creation (TVC) ... 186
4.9 Kosten-Nutzen-Analyse (KNA) ... 188

5. Ertragsorientierte Ansätze ... 192
5.1 Calculated Intangible Value (CIV) ... 192
5.2 ICM Model ... 195

5.3 Human Capital Pricing Model (HCPM) 199
5.4 ROI of Human Capital (HCROI) 202
5.5 Knowledge Capital Scoreboard 206

D Entscheidungshilfe für die Praxis 211
1. Entscheidungsumfeld 211
2. Entscheidungsbaum 216
3. Entscheidungsprozess 218

E Versuch einer Synthese: Die Saarbrücker Formel 221
1. Hintergrund 221
2. Rechenlogik 226
2.1 HC-Wertbasis 226
2.2 HC-Wertverlust 227
2.3 HC-Wertkompensation 230
2.4 HC-Wertveränderung 231
2.5 Zusammenführung 231
3. Umsetzung 233
3.1 Tendenzielle Konkretisierung 233
3.2 Interpretation 238
3.3 Rechentableau 240
3.4 Anwendungsbeispiel 242
4. Relativierung 247

F Ergebnis: Die Auswirkungen 253
1. ... für das Unternehmen 254
2. ... für die Mitarbeiter 256
3. ... für die Personalabteilung 258

Quellen 261
Namen 287
Stichworte 291

Kontakt

Für Fragen oder Anregungen stehen wir Ihnen gerne zur Verfügung:

Univ.-Prof. Dr. Christian Scholz (scholz@orga.uni-sb.de)
Dr. Volker Stein (vs@orga.uni-sb.de)
Dipl.-Kfm. Roman Bechtel (rb@orga.uni-sb.de)

Lehrstuhl für Betriebswirtschaftslehre,
insb. Organisation, Personal- und Informationsmanagement

Universität des Saarlandes
Postfach 15 11 50
66041 Saarbrücken

Tel.: ++49 (0)681 302 4120; Fax: ++49 (0)681 302 3702

A Die Ausgangslage einer anspruchsvollen Fragestellung

1. Ratlosigkeit: Was ist denn unser Personal wert?

Vorstandssitzung eines Konzerns. Der Finanzvorstand hat gerade seinen Bericht über die finanzielle Lage des Unternehmens abgegeben und durch eine Vielzahl von Kennzahlen einmal mehr eindrucksvoll die Bedeutung seines Ressorts für den Erfolg des Unternehmens unter Beweis gestellt. Dann die Frage an den Personalvorstand: „Wie sieht es denn eigentlich aus mit unserem Human Capital? Ist es mehr geworden oder weniger?"

Die Antwort auf diese durchaus berechtigte Frage zu finden, dürfte für viele Unternehmen schwierig werden. Doch genau dieser Herausforderung will man sich mit einem Human Capital Management (HCM) stellen: Harte Fakten, also ein exakter Euro-Wert als konkretes Ergebnis, sind gefragt. Deshalb ist HCM auch kein neu erfundenes Schlagwort zur Attraktivitätssteigerung beraterischer Angebotsportfolios. Auch geht es nicht um die generelle Messung des Wertschöpfungsbeitrages der Personalarbeit.[1]

HCM bedeutet als Steuerungsimpuls für erfolgreiches Management die Quantifizierung des Wertes der Mitarbeiter.

Wenn ein Unternehmen Investitionen in seine Mitarbeiter tätigt, verzichtet es in dieser Höhe auf andere Investitionen beziehungsweise auf gegenwärtigen Konsum.[2] Man kann betriebswirtschaftlich beurteilen, ob sich diese Investitionen lohnen beziehungsweise gelohnt haben. Dabei ist jedoch nicht primär die Frage nach dem Wert einzelner Personen interessant, sondern auf strategischer Ebene der Wert der Belegschaft.

Ähnlich wie bei Finanzkennzahlen im Geschäftsbericht soll so auch der Erfolgsfaktor Human Capital messbar, vergleichbar und unternehmensintern wie auch unternehmensextern als Entscheidungsgrundlage nutzbar gemacht werden:

- Einhergehend mit der weltweiten Anwendung standardisierter Rechnungslegungsvorschriften wie IAS/IFRS (International Accounting Standards/ International Financial Reporting Standards) oder US-GAAP (US-amerikanische Generally Accepted Accounting Principles) kommt es zu einer weltweit standardisierten Evaluation und Steuerung der Unternehmenseffektivität.[3]

- Gleichzeitig wird Personalarbeit im Unternehmen vielschichtiger, da sowohl dramatische Reorganisationen als auch schleichende Entwicklungen ihre Spuren hinterlassen. Dies gilt umso mehr, als die zunehmende Informationstechnologisierung zu verstärkter Virtualisierung und Grenzauflösung und damit zu einer verstärkten Verzahnung der Personalarbeit mit anderen betrieblichen Funktionen führt.[4]
- Zudem nimmt der Erfolgsdruck auf das Personalmanagement spürbar zu. Da die Höhe der Personalkosten die Marktfähigkeit beeinflusst, wird den Mitarbeitern unmittelbar, dem Personalmanagement mittelbar eine wettbewerbsentscheidende Rolle zugesprochen.[5]

Das Personalmanagement wird zukünftig nicht mehr nur seine klassischen Funktionen und Aufgaben erfüllen. Gerade in seiner seit langem geforderten[6], aber erst jetzt langsam realisierten[7] strategischen Ausrichtung geht es um mehr als um pure Administration. So stellen die Verschärfung des globalen Wettbewerbs, die Forcierung der technologischen Entwicklung, eine sich ausweitende Fusionswelle und die Veränderung der Beschäftigungsverhältnisse immer neue Anforderungen an das Personalmanagement. Insgesamt geht es dabei für das Personalmanagement weniger um die Suche nach einer neuen strategischen Rolle einer wie auch immer organisierten Personalabteilung, sondern vielmehr um die Wahrnehmung seiner schon bestehenden zentralen Führungsfunktion.

Vor allem in Nordamerika und Skandinavien hat sich mit HCM schon seit längerem ein Denkansatz entwickelt, der dem hohen Erfolgsdruck eine personalwirtschaftliche Erfolgsstrategie entgegensetzen will. Ausgangspunkt sind die immateriellen, sich in den Bilanzen bislang noch kaum niederschlagenden Vermögenswerte, die die Basis für den langfristigen Erfolg von Unternehmen ausmachen: geistiges Eigentum, Patente, Lizenzen, Copyrights, Kundenstamm, Lieferantenbeziehungen, Nutzungseffizienz der IT-Infrastruktur, Image und daraus resultierender Wert von Marken sowie vor allem der Wert der Mitarbeiter, das Human Capital. Die große Bedeutung gerade der geistigen Fähigkeiten der Mitarbeiter wird vor allem in wissensbasierten Unternehmen inzwischen erkannt.

Eine wichtige Motivation für die Auseinandersetzung mit HCM liegt in der Notwendigkeit, zunehmend konkrete Angaben über den Gesamtwert der Belegschaft nachweisen zu müssen.

2. Handlungsdruck: Es gibt keine Stammplatzgarantie mehr!

Noch unter dem Eindruck der jüngsten Vorstandssitzung liest der Personalvorstand die Wirtschaftspresse: Überall Entlassungen und knallharter unternehmensinterner Wettbewerb um Leistung und Effizienzsteigerung. Dabei gab es doch bessere Zeiten: Ein angemietetes Büro, einige leistungsfähige Rechner und eine Handvoll karrierebewusster IT-Spezialisten reichten mal aus, um aus einer kleinen Software-Klitsche eine millionenschwere Aktiengesellschaft am Neuen Markt zu machen. Doch dies ist nicht mehr so: Beispielsweise liest er in einem Bericht über den Münchener Chip-Hersteller Infineon, dass der dortige Betriebsrat für die um das Überleben im Unternehmen kämpfenden Mitarbeiter den Begriff der „Infineon-Gladiatoren"[8] geprägt hat. Ihre Leistung wird in einem „Performance Management Program" anhand fachlicher und sozialer Bewertungsgrößen evaluiert: zum Beispiel Arbeitsqualität, Fachkenntnis, Arbeitsquantität, Arbeitssorgfalt und Vertrauenswürdigkeit, Arbeitseinstellung sowie Zusammenarbeit. Und wer zu wenig Leistung bringt, dessen Arbeitsplatz ist unmittelbar in Gefahr. Der Personalvorstand kommt ins Nachdenken.

Offenbar leben wir in einer Arbeitswelt ohne Stammplatzgarantie[9]! Dass Stammplätze nicht mehr garantiert sind, spüren nicht nur Profifußballer. Weder für die Unternehmen in ihren Märkten noch für die Mitarbeiter an ihren Arbeitsplätzen gibt es garantierte Sicherheit.

Verschärfter Wettbewerbsdruck und der Zwang zur absoluten Effizienzorientierung stellen die Überlebenschancen vieler Unternehmen infrage – und bedrohen in der logischen Konsequenz auch die berufliche Existenz der einzelnen Mitarbeiter.

Das Arbeiten basiert auf Kontrakten, also mehr oder weniger kodifizierten Übereinkünften zwischen dem Unternehmen und den Mitarbeitern im Hinblick auf Rechte und Pflichten. Während die Mehrzahl der Sachverhalte im Arbeitsvertrag ausdrücklich geregelt wird, regeln die unausgesprochenen impliziten Kontrakte zwischen Arbeitgeber und Arbeitnehmer die wechselseitigen Erwartungen und die Vermeidung gegenseitiger Enttäuschungen. Allerdings bleiben diese impliziten Kontrakte im Zeitablauf nicht zwingend stabil.

Früher war der implizite Kontrakt relativ klar definiert: Das Unternehmen bietet dem Mitarbeiter lebenslange Beschäftigungssicherheit, ein solides Einkommen und ein angemessenes Weiterkommen im Beruf. Umgekehrt steht der Mitarbeiter seinem Unternehmen loyal gegenüber und bringt sich weitgehend engagiert in das Unternehmen ein. Inzwischen aber hat sich Vieles geändert:

- Auch wenn immer noch das Credo „Der Mitarbeiter steht im Mittelpunkt" die Werbebroschüren der Personalabteilungen ziert, so zählen für Unternehmen an erster Stelle nicht mehr Loyalität und frühere Leistung, sondern ständige Motivation und Leistung, die sich unmittelbar in Markterfolg „übersetzen" lassen.
- Umgekehrt sehen die Mitarbeiter im Unternehmen teilweise nur einen Zwischenschritt ihrer Karriere und zeigen ein eher begrenztes Engagement für ihren Arbeitgeber. Der amerikanische Managementvordenker *Drucker* bringt es auf den Punkt: „Loyalty can no longer be obtained by the pay check"[10].

Gleichzeitig bleiben aber die Erwartungen an die jeweils andere Seite unverändert: Die Führungskraft ist „persönlich betroffen", wenn der Mitarbeiter „rücksichtslos" das (auch nicht gerade zimperliche) Unternehmen verlässt, und der Mitarbeiter (obwohl er seinen eigenen Vorteil in den Vordergrund rückte) ist „zutiefst menschlich enttäuscht", wenn er plötzlich zu dem großen Heer der Arbeitslosen gehört. An der Oberfläche findet man also immer noch die sozialromantische Idealisierung, in Wirklichkeit wurde aber der alte implizite Kontrakt von beiden Seiten jeweils genau zu ihren Gunsten aufgekündigt.

Unternehmen können jetzt nicht etwa – auch wenn sie dies gerne täten – diese Entwicklung ignorieren. Deshalb bringt auch eine Tabuisierung dieses Phänomens wenig. Unternehmen müssen vielmehr genau für sich planen, wie sie diese Situation gestalten wollen – was Auswirkungen auf die gesamte Personalarbeit mit sich bringt.

Mit der Personalarbeit bewegt sich auch das HCM in einem Umfeld mit einer vielschichtigen Interessenlage. Denn eine zentrale Frage ist in der beschriebenen Ausgangssituation besonders wichtig: Welchen Wert bilden die Mitarbeiter für das Unternehmen? Jedes Mal, wenn Unternehmen Entscheidungen darüber treffen müssen, wie viel Geld sie in ihre Mitarbeiter investieren wollen und ob sich dies lohnen wird, ist dazu ein sinnvolles Kriterium notwendig. Und wenn Mitarbeiter entscheiden wollen, ob und wie sie ihren eigenen Wert im gegenwärtigen Unternehmen steigern wollen, brauchen sie dazu ebenfalls ein sinnvolles Kriterium.

Fälle wie das Performance Management Program von Infineon machen deutlich: Es besteht die Gefahr, dass sich Bewertungssysteme etablieren, in denen einzelne Mitarbeiter nach Kriterien, die ihnen unbekannt sind, weil sie aus irgendwelchen geheimen Schreibtischschubladen auftauchen, freigesetzt und/oder in ihrer Karriere blockiert werden und/oder diejenigen gewinnen, die sich am geschicktesten bei ihrem Chef „beliebt“ machen. Die Mitarbeiter waren zwar stets als wertvoll anerkannt – doch niemand konnte den Wert beziffern. Die vermeintliche Unsichtbarkeit und Unfassbarkeit, die Immaterialität des menschlichen Wertfaktors, hat dazu geführt, dass man sich mit dessen vermeintlicher Unbewertbarkeit abgefunden hat. Doch die neue Arbeitswelt ohne Stammplatzgarantie zwingt hier zum Umdenken.

Deshalb sind Lösungen gesucht, die Transparenz für alle Beteiligten schaffen. Mitarbeiter, Unternehmensleitung und Betriebsrat sollten besser gemeinsam versuchen, ein ehrliches HCM-System zu finden und auch seine Spielregeln zu kommunizieren. Wenn vernünftige Standards zur Quantifizierung des Gesamtwertes der Belegschaft gewählt werden, wenn ein offener Diskurs darüber geführt wird und wenn das System nicht auf hektische Kurzfristigkeit ausgelegt ist, dann kann dies sowohl dem Unternehmen wie auch den Mitarbeitern bei ihren marktorientierten Investitionsentscheidungen helfen.

Immaterielle Vermögenswerte von Unternehmen müssen sich also marktlichen Bewertungsmechanismen stellen und die Gültigkeit der Prinzipien von Angebot und Nachfrage für sich anerkennen. Auf der Suche nach Möglichkeiten zur Effizienzsteigerung stellt die Bewertung des Human Capitals dabei einen neuen, zunehmend attraktiven Weg dar, den Unternehmen und Mitarbeiter in ihrer wechselseitigen Abhängigkeit und Verantwortung beschreiten.

Der dringende Bedarf nach Messung und Optimierung des Wertes der Mitarbeiter ist ein weiterer Grund für die Notwendigkeit, HCM im Unternehmen einzuführen.

3. Leitidee: Sicherheit beim Bungee-Springen!

„Wie müsste denn meine Antwort auf die Frage meiner Vorstandskollegen aussehen? Meine Personalabteilung müsste doch in der Lage sein, einen Euro-Betrag als Wert der Belegschaft des Unternehmens zu ermitteln. Etwa 50 Millionen Euro. Aber was wäre, wenn der Finanzvorstand plötzlich ermittelte, der Wert der Belegschaft könne rein rechnerisch maximal 30 Millionen Euro betragen?“ Plötzlich ist eine Zahl da, keiner weiß warum, und trotzdem orientiert man sich an dieser Zahl! Also: Was steckt wirklich hinter dem HCM? Und noch wichtiger: Was sollte hinter dem HCM stecken, damit es die hohen Erwartungen wirklich erfüllen kann, die mit diesem Konzept verbunden werden?

Im Ergebnis läuft die Beschäftigung mit HCM auf eine möglichst exakte Bezifferung des in den Mitarbeitern eines Unternehmens repräsentierten Human Capitals hinaus. Vor dem Hintergrund des Anspruchs, monetäre Kennzahlen auszuweisen, geht es nicht darum, einen „absoluten“ Wert für den einzelnen Menschen zu finden, sondern einen „relativen“ Wert für das Human Capital der Belegschaft, die stets im Kontext ihres spezifischen Arbeitsumfeldes zu sehen ist.

Einen interessanten Vorschlag hat der Biochemiker *Vester* geliefert, der als Vordenker des Club of Rome den Wert von Blaukehlchen berechnet hat: Einem theoretischen absoluten „Wert“ von etwa 1,5 Cent als „Einkaufspreis“ für Blaukehlchen (Wert von Vogelskelett, Fleisch, Blut und Federkleid) hat er einen relativen Wert in Höhe von 154,09 Euro entgegengestellt (Wert zum Beispiel als Schädlingsbekämpfer, Freudespender und Symbiosepartner).[11] Die Idee, die der zweiten Berechnung zugrunde liegt, liefert interessante Anregungen für die Beschäftigung mit HCM. *Vester* hatte ein konkretes Anliegen: Der ermittelte Wert muss nicht nur von jedermann anerkannt und unbestritten sein, sondern soll in seiner Ermittlung transparent gemacht werden. Durch diese Quantifizierung des Wertes von Tieren können – wenn überhaupt – den unverbindlichen Lippenbekenntnissen zum Schutz von Tier, Natur und Umwelt konkrete Taten folgen.

Um es noch einmal klar zu sagen: Die Aussage „Ein Blaukehlchen kostet an Futter 10 Cent im (Winter-)Monat“ greift ebenso zu kurz wie die zusätzliche Referenzgröße „1,5 Cent Einkaufspreis“. Richtig – und von uns angestrebt – ist die Gegenüberstellung von 10 Cent (Kosten) und 154,09 Euro (Nutzen) im Sinne von „Wert“.

Eine sachliche und faktenbasierte Diskussionsgrundlage liefert das HCM gerade auch in einer Welt ohne Stammplatzgarantien, da diese klare Bekenntnisse und ehrliche Spielregeln braucht.

In der werteorientierten Diskussion um das Human Capital gibt es zwei weitere Argumentationsstränge, denen das vorliegende Buch zwar zustimmt, die es aber bewusst nicht berücksichtigt:

- Die eine Argumentation lautet „Human Capital ist wertvoll" und zielt auf eine primär verbale Betonung dieser Aussage. Dies ist natürlich richtig, gilt aber im Prinzip seit Tausenden von Jahren und wird auch im modernen Personalmanagement seit langem betont. Da man auf jede Quantifizierung verzichtet, führt diese Argumentation letztlich aber in keiner Weise weiter.
- Die zweite Argumentation lautet „Personalarbeit ist wertschöpfend". Auch das ist richtig und wichtig. Nur ist es ein Unterschied, ob man sich mit dem Wert der Mitarbeiter oder aber mit dem Wertschöpfungsbeitrag der Personalarbeit beschäftigt. Beides sind Unterfangen, die sich um eine monetäre Quantifizierung drehen. Doch während es bei der Wertschöpfung um den Wert der Personalarbeit (funktionale Dimension) beziehungsweise der Personalabteilung (institutionale Dimension) geht, geht es beim HCM um den Wert des Personals (personale Dimension).

Gerade weil diese zentralen Unterschiede nicht immer beachtet werden: Es ist für das Verständnis von HCM von zentraler Bedeutung, hier die notwendige Trennschärfe zu bewahren. Denn:

Es ist relativ einfach zu sagen „Wir sind gegen Human Capital Management, weil es mitarbeiterfeindlich, mechanistisch und technokratisch ist." Aber diese Verweigerungshaltung ist aus betriebswirtschaftlich-personalwirtschaftlicher und auch aus ethischer Sicht kontraproduktiv.

Die Begründung für diese Logik basiert auf vier Argumenten:

- Ein sinnvoll strukturiertes HCM verhilft erstens dem Unternehmen zu verbesserter Wettbewerbsfähigkeit und sichert auf diese Weise Arbeitsplätze.
- Zweitens steigert es die Transparenz, was wiederum im Interesse der Mitarbeiter ist, weil es Undurchsichtigkeit und Ungerechtigkeit reduziert.
- Drittens macht ein gut ausgebautes Personalmanagement gerade „harte" Anpassungsmaßnahmen wie betriebsbedingte Kündigungswellen unwahr-

scheinlicher[12] – und HCM erzwingt eine weitere Professionalisierung des Personalmanagements.

- Schließlich ist viertens auch zu bedenken, dass die Bewertung immaterieller Vermögenswerte ohnehin bevorsteht. Bevor Unternehmen dieses Spielfeld Wirtschaftsprüfern oder Beratern überlassen, besteht die Chance, als „Personaler" die Entwicklung von HCM im Interesse von Unternehmen und Mitarbeitern zu beeinflussen.

Entscheidet man sich für ein HCM, dann muss man es allerdings richtig machen. Dieser Satz klingt zwar trivial, ist es aber bei weitem nicht. Denn es gibt eine Vielzahl grundsätzlich in Frage kommender Methoden und Verfahren des HCMs. Eine unternehmensindividuelle Anpassung („Customizing") der Bewertungsmodelle des HCMs wird früher oder später zum Regelfall werden. Aber im Sinne einer grundlegenden Orientierungshilfe sind Standards zu definieren, die die Mindestanforderungen an ein „richtiges", also sinnvolles und zielführendes HCM abstecken.

Insgesamt verhält es sich mit HCM wie mit dem Bungee-Springen: Nicht jeder muss mitmachen – wer aber springt, der sollte auf die Einhaltung gewisser Anforderungen an das Sprungseil achten!

Daher sind die folgenden zehn Postulate für das HCM zu verstehen als notwendige Bedingungen und Mindestanforderungen für „richtiges" HCM – sozusagen als Kriterien für ein „sicheres" Bungee-Seil.[13]

Im Ergebnis kann das HCM für das Personalmanagement das werden, was die Investitionsrechnung für die Finanzplanung heute ist.

B Gestaltungsgrundsätze: Die zehn Postulate

1. HCM muss mehr sein als eine bloße Umbenennung von Personalmanagement!

Der Personalvorstand lässt seinen Referenten nach HCM-Konzepten suchen. Das Resümee: Viele Beratungsunternehmen werben mit dem viel versprechenden Schlagwort HCM und nehmen „Me-too-Produkte" zum HCM in ihr Angebotsportfolio auf. Weil der Begriff „Human Capital" nicht rechtlich geschützt ist, „kleben" sie das werbe- und verkaufswirksame Etikett „Human Capital" überall drauf, wo auch nur ansatzweise Personalmanagement drinnen ist.

Die Vielzahl möglicher Übersetzungen des englischen Ausdruckes „Human Capital" ins Deutsche[14] ist bereits ein Hinweis darauf, dass nicht zwingend identische Inhalte gemeint sein müssen, sondern auch recht stark voneinander abweichende Bedeutungen damit verbunden sein können. Gemeinsamer Kern der meisten Ansätze zum Human Capital ist der Beitrag der Belegschaft zur direkten oder indirekten Zielerreichung.

Aus Sicht des Personalmanagements richtet sich der Fokus des Human Capitals damit auf die mitarbeitergebundenen immateriellen Vermögenswerte. Seine Sichtweise erhebt ausdrücklich den Anspruch, als ganzheitliches Konzept alle zur Zielerreichung beitragenden Mitarbeiterfähigkeiten zu berücksichtigen, also je nach beruflicher Tätigkeit durchaus auch körperliche Fähigkeiten. Sicherlich sind Wissensarbeiter (und ihr Wissen) von zunehmender, wahrscheinlich grundlegender Bedeutung für immer mehr Branchen. Dennoch gibt es nach wie vor auch solche Humankapitalträger, deren körperliche Fähigkeiten weiterhin wichtig sind.

Aus Sicht des Unternehmens ist das Human Capital ein Bestandteil der unternehmerischen Kapitalressourcen (Abbildung 2): Diese bestehen darüber hinaus aus dem finanziellen Kapital, dem physischen Kapital, dem organisationalen Kapital sowie dem Beziehungskapital.

Der Unternehmenswert ergibt sich damit aus der Summe von Bilanzvermögen und dem Intellectual Capital als Zusammenfassung von Human Capital sowie sonstigem immateriellem Vermögen des Unternehmens.

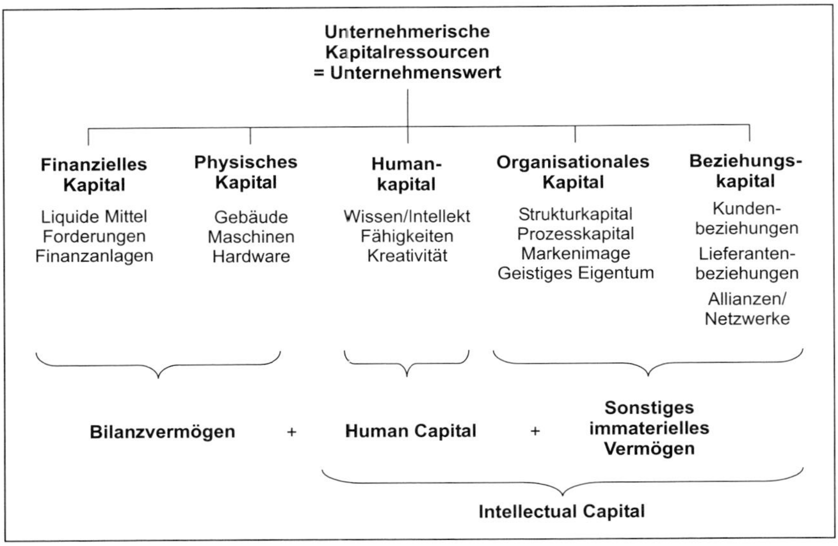

Abb. 2: Human Capital als Bestandteil des Unternehmenswertes

Viele Unternehmen haben einen wesentlich höheren Marktwert (bei börsennotierten Unternehmen: Preis einer Aktie gemäß aktuellem Börsenkurs * Anzahl der ausgegebenen Aktien), als sie durch ihr materielles Vermögen beziehungsweise durch ihren Buchwert (ausgewiesenes Eigenkapital gemäß Bilanz) ausweisen. Neben Bilanzvermögen, Human Capital und sonstigen immateriellen Vermögenswerten spielt darüber hinaus noch ein börsenpsychologischer Effekt eine Rolle, beispielsweise Marktpreisschwankungen infolge von Führungswechseln oder Gerüchten.

Wenn das HCM den Wert der Mitarbeiter eines Unternehmens erfasst, dann sind umgekehrt all diejenigen Ansätze irreführend bezeichnet, die diesen Wert nicht erheben (Abbildung 3). Es würde viel zu kurz greifen, wenn der Begriff HCM nur anstelle des „alten“ Personal- oder Human Resource Management-Begriffs verwendet würde und letztlich allenfalls eine (verkaufsfördernde) Umbenennung der früheren Personalarbeit wäre.

Sind diese Nachlässigkeiten bei der Verwendung verschiedener Begriffe und Konzepte im Einzelfall auf ein mangelndes konzeptionelles Grundverständnis der Berater oder auf eine bewusste, unter Verkaufsgesichtspunkten getroffene Entscheidung zurückzuführen? Beides scheint möglich, wenngleich zumindest die Vermutung nicht allzu fern liegt, dass man sich von der Vermischung der unterschiedlichen Konzepte – mit einer für den potenziellen Kunden schein-

Quelle	Etikett	von HCM abweichender Inhalt
AON	Human Capital – Management Consulting[15]	Angebote zu Benefits, Compensation, Management Consulting, Outsourcing
Arthur Andersen	Human Capital Appraisal (HCA)[16]	fünf allgemeine personalwirtschaftliche Funktionen mit jeweils fünf Prozessphasen
Deloitte & Touche (USA)	Human Capital Advisory Services[17]	HR-bezogene Dienstleistungen jeder Art
Douglas Publications, Inc.	Human Capital[18]	typische allgemeine HR-Zeitschrift
Gartner, Inc.	Human Capital Assessment & Strategies[19]	Evaluation personalwirtschaftlicher Aspekte (Arbeitsprozesse, Karriereplanung, Vergütung etc.) zwecks Performance-Steigerung von IT-Firmen
PeopleSoft, Inc.	Human Capital Management[20]	Personalmanagement-Module unter anderem zu Prozessmanagement, Personalvergütung, e-Recruitment und Zeitmanagement
Pricewater-houseCoopers	Global Human Capital Survey 2002[21]	Einfluss des Mitarbeiter-Managements auf die Profitabilität
SAS Institute, Inc.	SAS Human Capital Management[22]	webbasierte Software, im Wesentlichen ein Werkzeug zur mitarbeiterbezogenen Datenanalyse
Watson Wyatt	Human Capital Index (HCI)[23]	Korrelation zwischen Effektivität von HR-Praktiken und Shareholder Value

Abb. 3: Beispiele potenziell irreführender HCM-Etikettierung

bar breiten Anwendbarkeit der angebotenen personalwirtschaftlichen Lösungen – eine höhere Attraktivität verspricht.

Zielführender sind HCM-Ansätze, die sich tatsächlich mit der Wertermittlung der Personalressourcen befassen. Einige von ihnen tun dies und sind in Kapitel C dieses Buches vorgestellt.

Hinsichtlich der Erfüllung dieses ersten Postulats für das HCM ist es somit notwendige Bedingung, dass sich die Ermittlung des Human Capitals nicht auf die Wertbestimmung der Personalarbeit[24] erstreckt; vielmehr sind immaterielle Vermögenswerte Gegenstand der Diskussion, und zwar speziell die Mitarbeiterfähigkeiten. Je deutlicher dieser Anspruch eines HCMs wird, den Wert der Belegschaft eines Unternehmens zu quantifizieren, desto eher wird es diesem Postulat gerecht. So deutet beispielsweise die gezielte Auseinandersetzung mit der Frage, wer eigentlich als Humankapitalträger zum „Untersuchungsgegenstand" des HCMs wird, auf ein entsprechendes Begriffsverständnis von HCM hin. Bleibt hingegen unklar oder widersprüchlich, ob letztlich die Wertschöpfung der Personalarbeit oder der Wert der Mitarbeiter gemeint ist, so lässt dies ein eher diffuses Begriffsverständnis von HCM vermuten.

Gefragt ist also Sensibilität für die hinter dem HCM stehenden Konzepte und Produkte. HCM ist kein umbenanntes Personalmanagement: HCM hat sich ausschließlich mit dem „Wert des Personals" zu befassen und diesen in eine (oder mehrere) klare Kennzahlen zu verdichten. Die fundamentale dahinter stehende Logik lautet: „What you can't measure, you cannot manage!"

Auf diese Weise wird HCM zu einem eindeutig abgrenzbaren Teilbereich im Personalmanagement, bei dem es anstatt einer Umbenennung des Personalmanagements darum geht, eine quantitative sowie qualitative Bewertung der Belegschaft vorzunehmen.

2. HCM muss sich zum Mitarbeiter als elementarem Vermögenswert des Unternehmens bekennen!

Was soll überhaupt im HCM erfasst werden? Vielleicht aggregiertes Wissen und Fähigkeiten? Sie kommen in den Leistungsbeiträgen einzelner Akteure zur Zielerreichung eines Gesamtsystems zum Ausdruck – und in vielen Berufen gibt es dafür bereits heute konkrete Marktpreise, die das Human Capital der jeweiligen Leistungserbringer veranschaulichen. Wie viel ist die Belegschaft wert?

HCM hat seine Wurzeln in der Beschäftigung mit den immateriellen, verborgenen und deshalb bislang nur unzulänglich quantifizierbaren Vermögenswerten von Unternehmen. Im Human Capital rücken die Mitarbeiter in den Blickpunkt: als diejenigen, die ein bestimmtes Wissen haben und dazu die Fähigkeit, dieses Wissen auch einzusetzen.

HCM will die in den Mitarbeitern vorhandene Wissensbasis als dauerhaften Wettbewerbsvorteil sichern und ausbauen.

Wissen lässt sich zwar durch moderne Informationsverarbeitungstechnologie vermitteln und speichern, allerdings wird es erst bei Nutzung durch die Mitarbeiter im Unternehmen zum Produktionsfaktor; aus diesem Grund kommt den Führungskräften die wichtige Rolle zu, für die Mitarbeiter eine möglichst vielfältige Lernumgebung zu schaffen, die ein Lernen aus eigener Erfahrung, von Kollegen, Kunden, Lieferanten und Geschäftspartnern erlaubt.[25]

Die Idee, Mitarbeiter zu bewerten, ihnen also aus der Perspektive des Arbeitgebers heraus einen Wert als Nutzenstifter für das Unternehmen zuzuweisen, ist nicht neu. Im Sport wird er perfektioniert, wenn etwa Profifußballer mit einem Marktwert versehen auf den Transferlisten der Vereine stehen. Der Status eines Profifußballspielers ist dann eindeutig der eines „Vermögenswertes" seines Vereins – vor allem, wenn Proficlubs in Aktiengesellschaften umgewandelt werden. In der Konsequenz bedeutet dies eine explizite Bewertung des Human Capitals und sogar eine Monetarisierung. Denn Transfersummen und gezahlte Gehälter sind durch Angebot und Nachfrage bestimmte Handelspreise; die „Bepreisung" menschlicher Leistungsträger ist hier also schon lange eine Selbstverständlichkeit.

Analoge Marktmechanismen wirken auch bei anderen Berufsgruppen im Hintergrund: Intendanten, Dirigenten und Regisseure werden bei der Konkurrenz abgeworben,[26] wenn man glaubt, durch diese Humankapitalträger den Wert eines Unternehmens steigern zu können.

Ansatzpunkt ist der einzelne Mitarbeiter im Unternehmenskontext: Was ist ein Schriftsteller für einen Verlag wert? Wie kalkuliert man seine Bücher hinsichtlich Auflage und Preisgestaltung? Welchen Wert hat ein Musiker für eine Konzertagentur? Wird ein Sänger für ein Konzert engagiert? Falls ja, was ist sein Wert, was sollte man „für ihn bezahlen"? Dies alles – und die Liste ließe sich beliebig verlängern – sind Marktwerte, die Humankapitalträger als Vermögenswerte behandeln, nicht als Kostenverursacher.

Wenn sich die Vision vom Mitarbeiter der Zukunft als unternehmerisch handelndem, sich selbst vermarktendem, mobilem und flexiblem Anbieter seiner individuellen Potenziale realisiert, dann kann dieser – sich seines Wertes bewusst – vielleicht schon bald seine persönliche „Ich-Aktie"[27] vermarkten. Wie ein Fußballspieler wird er dann seine spezifischen Fähigkeiten und Wissensbestände auf den Markt bringen.

Dennoch ist es nicht die Idee des HCMs, die Werte der einzelnen Mitarbeiter einzeln zu berechnen: Dagegen sprechen eine überkomplexe Methodik, ein zu hoher Aufwand sowie fehlende Akzeptanz bei Betroffenen, Führungskräften und dem Betriebsrat. Nichtsdestotrotz bleiben die Mitarbeiter die zentrale Basis für eine Kollektivbewertung des Human Capitals.

Das Bekenntnis zum Mitarbeiter als Vermögenswert kommt umso deutlicher zum Ausdruck, je stärker der Charakter des Mitarbeiters als wertschöpfender Faktor, der eben nicht nur und in erster Linie Kosten verursacht, betont wird. Dieser Mitarbeiterwert wird gerade dann transparent, wenn die Mitarbeiter explizit als wichtiger Teil des immateriellen Vermögens von Unternehmen wahrgenommen werden und ihnen in dieser Funktion sogar in Geldeinheiten gemessene konkrete Zahlenwerte zugeschrieben werden können.

Die Beschäftigung mit HCM spiegelt einen fundamentalen Bedeutungswandel wider: Mitarbeiter wandeln sich von Kostenverursachern zu wertschöpfenden Ressourcen und sind damit elementarer Vermögenswert des Unternehmens.

3. HCM muss Kernaufgabe von Personalexperten sein!

Anruf vom Vorstandskollegen des Bereichs Finanzen: Der Personalvorstand möge die Idee der Personalbewertung – und diese Idee sei in der Tat gut – doch bitte dem Finanzressort überlassen, denn man habe dort schon ein computergestütztes Bewertungssystem für Immobilien, das man problemlos anpassen könne.

Der „Faktor Mensch“ ist mehr als eine „residuale Größe“ in der Ermittlung des Unternehmenswertes. Wenn ein an Großartigkeitswahn erkranktes Vorstandsteam sich einer unkontrollierten Personalexpansion hingibt oder wenn ein Unternehmen durch falsche Personalarbeit eine ungewollte Fluktuation in „gut zweistelligem“ Bereich schafft, dann sind dies Faktoren, die durchaus eine Rolle bei der Wertermittlung für das Unternehmen spielen. Zumindest weil sie – um die Sprache der Bilanzfachleute anzuwenden – „die Nutzungsdauer des im Unternehmen vorhandenen Werte-Konglomerates“ drastisch reduzieren und im Hinblick auf den „Fair View“ eines Unternehmens zu berücksichtigen sind.

Personalexperten sind in diesem Zusammenhang prädestiniert, über den Wert des Human Capitals nachzudenken, da sie am ehesten den Werteinfluss der Belegschaft auf das Unternehmen einschätzen können und da nirgendwo anders im Unternehmen eine bewusste Auseinandersetzung hiermit erfolgt.

Dies gilt insbesondere für das Rechnungswesen. Eine explizite Berücksichtigung von Human Capital ist weder nach dem deutschen HGB noch nach dem US-amerikanischen Rechnungslegungssystem US-GAAP noch nach den International Accounting Standards/International Financial Reporting Standards (IAS/IFRS) vorgesehen. „Der denkbare Vorteil aus schwebenden Arbeits- oder Dienstverträgen – etwa in Form der Verfügbarkeit über bes. qualifizierte oder geeignete Mitarbeiter – ist auch bei entgeltlichem Erwerb nicht als eigenständiger immaterieller VG [Vermögensgegenstand, die Verfasser] qualifizierbar, sondern begründet einen geschäftswertbildenden Faktor, der nur bei entgeltlichem Erwerb eines Betriebs oder Teilbetriebs i.R.v. § 255 Abs. 4 [derivativer Geschäfts- oder Firmenwert, die Verfasser] aktivierbar sein kann (…).“[28]

Im Jahresabschluss vorgeschriebene Positionen sind lediglich der Personalaufwand gemäß § 275 Abs. 2 Nr. 6 HGB sowie Rückstellungen für Pensionen und ähnliche Verpflichtungen im Sinne des § 266 Abs. 3 B. 1. HGB; diese könnten bestenfalls als – allerdings sehr grobe – Indikatoren für das Human

Capital interpretiert werden. Darüber hinaus kann im Rahmen des nach § 264 Abs. 1 HGB für große und mittelgroße Kapitalgesellschaften gesetzlich vorgeschriebenen Lageberichtes ein Sozialbericht erstellt werden, der unter anderem Angaben zur Arbeitnehmerschaft, zur Struktur des Personalaufwandes und zu betrieblichen Sozialleistungen enthält.[29]

Erklären lässt sich die Nichtbeachtung von Human Capital in den rechtlichen Grundlagen der Rechnungslegung mit der Unklarheit bezüglich einer anzuwendenden Methode sowie mit der Unsicherheit der ermittelten Ergebnisse. Darüber hinaus sind die Konsequenzen für die Bilanz zu bedenken – etwa wenn bei einer Aktivierung des Human Capitals gegebenenfalls neue Passivposten wie Rückstellungen für Entlassungsabfindungen notwendig würden.[30]

Vor allem haben aber in der Vergangenheit Versuche von Bilanzierungsfachleuten und Finanzvorständen, die Mitarbeiter als Sonderform immaterieller Vermögenswerte zu bewerten, wenig gebracht: Dann errechnet man beispielsweise den HC-Wert aus dem derivativen Firmenwert oder – vielleicht noch schlimmer – gibt Bilanzakrobaten ein Instrument in die Hand, um mit der Festlegung eines HC-Wertes Bilanzpolitik zu machen.

Im Übrigen zeigt es sich häufig, dass in der Gedankenwelt von Bilanzierungs- und Rechnungswesenexperten das Personal – sofern es sich nicht abbauen lässt und damit sein Nicht(mehr)vorhandensein zur Kosteneinsparung beiträgt – keinen relevanten Platz einnimmt. Doch ist ein Bewertungsergebnis gerade abhängig vom Zweck der Bewertung und der Perspektive des Bewertenden. Der Bewertungszweck ist nur zum Teil kosten- und unternehmensbezogen definiert, teilweise aber auch an wirtschaftspolitischen, gesellschaftlichen oder Kundeninteressen ausgerichtet. Von dem Bewertungszweck hängt das Ausmaß ab, in dem bestehende Ermessensspielräume bei der Bewertung ausgenutzt werden.

Es ist ein wesentlicher Zweck der Personalarbeit, die betrieblichen Personalstrategien mit den übrigen Teilstrategien im Unternehmen erfolgsorientiert zu koordinieren und hierbei insbesondere die Interessen verschiedener Stakeholder wie Mitarbeiter und Kunden zu berücksichtigen. Für das HCM lässt sich diese Kompetenz von Personalexperten ebenfalls nutzen.

Ein Teil der Professionalität im Personalmanagement besteht gerade darin, auch auf Fragen wie der nach dem Wert der Belegschaft vor dem Hintergrund dieser komplexen Ausgangslage eine Antwort zu finden.

Gerade an HCM-fähige Personalexperten sollten spezifische Anforderungen gestellt werden, die darin bestehen, einige Dinge *nicht* zu tun:

- Personalexperten sollten kein unrealistisches Bild der Arbeitswelt bei sich zulassen. Ein Auskommen ohne betriebliche Leistungskontrollen entspricht vielleicht einem romantischen Ideal, befindet sich aber fern jeglicher ökonomischer Realität. Wer es trotzdem wagt, ignoriert einen für Unternehmen überlebenskritischen Aspekt. Personalexperten sollten daher die gegenwärtige Lage der fehlenden Stammplatzgarantie als gegeben akzeptieren.
- Personalexperten sollten die durch HCM entstehende Transparenz von Bewertungen nicht ablehnen. Die nahe liegende Problematik von HCM-Systemen besteht vielmehr gerade in der Gefahr von Intransparenz: Kategorisierungsentscheidungen werden dadurch subjektiv. Solche Intransparenz führt zur Schwierigkeit, Sinn, Notwendigkeit und positiven Nutzen für alle Beteiligten zu kommunizieren.
- Personalexperten sollten auch nicht davor zurückschrecken, konsequent eindeutige Positionen zu beziehen. Zu klären ist, wie intensiv man mit welchen Bewertungsstandards arbeitet, wo man überhaupt mit ihnen arbeiten kann und wie man mit unerfreulichen Resultaten und den davon Betroffenen umgeht. Diese Schwierigkeiten sollten Personalexperten nicht davon abhalten, ein HCM überhaupt anzugehen.
- Personalexperten sollten nicht vor der Methodenvielfalt kapitulieren. Zwar existiert eine Fülle von HCM-Ansätzen, wie sie auch dieses Buch vorstellt. Ihre Komplexität lässt sich jedoch durchdringen: sowohl, was die Bewertungsgrundsätze betrifft, als auch, wie die Methoden im Einzelnen anzuwenden sind. Schließlich gibt es auch eine Reihe von Instrumenten zur unternehmensinternen und -externen Kommunikation der Bewertungen wie Personalberichte und Human Capital Statements.

Inwieweit ein HCM-Ansatz als personalexpertennah beurteilt werden kann, hängt letztlich davon ab, welche Qualifikationen und welches Wissen der HCM-Ansatz von den jeweiligen Anwendern erfordert. Ist hier beispielsweise zwingend der Rückgriff auf spezifische Kennzahlen des Personalbereichs notwendig (zum Beispiel die Berechnung von Vollzeitkräften oder des Personalentwicklungsaufwandes), so prädestiniert dies Personalmanager für das HCM. Noch deutlicher wird die Notwendigkeit professioneller Personalexperten, wenn etwa über Mitarbeiterbefragungen zu Leistungsbereitschaft und Zufriedenheit originäre Personalmanagement-Kompetenzen gefragt sind.

In der Konsequenz sind es in ihrer Professionalität geschulte Personalexperten, die in der Lage sind, aus ihrer originären Kompetenz heraus mit Blick auf die unternehmensweiten Auswirkungen der Personalarbeit das HCM als strategische Zukunftsaufgabe zu bewältigen.

4. HCM muss sich von der Fixierung auf den Aktienkurs lösen und auf den Arbeitsmarkt ausrichten!

Der Personalvorstand geht in Gedanken seine Mitarbeiter durch. Ihm fällt auf, dass das Human Capital seines Vorstandsassistenten eigentlich vor zwei, drei Jahren noch wesentlich höher gewesen sein muss als 2004. Damals riefen die Headhunter reihenweise an. Nach dem Ende der New Economy hat sich die Arbeitsmarktsituation extrem verschärft. Haben die gesamtwirtschaftlichen Entwicklungen mit ihren Auswirkungen auf den Arbeitsmarkt einen Einfluss auf das Human Capital?

Die Forschung im strategischen Personalmanagement hat zur Unterscheidung zweier Sichtweisen geführt:[31]

- Der Market-Based View[32] stellt die Anforderungen des Marktes in den Mittelpunkt seiner Betrachtungen. Das Unternehmen mit seinen Mitarbeitern und seiner Personalstrategie orientiert sich an den übergeordneten Anforderungen der externen Umwelt und den dort bestehenden Ansprüchen von Kunden und potenziellen Mitarbeitern. Die Personalstrategie wird von der generellen Unternehmensstrategie abgeleitet.
- Nach dem Resource-Based View[33] gilt das Hauptinteresse den im Unternehmen arbeitenden Menschen mit ihren Eigenschaften und Fähigkeiten als entscheidendem Erfolgsfaktor. Von ihnen her wird Personalmanagement gedacht.

HCM verbindet beide Sichtweisen: Hier stehen zunächst die Mitarbeiter im Sinne von Ressourcen im Mittelpunkt des Interesses. Ihr Wissen und ihr Arbeiten trägt im Hinblick auf die interne Leistungserstellung zum Wert des Unternehmens bei. Eine Bewertung der Belegschaft darf jedoch nicht außer Acht lassen, dass es auch einen externen Markt für Arbeit und Leistungserbringung gibt.

Vor der Diskussion von sinnvollen Bewertungsgrundlagen im Hinblick auf den externen Markt ist jedoch zunächst auf eine fatale Grundidee hinzuweisen: Denn noch unsinniger als die in Abschnitt 3 von Kapitel B erwähnte Bewertung von Human Capital als Restgröße einer bilanztechnischen Unternehmensbewertung ist die Idee, als Grundlage für den HC-Wert „einfach den Aktienkurs" zu verwenden.

Im Juni 2000 veröffentlichte ein renommierter Professor aus der Strategie- und Marketingberatung eine Berechnungsformel zum Wert eines Mitarbeiters (unter anderem) bei EM.TV:[34] Der Börsenwert des Unternehmens wird dividiert durch die Zahl der Mitarbeiter und ergibt in diesem Beispiel einen sensationellen durchschnittlichen Mitarbeiterwert von rund 47 Millionen Euro (Abbildung 4). Dass diese und ähnliche Aussagen zum Wert von Mitarbeitern Konsequenzen für Gehaltsdiskussionen und für Kosten-Nutzen-Analysen von Rekrutierungsmaßnahmen haben mussten, liegt auf der Hand. Ein Jahr später zeigte sich aber, dass diese Methode nicht unproblematisch ist, als das Unternehmen einen Kursrückgang von 98 % hinter sich hatte: Bei gleichzeitigem Personalzuwachs war der durchschnittliche EM.TV-Mitarbeiter nach dieser Rechnung zum Stichtag 31.12.2001 gerade mal noch etwa 337.000 Euro wert (zum 31.12.2002 hatte jeder Durchschnittsmitarbeiter von EM.TV unter Anwendung obiger Berechnungsmethode lediglich noch einen „Wert" von ca. 371.000 Euro).

Datum	Unternehmenswert von EM.TV [€]	Mitarbeiterzahl von EM.TV	Wert pro EM.TV-Mitarbeiter [€]
Juni 2000	10,15 Mrd.	218	46,560 Mio.
Dezember 2000	0,85 Mrd.	815	1,043 Mio.
Dezember 2001	0,21 Mrd.	623	0,337 Mio.
Dezember 2002	0,14 Mrd.	377	0,371 Mio.

Abb. 4: Unsinnige aktienkursabhängige Berechnung von durchschnittlichen Mitarbeiterwerten (Simon 2000)[35]

In der Praxis beeinflussen derartige Aussagen zum Wert von Mitarbeitern immer noch

- Vergütungssysteme,
- Personalbeschaffungsmaßnahmen sowie
- diverse andere Personalentscheidungen.

Realitätsferne, weil unprofessionelle Messungen des Human Capitals führen (ebenso wie der blinde Verzicht auf Bewertung) zu katastrophalen Managementfehlern – mit fatalen Konsequenzen für Unternehmen, Kunden, Geschäftspartner und Steuerzahler.

Damit haben solche Ansätze zur Bestimmung des Human Capitals wie der hier vorgestellte letztlich sogar den Niedergang der New Economy mit zu verantworten, weil sie zur Grundlage für utopische Mitarbeiterforderungen wurden.

Man kann weder aus einem Kurseinbruch unmittelbar auf den Verfall des Human Capitals schließen noch aus einem Kursanstieg zwingend auf den

Ausbau des Human Capitals. Die rein aktienkursbasierte HC-Wertermittlung argumentiert, dass der gesamte Wert eines Unternehmens im Human Capital seiner Mitarbeiter begründet ist, da der tagesaktuelle Börsenwert des Unternehmens auf Mitarbeiter-Köpfe umgelegt wird. Damit wird unterstellt, dass alle anderen Vermögensgegenstände des Unternehmens keinen (Börsen-)Wert haben.

Marktpreise sind als Bewertungsgrundlage des Human Capitals akzeptabel, aber nur solche, die sich letztlich auf dem Arbeitsmarkt ergeben.

Solche Werte müssen Angebot von und Nachfrage nach Personen mit konkreten Fähigkeiten widerspiegeln: Je stärker die mitarbeiterseitigen Leistungsbeiträge nachgefragt werden, desto wichtiger und wertvoller werden die zur Leistungserstellung benötigten Fähigkeiten. Auf diese Weise schlagen die Preisbildungsmechanismen des Arbeitsmarktes auf das Human Capital durch. Unternehmen können hier steuernd eingreifen: direkt über die Gestaltung der Nachfrage und indirekt über das Signalisieren, welches mitarbeiterseitige Angebot man sich wünscht.

Diese grundsätzliche Arbeitsmarktorientierung ergibt sich in zwei Aspekten:

(a) Bereits der interne Arbeitsmarkt im Unternehmen lässt sich durch Setzen institutioneller Rahmenbedingungen in seinem Bestehen und Funktionieren unterstützen. Als Potenzialmarktplatz trägt er zu einer Talentoptimierung im Unternehmen bei.[35] Die Gestaltung dieses internen Marktplatzes ist eine zentrale Aufgabe der Personalführung. Gerade dem Talent kommt als Basisgröße des Human Capitals ein monetärer Wert im Unternehmen zu. Talent umfasst die Gesamtheit vorhandener und weiterentwickelbarer individueller Begabungen und Fähigkeiten im körperlichen, geistigen sowie sozialen Bereich.

Auf einem talentoptimierenden „idealen" Potenzialmarktplatz treten die Mitarbeiter als Verkäufer oder Anbieter von Talent auf, das Unternehmen als Käufer oder Nachfrager. Der Potenzialmarktplatz bietet als interner Arbeitsmarkt jedem Mitarbeiter die Möglichkeit, die eigene Entwicklung in Bezug auf körperliche, intellektuelle und soziale Fähigkeiten aktiv und weitgehend selbstbestimmt zu gestalten. Von der Personalabteilung wird auf das unternehmerische Denken und Handeln der Mitarbeiter gesetzt: Der Mitarbeiter vermarktet sich als „Independent Contractor"[37] eigenverantwortlich mit seinem Potenzial.

Notwendigerweise muss er dabei zukünftige Entwicklungen und Anforderungen des sich ändernden Wettbewerbsumfeldes rechtzeitig erkennen, beurteilen und mit seinen persönlichen Zieldefinitionen abgleichen, um als Arbeitnehmer attraktiv zu bleiben. Daher stellen im Potenzialmarktplatz die Mitarbeiter zur Erreichung einer Talentoptimierung ihre persönlichen Weiterbildungsportfolios selbst zusammen, sie selbst sind also verantwortlich und zuständig für ihr eigenes Lernen und damit für ihren Beitrag zum Human Capital des Unternehmens.[38]

Die Kernfrage bei der Talentoptimierung ist stets: Wie lassen sich die individuellen Weiterbildungswünsche der Mitarbeiter mit den Nutzenüberlegungen für das Unternehmen verbinden? Schließlich trägt das Unternehmen einerseits die Kosten der jeweiligen Maßnahmen, profitiert andererseits aber unmittelbar von den sich ergebenden Verbesserungen, die sich als Zuwachs des Human Capitals bemerkbar machen.

Zur Sicherstellung der Employability der Mitarbeiter müssen demnach von Unternehmensseite jedem Einzelnen bewusst Entscheidungsfreiräume für ein individuelles Karrieremanagement gewährt werden, etwa durch eigenständige Auswahl von Lernschwerpunkten. Die Mitarbeiter konkurrieren dann über ihre individuell abrufbaren Potenziale und Fähigkeiten miteinander und schaffen so Transparenz hinsichtlich des jeweils aktuellen Angebots an Human Capital im Unternehmen.

Die Ermittlung des Human Capitals erfolgt in dieser Marktsituation unter Ausnutzung der Transparenz des Potenzialmarktes durch Sammeln von Informationen über das Aufeinandertreffen von Talentangebot und -nachfrage. Dieser interne Arbeitsmarkt – und nicht die Börse – regelt dadurch die Preise für das Human Capital.

(b) Der externe Arbeitsmarkt ist ein Beschaffungsmarkt für potenzielle Mitarbeiter, auf dem sich die „Preise“ für Mitarbeiter in den gezahlten Gehältern widerspiegeln. Entwicklungen auf dem externen Arbeitsmarkt, also beispielsweise ein wachsendes Angebot an bestimmten Programmierkenntnissen oder eine rückläufige Nachfrage nach Fähigkeiten zur Erbringung manueller Tätigkeiten, resultieren in generellen Gehaltsniveaus, an denen sich die Zahlungsbereitschaft von Unternehmen ablesen lässt. Wichtig ist also nicht, was ein einzelnes Unternehmen konkreten Mitarbeitern zahlt, sondern das allgemeine Niveau der Gehälter für bestimmte Aufgaben. Auf dieser Basis können dann zwischen Unternehmen vergleichbare HC-Bewertungen entstehen. Im Übrigen ist es gemäß dieser Überlegung folgerichtig, das zu ermittelnde Human Capital in Geldeinheiten [Euro] auszuweisen.

Eine Arbeitsmarktorientierung von HCM kommt insgesamt zum Ausdruck, wenn die Kompetenzen und Potenziale der Mitarbeiter in den Betrachtungsmittelpunkt gerückt werden. Dadurch spezifizieren sich diese als Humankapitalträger über ihre individuellen Fähigkeitsprofile am Arbeitsmarkt. Die zusätzliche Berücksichtigung der Qualifikationen anderer Marktteilnehmer (auch auf dem externen Arbeitsmarkt außerhalb des Unternehmens) verstärkt diese Ausrichtung des HCMs. Wird außerdem auf Löhne und Gehälter als personalbezogene „Preise“ zurückgegriffen, so unterstreicht dies deutlich eine Abkehr von Aktienkursen als vermeintlich HC-relevanten Größen.

Ausschlaggebend für die HC-Bewertung sind Angebot und Nachfrage auf den Segmenten des Arbeitsmarktes.

5. HCM muss Bewertung und Optimierung umfassen!

Erneuter Anruf durch den Finanzvorstand: Ob er schon einmal in die Entwürfe für das neue HC-Bewertungssystem hineinschauen dürfe? Der Personalvorstand zuckt zusammen! Von wegen Bewertungssystem: Hier soll doch auch etwas verändert werden, optimiert eben ...

Die bestehenden HCM-Ansätze sind im Hinblick auf zwei Zielsetzungen entworfen worden. Die erste will das HCM primär verstehen und erfassen, die zweite will das HCM primär gestalten und verbessern:

(a) HCM-Ansätze, die Vorschläge zum Ausweis eines konkreten HC-Wertes beinhalten, stellen die Messung des tatsächlich vorhandenen Human Capitals eines Unternehmens in den Mittelpunkt ihrer Betrachtung. Hier sind beinahe schon „tagesaktuelle" Statusinformationen zum Human Capital denkbar. Dabei geht es um Verfahren, die den Wert der Belegschaft messen, berechnen und transparent abbilden. Es fehlen allerdings häufig Handlungsimplikationen zur HC-Steigerung.

(b) HCM-Ansätze mit dem Schwerpunkt der HC-Optimierung dienen der „Mehrung" von vorhandenem Human Capital durch spezifische Personalmanagement-Aktivitäten. Hier kann beispielsweise durch Personalentwicklung die Akquisitionsfähigkeit der Verkaufsmannschaft verbessert werden. Diese Ansätze haben ihre Stärken im Aufzeigen von Maßnahmen. Ihnen fehlt aber häufig eine konkrete Basis zur HC-Messung, weshalb Veränderungen des Human Capitals letztlich intransparent bleiben.

Dies impliziert zwei Aktionsphasen, die als Messung und Optimierung des Human Capitals iterativ immer wieder aufs Neue zu durchlaufen sind.

Überprüft man konkret den Erfüllungsgrad des HCM-Postulates, das die Berücksichtigung der beiden Phasen Bewertung und Optimierung einfordert, so ist dieser umso höher, je ausgeprägter die notwendigen HC-Messmechanismen sind und je intensiver die Realisierung konkreter Optimierungspraktiken vorangeschritten ist. Dabei lässt sich die Ausprägungsqualität der HC-Optimierung über das Vorhandensein (oder Fehlen) spezifizierter personalwirtschaftlicher Stellschrauben bestimmen.

In der Logik eines umfassenden HCMs sind beide Phasen erforderlich: einerseits, um dieses Kapital zu bestimmen, andererseits, um dieses Kapital zu erhalten beziehungsweise zu vermehren.

6. Die HC-Bewertung muss einem ganzheitlichen Ansatz folgen!

Gut, dass der Personalvorstand seinem Sohn gestern noch eine Gutenachtgeschichte vorgelesen hat: Die Bewertung von Human Capital erinnert ihn an Robinson Crusoe, der auf seiner Insel eine Hand voll Münzen besitzt und feststellt, dass dieser Reichtum für ihn fernab von Märkten mit reichhaltigen Warenangeboten keinen unmittelbaren Wert besitzt: Ohne konkrete „Verwertungs"-möglichkeit hat auch im HCM die über ihre Fähigkeiten spezifizierte Ressource Mitarbeiter keinen Wert für ein Unternehmen.

Bei der Bewertung des Human Capitals kommt es nicht nur auf die absolute Wissens- und Fähigkeitsbasis bei den einzelnen Mitarbeitern und deren Verfügbarkeit auf Arbeitsmärkten an. In den HC-Wert fließt zudem mit ein, ob sie im spezifischen Kontext des Unternehmens überhaupt einen Wert darstellen oder nicht.

Wir wollen diese Fähigkeitsbasis anhand eines „polyglotten Taxifahrers" illustrieren (Abbildung 5), dessen unverändertes Fähigkeitsportfolio in Abhängigkeit von der jeweiligen konkreten Unternehmensnachfrage zu unterschiedlichen HC-Bewertungen führt.

Für die verschiedensten Fähigkeiten von Mitarbeitern lässt sich in Abhängigkeit von der aus den Zielen des Unternehmens resultierenden Nachfrage die Grundlage für einen HC-Wert ermitteln. Je organisationsspezifischer und/ oder situationsspezifischer die Fähigkeiten sind, desto schwieriger sind sie zu ersetzen und desto mehr Wert erbringen sie in einer HC-Bewertung. Die Einbeziehung des gesamten Organisationskontextes spielt daher eine Rolle dafür, wie gesamthaft ein HCM-Ansatz vorgeht.

Fähigkeiten, für die sich kein unmittelbar erkennbarer und nachweisbarer Beitrag zum Unternehmenserfolg herstellen lässt, fallen aus einer HC-Bewertung heraus. Das Gegenargument, auch eine breite Allgemeinbildung ergänze sinnvoll das beruflich relevante Fachwissen, wird zwar in einigen volkswirtschaftsnahen Bewertungsansätzen berücksichtigt, die „Lernkurven" und den Wertverlust von Bildungs- und Erziehungsmaßnahmen untersuchen: Hier kommt es beispielsweise zur Abschreibung der Werte bestimmter Fähigkeiten im Zeitverlauf.[39] Diese Verfahren sind für eine standardisierte betriebswirtschaftliche HC-Bewertung jedoch aufgrund unendlich vieler differenzierbarer Fähigkeiten zu komplex. Daher bietet es sich an, diese Mitarbeiterfähigkeiten nur indirekt für die praktische Arbeit zu erfassen: Die HC-Relevanz von Lateinkenntnissen etwa wird bei einem Manager über eine unmittelbar nach-

Trägt ein Taxifahrer mit Lateinkenntnissen mehr zum Human Capital des Unternehmens bei als sein Kollege, der nicht Latein beherrscht?

H. hat vor wenigen Monaten sein Studium mit Prädikat abgeschlossen. Seine Jobsuche war erfolgreich – er fährt Taxi in Heidelberg. H. hat nicht nur einen Führerschein und einen amtlichen Fahrgastbeförderungsschein, sondern ist dank seiner humanistischen Schulbildung der einzige Mitarbeiter des Taxiunternehmens mit Lateinkenntnissen.

H. hat also ein fixes Fähigkeitsprofil – egal ob er gerade Taxi fährt, im Chefsessel sitzt oder Lateinunterricht erteilt. Dieses Profil ist Ausgangsbasis bei der Bewertung des Human Capitals für jegliches Unternehmen. In Abhängigkeit von der jeweiligen beruflichen Verwendung werden H.s Fähigkeiten zu unterschiedlichen HC-Werten führen, da die spezifische Fähigkeitennachfrage von Beruf zu Beruf variiert. Folglich wird der Lateinkönner im altsprachlichen Gymnasium einen höheren HC-Wert verursachen als im Taxiunternehmen, weil der Nutzenbeitrag seiner spezifischen Humanressourcenausstattung (= Fähigkeitsprofil) in Abhängigkeit von der Marktsituation bewertet wird.

Anders formuliert: Da H.s Lateinkenntnisse für sein Taxiunternehmen keinen Wert besitzen, trägt dieses Wissen von H. in seinem aktuellen Job nicht zur Erhöhung des Human Capitals bei. Bei ansonsten identischen Fähigkeiten trägt H. nicht mehr zum Human Capital des Taxiunternehmens bei als sein Kollege ohne Lateinkenntnisse.

Ausschnitt aus dem Fähigkeitsprofil/-portfolio von H. und resultierende situative (= berufsbezogene) HC-Implikationen[1]

Fähigkeit / Beruf	Lateinkenntnisse	Führerschein	Fahrgastbeförderungsschein	Englischkenntnisse	Betriebswirtschaftsstudium	Sozialkompetenz
Taxifahrer	– –	+ +	+ +	+[2]	– –	+ +
Pizzalieferant	– –	+ +	– –	o	– –	+
Top-Manager	o	o	– –	+ +	+ +	+ +
Bundesbankchef	o	o	– –	+ +	+ +	+ +
Priester	+ +	o	– –	–	+[3]	+ +
Lateinlehrer	+ +	o	– –	–	– –	+ +
Fließbandarbeiter	– –	o	– –	– –	– –	–
Gärtner	+[4]	o	– –	– –	– –	o

[1] Relevanz bei der HC-Ermittlung: von + + (extrem wichtig) über o (neutral beziehungsweise nur bedingt relevant) bis – – (völlig unwichtig)

[2] es gibt viele US-amerikanische Touristen in Heidelberg

[3] führt das Unternehmen „Pfarrei"

[4] wegen der lateinischen Blumennamen

Abb. 5: Der HC-Beitrag eines „polyglotten Taxifahrers"

weisbare Erfolgswirksamkeit seines analytischen Denkvermögens durchschlagen.

Insgesamt ist ein integrativer HC-Bewertungsansatz erforderlich, der eine konsistente und systematische Gesamtkonzeption anstrebt: Sie spiegelt zumindest indirekt die auf die Unternehmensziele ausgerichtete strategische Linie einer Gesamtbewertung der Belegschaft und den Arbeitskontext der Mitarbeiter wider.

7. Die HC-Bewertung muss sich durch eine explizite Zukunftsorientierung auszeichnen!

Der Personalvorstand schmunzelt. Sein besonderer Freund, der Finanzvorstand, hat wieder einmal eine brillante Präsentation hingelegt. Natürlich wieder mit imposanten Daten aus der Bilanz sowie der GuV-Rechnung. Doch hilft das Ganze eigentlich? Oder ist es nur Beschäftigungstherapie für Zahlenfetischisten? Denn bei Lichte besehen wird die Welt so doch lediglich im Rückspiegel betrachtet. Sicherlich hilft es einem zu erahnen, dass man gegen eine Wand gefahren ist. Aber reicht das? Der Personalvorstand meint „nein" und will es besser machen. Er will vom HCM eine entscheidungsbezogene Zukunftsorientierung!

Hinsichtlich des zeitlichen Aspekts einer HC-Bewertung sind nicht alle denkbaren Alternativen gleichwertig:

(a) Eine Vielzahl von Ansätzen zur Ermittlung des Human Capitals geht von den eingesetzten Unternehmensressourcen aus. Eine solche inputorientierte Bewertung errechnet das Human Capital vergangenheitsorientiert, indem etwa Beschaffungs- und Entstehungskosten in Form von Anlern-, Trainings- oder Wissenserwerbskosten sowie Pensionsrückstellungen in einen HC-Wert einfließen. Diese Vergangenheitsorientierung hat allerdings wenig Aussagekraft hinsichtlich der zukünftigen Wertigkeit der Mitarbeiterressourcen. Es ist wenig zielführend, wenn allein aus einmalig in der Vergangenheit angefallenen Kosten Schlüsse über den gegenwartsbezogenen Wert des Human Capitals gezogen werden.

(b) Auch eine ausschließliche Fokussierung auf den Gegenwartszeitpunkt birgt Gefahren in sich. Gerade im Personalbereich wird dies deutlich, wenn es in Krisenzeiten – entgegen dem Bekenntnis zum Mitarbeiter als wichtigster Ressource – häufig zu hektischen und unkontrollierten Personalabbaumaßnahmen kommt. Hohe Abfindungen, Outplacementkosten, Negativmarketing der Gekündigten und vieles andere sind die Konsequenz.

(c) Vor diesem Hintergrund müssen sich gerade personalwirtschaftliche Maßnahmen dem Primat der Nachhaltigkeit unterwerfen, was eine ausdrückliche Zukunfts(erfolgs)orientierung impliziert. Dies gilt uneingeschränkt auch für das HCM als spezifische Personalmanagementaufgabe.

Ein auf die Mitarbeiterverwendung ausgerichtetes HCM hat daher gegenwartsbezogene HC-Kennzahlen zu ermitteln, die zugleich zukunftsprognostischen Charakter haben, um so eine effektive Entscheidungsunterstützungsfunktion wahrzunehmen.

In einer Zeit, in der um hoch qualifizierte Mitarbeiter durch die Unternehmen ein „War for Talents“ geführt wird, ist es wahrscheinlich, dass bei guten Arbeitsangeboten Mitarbeiter ihre Arbeitsstelle häufiger wechseln als in Zeiten, in denen Unternehmen massiv Arbeitsplätze abbauen. Die daraus resultierende Fluktuation bedeutet hinsichtlich der HC-Bewertung, dass häufiger Human Capital aus dem Unternehmen herausgerechnet und bei Neueintritten hineingerechnet werden muss – gegebenenfalls mit Hilfe von Wahrscheinlichkeitsaussagen hinsichtlich der Verfügbarkeitsdauer über Mitarbeiter und ihre Fähigkeiten. Hierdurch wird das Risiko berücksichtigt, bestehendes Human Capital auch wieder einbüßen zu können.

Zukunftsorientierung gewinnt daher auch im Personalcontrolling immer stärkeren Einfluss.[40] Und dies kommt in HCM-Ansätzen zum Ausdruck, indem beispielsweise Börsenkurse verwendet werden, die zukünftige Wertentwicklungen bewusst antizipieren. Die Einbeziehung von Mitarbeiter-Zukunftspotenzialen, von künftigen Wachstumschancen oder von Gewinnprognosen betont den Zukunftsaspekt noch stärker. Auch gibt gerade die Evaluation einer Risikokomponente Aufschluss darüber, ob HCM dem Anspruch von „Zukunftsorientierung“ gerecht wird: In diesem Sinne deuten Vorhandensein und Qualität einer HC-bezogenen Risikoerfassung auf den Erfüllungsgrad des Postulats hin.

Eine explizite Zukunftsorientierung ist schon mit Blick auf die Gestaltungsansprüche des HCMs sinnvoll. Sie wird dann sichergestellt, wenn die unternehmenszielbezogenen Mitarbeiterfähigkeiten über ihren jeweiligen gegenwartsbezogenen Wert sowie das zukünftige Erhaltungsrisiko dieses Wertes bestimmt werden.

8. Die HC-Bewertung muss gruppenbezogen und unternehmensbezogen erfolgen!

Rätselstunde des Personalvorstands im Fußballstadion: Wie kann es sein, dass der eine Spieler die Mannschaft immer wieder aus dem Tritt bringt, wenn er eingewechselt wird, wohingegen der andere regelmäßig als „Joker" ein Volltreffer ist? Offensichtlich senkt der eine und erhöht der andere Spieler den „Gesamtwert" der Mannschaft. Ist das im Unternehmen nicht genau das Gleiche?

HC-Werte gibt es auf mindestens drei Ebenen: der einzelne Mitarbeiter hat einen HC-Wert, eine Gruppe von Mitarbeitern hat ebenfalls einen HC-Wert, und schließlich gibt es auch für das gesamte Unternehmen einen HC-Wert.

(a) Auf der Individuumsebene stehen die einzelnen Mitarbeiter mit ihren individuellen Fähigkeiten im Betrachtungsmittelpunkt, was zur Bewertung und Optimierung individuumsbezogenen Human Capitals führen würde. Dies ist zwar theoretisch denkbar, allerdings wenig praktikabel, da die Methodik zu komplex, der Messaufwand zu groß und die Akzeptanz bei Mitarbeitern, Führungskräften und Betriebsrat zu gering sind.

(b) Auf der Gesamtunternehmensebene dagegen wird das gesamte Unternehmen mit seinem aggregierten Fähigkeitsportfolio betrachtet. Hier entsteht mit der Bewertung und Optimierung des unternehmensbezogenen Human Capitals eine Schnittstelle zum Shareholder Value.

(c) Zwischen beiden Ebenen liegt die gruppenbezogene Betrachtungsweise, bei der das Human Capital eines Teams, einer Abteilung oder eines Bereichs bestimmt wird. Eine solche Kenngröße ist insofern wichtig, als sie Vergleiche innerhalb des Unternehmens zulässt und man durch sie auch beispielsweise feststellen kann, ob eine Personalentwicklungsmaßnahme tatsächlich zu einer Steigerung des HC-Wertes geführt hat.

Hinsichtlich der Bezugsebenen strebt ein sinnvolles HCM damit eindeutig die Gesamtunternehmensebene an, muss aber zur innerbetrieblichen Steuerung auch gruppenbezogene Werte ausweisen.

Eine unmittelbare Berechnung eines individuellen HC-Wertes für einen konkreten Mitarbeiter unterbleibt in der Regel. Man könnte, sofern erforderlich, allenfalls für die individuelle Ebene Durchschnittswerte pro Mitarbeiter bilden, also Gruppen- oder Unternehmenswert durch die Zahl der Mitarbeiter dividieren.

Eine gesamthafte Erfassung des Human Capitals impliziert letztlich auch, dass die Interaktionen zwischen den Fähigkeitsträgern berücksichtigt werden. Gerade in Teamstrukturen sollten Synergien zwischen den Fähigkeiten einzelner Mitarbeiter realisiert werden, indem man sich koordiniert und Wissen teilt. Ist diese koordinierende Interaktion gestört, so entstehen ungenutzte Wertpotenziale, die dann auch nicht mehr als Human Capital ausgewiesen werden können. Daher liegt eine weitere Kernfrage auf der Hand: Wird das Ganze gleich viel, mehr oder weniger als die Summe seiner Teile ergeben?

- Das Human Capital eines Gesamtunternehmens könnte im Einzelfall durchaus genau der Summe der individuellen Mitarbeiterfähigkeiten entsprechen; das Ganze wäre dann gleich der Summe seiner Teile. Bei einem solchen „unspektakulären" Fall bräuchte man bloß die einzelnen HC-Werte aufzusummieren, um Individual- zu Gesamtunternehmenswerten zu aggregieren.
- Der Fall, bei dem das Ganze mehr als die Summe seiner Teile wäre, ergibt sich, wenn durch gutes Zusammenarbeiten zusätzliche Potenziale im Unternehmen freigesetzt werden, also bislang gebundene oder versteckte Kräfte zur Entfaltung kommen. Dies kann auf das charismatische Führungsverhalten einer Führungskraft zurückzuführen sein, die versteckte Reserven bei den Mitarbeitern mobilisiert. Oder aber durch die sozialen Kompetenzen eines Mitarbeiters entsteht ein harmonisches und produktiveres Arbeitsklima.
- Doch auch die umgekehrte Variante ist denkbar: Ineffizient zusammenarbeitende Mitarbeiter könnten insgesamt ein niedrigeres Human Capital ausweisen, als durch Aufsummieren der individuellen HC-Werte zu erwarten gewesen wäre. Diese Möglichkeit, bei der das Ganze weniger als die Summe seiner Teile ergibt, kann auch auf das Zusammentreffen sozialer „Inkompetenzen" zurückzuführen sein.

Die Überprüfung von Gruppen- und Unternehmensbezogenheit von HC-Bewertungsansätzen impliziert zwei binäre Entscheidungen: Weist ein HC-Bewertungsansatz eine HC-Kennzahl für eine Gruppe von Mitarbeitern aus (ja oder nein)? Und weist ein Ansatz eine HC-Kennzahl für das gesamte Unternehmen aus (ja oder nein)? Dass darüber hinaus auch noch der Ausweis individuumsbezogener HC-Werte denkbar ist, spielt hier keine Rolle.

Gerade Gruppenprozesse haben einen Einfluss auf den aggregierten HC-Wert eines Unternehmens. Die HC-Bewertung hat zusätzlich zur Gesamtunternehmensebene die Bezugsebene der Gruppen zu berücksichtigen.

9. Die HC-Optimierung muss mindestens eines der zentralen Personalmanagement-Aktivitätsfelder abdecken!

„Wie sag' ich's meinen Mitarbeitern?" Der Personalvorstand grübelt, wie er seiner Personalabteilung kommunizieren kann, wer mit der HC-Bewertung und wer mit der HC-Optimierung beginnen soll. Im Grunde hätte jeder Personaler damit zu tun – und dann auch wieder nicht: Es kann ja nicht der Sinn sein, dass HCM die gesamte Personalarbeit permanent umkrempelt und dadurch paralysiert. Welches sind aber die zentralen Ansatzpunkte?

Versteht man die HC-Optimierung als bewusstes Managen von Investitionen in den Faktor Arbeit, so lassen sich im Grunde alle zentralen Personalmanagementfelder[41] als HC-Optimierung begreifen:

- Beginnt man mit der *Personalbestandsanalyse*, so liegt sie mit ihren quantitativen und qualitativen Messungen bereits sehr nahe an der HC-Bewertung.
- In der *Personalbedarfsbestimmung* werden Soll-Werte und konkrete Konstellationen von erforderlichen HC-Ausstattungen definiert.
- Die *Personalbeschaffung* kann als gezielte kennzahlenbasierte Suche, Lokalisierung und Gewinnung von Humankapitalträgern in Abhängigkeit von spezifischen Unternehmensbedürfnissen gesehen werden.
- In der *Personalentwicklung* sind Weiterbildungs-, Trainings- und Karriereprogramme sowie Qualifizierungsmaßnahmen als Aktivitätenspektrum für die Optimierung des Human Capitals im Sinne strategischer Investitionen in das HC-Portfolio des Unternehmens erschließbar.
- Die *Personalfreisetzung* evaluiert im Rahmen eines HCMs Freisetzungsalternativen hinsichtlich ihrer Konsequenzen für den HC-Wert und könnte damit eine interessante Ergänzung zu einer rein kostenmäßigen Betrachtung liefern.
- Ein auf das Human Capital ausgerichteter *Personaleinsatz* führt zur wertschöpfungsoptimalen Allokation der Humanressourcen zum Beispiel in Teambildungsprozessen. Auch aktive Verbesserungen der für eine effiziente Leistungserbringung notwendigen Rahmenbedingungen (allgemeine Arbeitsbedingungen, Infrastruktur, Unfallschutz, Gesundheitsfürsorge) fallen in diesen Bereich.
- Das *Personalkostenmanagement* orientiert die Personalvergütung und die Anreizsysteme an den Ist- und Sollgrößen der HC-Werte.

- Schließlich strebt die *Personalführung* nach der Steigerung von Mitarbeitermotivation und Commitment zwecks weitgehender Erschließung aller vorhandenen Humanressourcen, da das Abrufen der im Mitarbeiter gebundenen Fähigkeiten stets auf Freiwilligkeit und Mitwirkungsbereitschaft der Humankapitalträger beruht.

Grundsätzlich können damit sämtlichen Aufgaben des Personalmanagements HC-relevante Funktionen zugewiesen werden. Dass alle Personalmanagement-Aktivitätsfelder jedoch gleichzeitig mit gleicher Intensität das HCM forcieren sollen, ist im Grunde nur für Extremsituationen eine sinnvolle Vorgehensweise. Im Anwendungsfall wird es grundsätzlich sinnvoller sein, eine Fokussierung auf einige wenige zentrale Felder vorzunehmen, da man sonst personalwirtschaftlichem Aktionismus mit beliebigen Maßnahmenpaketen den Weg ebnet.

Die Optimierung des Human Capitals erfordert damit ein Abstellen auf mindestens ein konkretes Feld des Personalmanagements, beispielsweise auf Personalentwicklung oder Personalführung. Hierdurch wird Beliebigkeit vermieden, die alle möglichen personalwirtschaftlichen Aktivitäten als HC-Optimierung deklariert. In diesem Sinne hat also bei der HC-Optimierung eine Schwerpunktsetzung zu erfolgen.

Insgesamt erscheint es ausreichend, mindestens eines der zentralen Personalmanagement-Aktivitätsfelder zur Keimzelle der HC-Optimierung zu machen, von der aus Impulse auf die anderen Felder ausstrahlen.

10. HCM muss kollektiven Wettbewerb mit individueller Chancenvielfalt kombinieren!

Für die kommende Vorstandssitzung will der Personalvorstand seinen Kollegen, vor allem seinem Kollegen aus dem Finanzressort, verdeutlichen, was sein neues HCM-System dem Unternehmen nutzt. Vielleicht beschreibt er zunächst das HCM als Steuerungsinstrumentarium im Markt der Arbeitsleistung, auf dem die ganz grundlegenden Marktmechanismen von Angebot und Nachfrage greifen. Was bringt HCM aber dem Unternehmen und den Mitarbeitern als den beteiligten Marktpartnern?

Oben wurde es bereits thematisiert: In einer Arbeitswelt ohne Stammplatzgarantie sind sowohl die Unternehmen bestrebt, in ihrem Umfeld zu bestehen, als auch die Mitarbeiter, in ihrem Unternehmen zu bestehen. Das HCM muss sich mit beiden Ansprüchen gleichzeitig auseinander setzen.

Einige Unternehmen haben, wollen und brauchen kein HCM, da weder ihr Wettbewerbsumfeld noch die Einstellung der Mitarbeiter sie dazu zwingen. Doch ist dies eher die Ausnahme!

Vor dem Hintergrund des Paradigmenwechsels in Wirtschaft und Personalarbeit ist die generelle Tendenz immer stärker sichtbar, dass lieb gewonnene „Kuschelecken" und garantierte Stammplätze abgeschafft werden. Die meisten Unternehmen werden daher immer direkter mit Bewertungsanforderungen konfrontiert, etwa

- von Seiten der Kapitalgeber, die ihren Return on Investment erwarten,
- von Seiten der Mitarbeiter, die sich für die wirtschaftlichen Grundlagen ihrer Entlohnung interessieren, oder
- von Seiten der Wettbewerber, die nach Best Practices suchen.

Bezogen auf das HCM hat dies zwei Konsequenzen:

(a) Auf der einen Seite schlägt sich externer Wettbewerbsdruck intern in kollektivem Wettbewerb zwischen den Mitarbeitern nieder. Hier kann ein HCM im Hinblick auf die Unternehmensziele zur Steuerung der Mitarbeiter-Wertschöpfung nach Marktprinzipien beitragen.

(b) Auf der anderen Seite aber – und dies ist ein wesentlicher Mehrwert im HCM – liefert es auch Informationen zu individuellen Chancen der Mitarbeiter. Diese Chancen liegen insbesondere in dem individuell erreichbaren Anteil am HC-Optimierungsangebot des Unternehmens, zum Beispiel den Personalentwicklungs- oder Personalretentionsbemühungen. Dieser Effekt wäre natürlich noch größer, würde man (was aber in der hier präsentierten Konzeption ausgeschlossen wird) tatsächlich auch individuelle HC-Werte ausweisen.

HCM könnte in der Matrix der kollektiven und individuellen Chancen (Abbildung 6) generell in jeder Zelle sinnvoll ausgestaltet werden. Es hat aber insbesondere dann das Potenzial eines win-win-Konzepts für Unternehmen und Mitarbeiter, wenn es offen als wettbewerbsintensiv, aber chancenreich kommuniziert und praktiziert wird. So dokumentieren der HC-Wert und seine Entwicklung den Erfolg der Personalarbeit eines Unternehmens, was zur unternehmensseitigen Profilierung beiträgt und nicht zuletzt dem Mitarbeiter in Form von Attraktivität des Arbeitgebers zugute kommt.

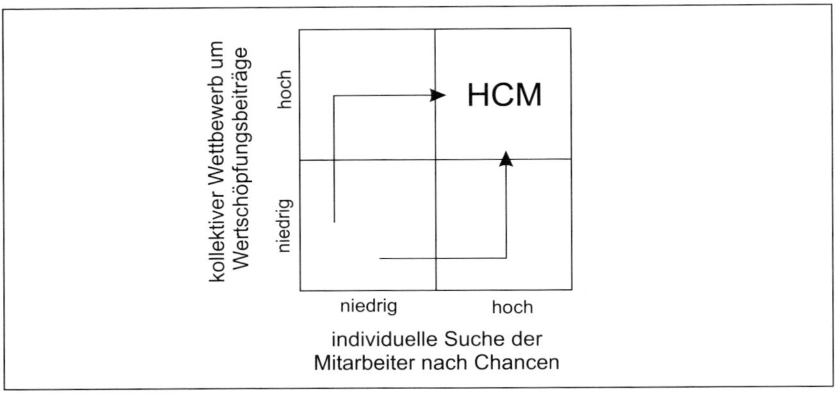

Abb. 6: HCM als kollektiv-individuelle win-win-Situation

HCM ist mehr als ein rein funktionales Konstrukt. Es ist (gerade in der jetzigen Zeit) mit Ängsten behaftet, weckt aber auch Hoffnungen. Es ist ein Symbol und produziert Barrieren, genauso wie es aber auch Barrieren abbaut. Mit zwei Dingen muss sich daher die Personalfunktion mehr als bisher beschäftigen:

- mit den über die reine Funktionalität hinausgehenden Wettbewerbs- und Chancen-Konsequenzen eines HCMs und
- mit deren nicht zu unterschätzendem Einfluss auf Entwurf und Einsatz eines erfolgversprechenden HCMs.

Inwieweit HCM-Ansätze dieses Postulat erfüllen, hängt davon ab, wie stark das Unternehmen die Bewertung als komparativen Wettbewerbsfaktor nutzen kann, diese also beispielsweise mit anderen Unternehmen vergleichen kann, und inwieweit Mitarbeitern Chancen eröffnet werden, individuell von der vorgenommenen Bewertung zu profitieren.

Das HCM hat sich der Anforderung zu stellen, im Wettbewerbsumfeld den Interessen des Unternehmens und gleichzeitig denen der Mitarbeiter zu entsprechen.

Damit liegen die zehn Postulate für das HCM (Abbildung 7) vor. Sie stellen ein konzeptionelles Grundverständnis für ein HCM mit qualitativen Minimalanforderungen her und liefern eine vereinheitlichende Begrifflichkeit für Manager, Personaler, Finanzexperten, Controller, Mitarbeiter und Investoren. Auf diesen Gestaltungsgrundsätzen kann die unternehmensspezifische Umsetzung des HCMs aufbauen.

1. HCM muss mehr sein als eine bloße Umbenennung von Personalmanagement!
2. HCM muss sich zum Mitarbeiter als elementarem Vermögenswert des Unternehmens bekennen!
3. HCM muss Kernaufgabe von Personalexperten sein!
4. HCM muss sich von der Fixierung auf den Aktienkurs lösen und auf den Arbeitsmarkt ausrichten!
5. HCM muss Bewertung und Optimierung umfassen!
6. Die HC-Bewertung muss einem ganzheitlichen Ansatz folgen!
7. Die HC-Bewertung muss sich durch eine explizite Zukunftsorientierung auszeichnen!
8. Die HC-Bewertung muss gruppenbezogen und unternehmensbezogen erfolgen!
9. Die HC-Optimierung muss mindestens eines der zentralen Personalmanagement-Aktivitätsfelder abdecken!
10. HCM muss kollektiven Wettbewerb mit individueller Chancenvielfalt kombinieren!

Abb. 7: Die zehn Postulate für das Human Capital Management (HCM)

C Praxis: Der State-of-the-Art

Die in der Unternehmenspraxis existierenden Ansätze zur Bewertung des Human Capitals kommen aus fünf unterschiedlichen Denkrichtungen (Abbildung 8). Der konzeptionelle Grundgedanke jeder Bewertungsklasse wird zu Beginn eines jeden der folgenden fünf Abschnitte kurz vorgestellt. Eine Basisformel verdeutlicht dabei jeweils die grundsätzliche Rechenlogik. Die einzelnen Ansätze jeder Bewertungsklasse werden dann spezifiziert. Einige von ihnen existieren allerdings bislang nur in unausgereifter Form und können daher nur als fragmentarische Gerüste vorgestellt und diskutiert werden.

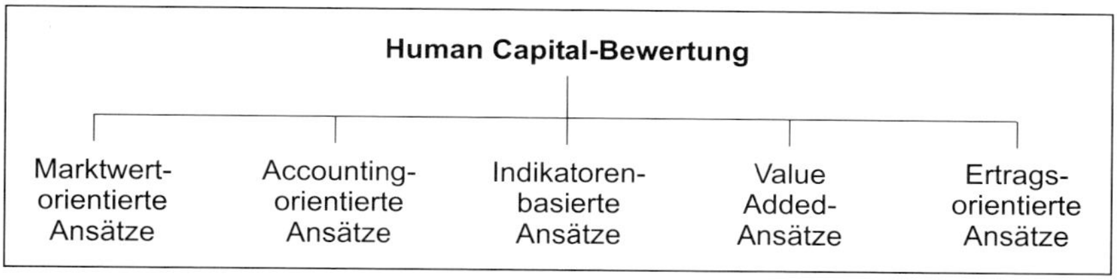

Abb. 8: Klassifizierung der Ansätze zur HC-Bewertung

Alle Ansätze werden hinsichtlich der Erfüllung der zehn Postulate für das HCM überprüft. Um eine Standardisierung der Darstellung zu erzielen, die der Lesefreundlichkeit dient, wurden fünf Veränderungen vorgenommen:

1. Die Bezeichnung der HC-Bewertungsansätze erfolgt unabhängig davon, ob es sich im Einzelnen um durch ™ oder ® geschützte Namen handelt, stets ohne die jeweiligen Symbole.

2. Alle Formeln werden nach Möglichkeit so wiedergegeben, dass sie einerseits relativ leicht zu erfassen sind, andererseits unmittelbar und konkret angewendet werden können. Aus diesem Grund können sich kleinere Abweichungen zu den Originalquellen ergeben.

3. Aus Gründen der besseren Nachvollziehbarkeit wurde eine Vereinheitlichung unterschiedlicher Begriffe (beispielsweise Intellektuelles Kapital oder Humanpotenzial) vorgenommen, wenn die entsprechenden Ansätze zur Bewertung des Human Capitals genutzt werden können. Der in diesem Buch relativ enge Fokus auf Human Capital als personalbezogener Teil des Intellectual Capitals von Unternehmen ist dabei weitaus spezifischer als die generelle Beschäftigung mit jeglichen immateriellen Vermögenswerten: Schließt man aus den Kennzahlen für das Intellectual Capital eines

Unternehmens auf dessen Human Capital, das eine Teilmenge des Intellectual Capitals ist, so gilt: HC $\leq$ IC. Das Human Capital ist also stets kleiner oder gleich dem Intellectual Capital. In diesem Sinne wurden alle uns bekannten Ansätze berücksichtigt, die zur HC-Bewertung genutzt werden können (auch wenn dies nicht bei allen die ursprüngliche Intention war) und die im Zusammenhang mit der Bewertung immateriellen Vermögens in der Literatur diskutiert werden.

4. Nicht berücksichtigt werden in diesem Buch die der Volkswirtschaftslehre entstammenden Berechnungsverfahren. Sie quantifizieren wie in der mikroökonomischen Herangehensweise das Human Capital durch den Anteil am Gehalt, der über die für unqualifizierte Arbeit gezahlte Lohnsumme hinausgeht, oder berücksichtigen wie in der makroökonomischen Herangehensweise unter anderem den Gesundheitsstatus und den Bildungsstand der Bevölkerung als Determinanten des Human Capitals.

5. Schließlich haben wir einigen Ansätzen Namen gegeben, die bisher – ohne explizite Namen – nur mit einzelnen Autoren verknüpft waren.

Kapitel C will einen Überblick über die 43 zurzeit prominentesten betriebswirtschaftlichen Ansätze zur HC-Bewertung bieten und damit eine Lücke schließen, da es umfangreiche Überblicksdarstellungen zu HC-Bewertungsansätzen bislang kaum gibt. Verschiedene Publikationen diskutieren lediglich einige ausgewählte HC-Bewertungsansätze oder beschäftigen sich mit der generellen Bewertung immaterieller Vermögenswerte, ohne dabei auf die HC-Bewertung zu fokussieren.[42]

Die folgenden Ausführungen erfüllen gleichzeitig die Funktion eines Nachschlagewerks für Personalmanager. Neben kompakten Beschreibungen und weiterführenden Literaturangaben haben wir zusätzlich Symbole entwickelt, die anzeigen, wer den jeweils vorgestellten Ansatz in welcher Form anwenden kann.

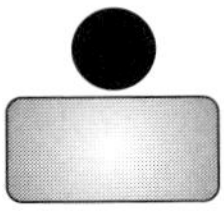

HC-Bewertungsansätze, die unter Verwendung von frei zugänglichem Datenmaterial (zum Beispiel aus Geschäftsberichten bei publikationspflichtigen Unternehmen) das Human Capital berechnen.

HC-Bewertungsansätze, die ausschließlich unternehmensintern mit nur innerhalb des Unternehmens verfügbaren Daten arbeiten.

HC-Bewertungsansätze, die nicht völlig operationalisiert sind und vor deren Anwendung noch verschiedene Prozessschritte durchlaufen werden müssen.

HC-Bewertungsansätze, die eine exakte HC-Quantifizierung nicht anstreben oder nicht zulassen, sondern sich auf verbale Ausführungen beschränken.

Außerdem taucht an einigen Stellen im Text das „Einkaufswagen"-Symbol auf, das auf diejenigen Komponenten und Rechenvorschriften hinweist, die später für die integrative Gestaltung unseres eigenen Saarbrücker HCM-Ansatzes wichtig werden.

1. Marktwertorientierte Ansätze

Die marktwertorientierten Ansätze nehmen eine marktseitige Einschätzung des Human Capitals von Unternehmen vor und weisen überwiegend monetäre Kenngrößen aus. Daher sind sie gerade für Analysten und Investoren von großem Interesse.

Für die marktwertorientierten Ansätze gilt zur Berechnung des immateriellen Vermögens von Unternehmen und damit zur Ermittlung der Obergrenze des HC-Wertes folgende **Basisformel**:

$$\mathbf{HC := f\,(Marktwert,\ Buchwert,\ Mitarbeiterzahl)}$$

1.1 Markt-/Buchwert-Relation

Die Markt-/Buchwert-Relation (Markt-/Buchwert-Verhältnis, Markt-/Buchwert-Quotient, Market-to-Book Ratio, Market Value to Book Value) wird zur Quantifizierung des Intellectual Capitals herangezogen. Sie schließt dadurch das Human Capital in ihre Berechnung mit ein.

Über den Kapitalmarkt-Einfluss überlässt die Markt-/Buchwert-Relation die Wertermittlung den Shareholdern eines Unternehmens und nicht dem Management. Die Markt-/Buchwert-Relation signalisiert das, was die Mitarbeiter eines Unternehmens an immateriellen Vermögenswerten schaffen,[43] indem der Quotient aus Markt- und Buchwert ermittelt wird.[44]

$$HC := \frac{\text{Marktwert}}{\text{Buchwert}}$$

Mit frei verfügbaren Unternehmensdaten berechenbar, kann über die Markt-/Buchwert-Relation das Human Capital jedes börsennotierten Unternehmens ermittelt werden (Abbildung 9).

- Hierzu errechnet man den auch als Marktkapitalisierung beziehungsweise Börsenkapitalisierung bezeichneten Marktwert als „Marktwert = (Anzahl der Aktien) ∗ Börsenkurs". Die Aktienzahl ist dem Geschäftsbericht zu entnehmen, der Börsenkurs ist tagesaktuell beispielsweise in der Zeitung zu finden.

- Das auf der Passivseite der Bilanz ausgewiesene Eigenkapital repräsentiert den Buchwert.

Unternehmen	Marktwert[1] [Tsd. €]	Buchwert[2] [Tsd. €]	HC = Marktwert / Buchwert
SAP	23.800.000	2.928.270	**8,128**
Adidas-Salomon	3.738.000	1.136.872	**3,288**
Schering	8.145.000	2.949.000	**2,762**
Henkel	8.120.000	3.363.000	**2,415**
Metro	7.510.000	4.246.000	**1,769**
RWE	13.700.000	8.924.000	**1,535**
Deutsche Telekom	51.400.000	35.416.000	**1,451**
BMW	18.991.390	13.871.000	**1,369**
Siemens[3]	30.273.000	24.062.000	**1,258**
BASF	20.580.000	16.942.200	**1,215**
Linde	4.174.000	4.119.000	**1,013**
Bayer	14.900.000	15.455.000	**0,964**
DaimlerChrysler	29.730.000	35.346.000	**0,841**
Deutsche Lufthansa	3.350.450	4.172.000	**0,803**
MAN	1.914.000	2.891.000	**0,662**
Volkswagen	12.300.000	24.691.000	**0,498**

1 Marktkapitalisierung zum Stichtag 31.12.2002
2 Eigenkapital (gegebenenfalls zuzüglich Anteile anderer Gesellschafter) zum Stichtag 31.12.2002
3 Jahresabschluss zum 30.09.2002

Abb. 9: Die Markt-/Buchwert-Relation ausgewählter DAX30-Unternehmen

Bedingung für die Rechenbarkeit des Ansatzes ist damit die Börsennotierung des betrachteten Unternehmens, da für dieses ein (Kapital-)Marktwert ermittelt wird. Dies schränkt die grundsätzliche Anwendbarkeit der Markt-/Buchwert-Relation ein.

Betrachtet man das Verhältnis von Markt- zu Buchwert, so sind grundsätzlich nur Werte „größer als 0“ möglich. Ein Wert „größer als 1“ signalisiert das durch die Marktbewertung angenommene Vorhandensein von Human Capital, während ein Wert „kleiner als 1“ (unter anderem) ein HC-Defizit dokumentieren kann. Analog bedeutet ein im Zeitverlauf steigendes Verhältnis einen vermuteten Anstieg des Human Capitals, während die Abnahme dieses Verhältnisses auf den Verlust von Human Capital hindeutet. Die Markt-/Buchwert-Relation als grobe Verhältniskennzahl kann man verwenden, wenn man die generelle Bedeutung immaterieller Vermögenswerte für das Unternehmen überprüfen will.

Mit Hilfe dieser HC-Werte sind direkte Vergleiche mit Wettbewerbern, mit Branchendurchschnittswerten oder mit Vergleichswerten des eigenen Unternehmens im Zeitverlauf möglich. Die Bandbreite der HC-Werte für die in Abbildung 9 berechneten Unternehmensbeispiele reicht von über acht bis weniger als 0,5. Überraschend ist dabei, dass kein wirtschaftssektorenabhängiges Muster erkennbar ist, das beispielsweise eine „HC-Lastigkeit" dienstleistungsorientierter Unternehmen bestätigen würde.

Marktwert-orientierte Ansätze

Betrachtet man etwa die HC-Werte der drei Automobilkonzerne BMW (1,369), DaimlerChrysler (0,841) und Volkswagen (0,498), so werden große Unterschiede deutlich: Die Marktkapitalisierung von BMW ist im Verhältnis zu dem Buchwert des Unternehmens deutlich höher als bei DaimlerChrysler und Volkswagen. Eine Stellschraube für die HC-Wertsteigerung dürfte daher im vorliegenden Ansatz vor allem der vom Markt eingeschätzte Wert des Unternehmens sein: Schafft es ein Unternehmen, am Markt zu kommunizieren, dass es neben den im Buchwert enthaltenen noch weitere erfolgsrelevante Vermögenswerte besitzt (wie etwa sein Human Capital), so werden sein Marktwert und damit sein HC-Wert steigen.

Der Nutzen der Markt-/Buchwert-Relation liegt vor allem darin, als Basiskonzept die tatsächliche Existenz immaterieller Vermögenswerte zu veranschaulichen und so als gemeinsame Grundlogik für viele HC-Bewertungsansätze zu dienen. Zwar ziehen verschiedene andere Ansätze aus der Markt-/Buchwert-Lücke unterschiedliche Schlussfolgerungen, doch ist allen gemeinsam die grundsätzliche ursächliche Rückbeziehung der Lücke insbesondere auf das Human Capital. Die Markt-/Buchwert-Relation stellt die einfachste Messgröße zur Bewertung des Human Capitals dar. Sie bildet so eine erste Grundlage für den HC-Vergleich eines Unternehmens mit Wettbewerbern.

Die Bildung des Quotienten aus Markt- und Buchwert ist nur sehr bedingt von Nutzen, da der Marktwert durch den Börsenkurs schnell veränderlich und dem starken Einfluss irrationaler Faktoren (Börsenpsychologie) ausgesetzt ist, so dass ein Kurssturz bei gleich bleibendem Buchwert nicht zwingend einen Rückgang des Intellectual Capitals dokumentiert. Außerdem sind die Buchwerte von Unternehmen bei intensiver Nutzung von Abschreibungsmöglichkeiten in der Regel zu niedrig angesetzt.[45] Bilanzielle Ansatz- und Bewertungswahlrechte verzerren also den ausgewiesenen HC-Wert.

Der Ausweis einer Relation sagt im Wesentlichen nur grob, ob Human Capital überhaupt vorhanden ist oder nicht. Eine aussagekräftige Bewertung der Höhe des Human Capitals bedürfte daher absoluter Zahlen.

Markt-/Buchwert-Relation		
Postulat		**Erfüllung**
1	… mehr als eine Umbenennung von Personalmanagement!	●○○○
2	… Bekenntnis zum Mitarbeiter als Vermögenswert!	●●○○
3	… Kernaufgabe von Personalexperten!	●○○○
4	… Ausrichtung auf Arbeitsmarkt!	○○○○
5	… Bewertung und Optimierung!	●●○○
6	… gemäß ganzheitlichem Ansatz!	●○○○
7	… mit einer expliziten Zukunftsorientierung!	●○○○
8	… gruppenbezogen und unternehmensbezogen!	●●○○
9	… zentrales Personalmanagement-Aktivitätsfeld!	○○○○
10	… Wettbewerb und Chancenvielfalt!	●●○○

1.2 Markt-/Buchwert-Differenz

Die Markt-/Buchwert-Differenz kann zur Messung des Intellectual Capitals eines Unternehmens verwendet werden und erhebt damit die Obergrenze des HC-Wertes.[46] Die Operationalisierung stützt sich auf den Markt- und den Buchwert eines Unternehmens.

$$HC := \text{Marktwert} - \text{Buchwert}$$

Eine Berechnung dieser Markt-/Buchwert-Differenz ist für börsennotierte Unternehmen möglich,

- da sich für diese ein Marktwert ermitteln lässt, indem man den aktuellen Börsenkurs mit der Anzahl der Aktien multipliziert;

- von diesem Marktwert wird der Buchwert, also das Eigenkapital des Unternehmens, abgezogen.

Im Gegensatz zur Markt-/Buchwert-Relation ergibt sich hier keine Verhältniszahl, sondern ein konkreter Geldbetrag (Abbildung 10). Er symbolisiert etwas deutlicher den monetären Wert des betrachteten immateriellen Vermögens sowie seinen Bezug zum Unternehmenswert.

Betrachtet man die Differenz aus Markt- und Buchwert, so sind Werte „kleiner als 0“ und „größer als 0“ möglich. Ein positiver Wert dokumentiert dann das durch die Marktbewertung angenommene Vorhandensein von Human Capital;

Marktwert-orientierte Ansätze

Unternehmen	Marktwert[1] [Tsd. €]	Buchwert[2] [Tsd. €]	HC = Marktwert – Buchwert [Tsd. €]
SAP	23.800.000	2.928.270	**20.871.730**
Deutsche Telekom	51.400.000	35.416.000	**15.984.000**
Siemens[3]	30.273.000	24.062.000	**6.211.000**
Schering	8.145.000	2.949.000	**5.196.000**
BMW	18.991.390	13.871.000	**5.120.390**
RWE	13.700.000	8.924.000	**4.776.000**
Henkel	8.120.000	3.363.000	**4.757.000**
BASF	20.580.000	16.942.200	**3.637.800**
Metro	7.510.000	4.246.000	**3.264.000**
Adidas-Salomon	3.738.000	1.136.872	**2.601.128**
Linde	4.174.000	4.119.000	**55.000**
Bayer	14.900.000	15.455.000	**–555.000**
Deutsche Lufthansa	3.350.450	4.172.000	**–821.550**
MAN	1.914.000	2.891.000	**–977.000**
DaimlerChrysler	29.730.000	35.346.000	**–5.616.000**
Volkswagen	12.300.000	24.691.000	**–12.391.000**

1 Marktkapitalisierung zum Stichtag 31.12.2002
2 Eigenkapital (gegebenenfalls zuzüglich Anteile anderer Gesellschafter) zum Stichtag 31.12.2002
3 Jahresabschluss zum 30.09.2002

Abb. 10: Die Markt-/Buchwert-Differenz ausgewählter DAX30-Unternehmen

ein negativer Wert verdeutlicht ein HC-Defizit. Demzufolge deutet in der dynamischen Betrachtung ein steigender Wert auf einen HC-Anstieg hin; der Rückgang dieses Differenzwertes zeigt den Verlust (unter anderem) von Human Capital an.

Die nach der Markt-/Buchwert-Differenz gewonnenen HC-Werte erlauben Vergleiche mit Wettbewerbern, Durchschnittswerten oder Werten des eigenen Unternehmens aus der Vergangenheit. Interessant ist hier beispielsweise die Betrachtung der HC-Werte für die Unternehmen BMW (5.120,39 Mio. Euro), DaimlerChrysler (–5.616,00 Mio. Euro) und Volkswagen (–12.391,00 Mio. Euro): Zwar ist der Buchwert von BMW nur etwas mehr als halb so groß wie der von Volkswagen, doch beträgt BMWs Marktwert etwa das Anderthalbfache von VW. Hieraus ergibt sich für BMW ein deutlich höherer HC-Wert („größer als 0") als für VW („kleiner als 0"). DaimlerChrysler findet sich mit einem in Relation zu beiden Wettbewerbern deutlich höheren Markt- und Buchwert zwischen beiden (allerdings auch mit einem negativen HC-Wert).

Insgesamt erschließt sich bei Anwendung der Markt-/Buchwert-Differenz für kleinere Unternehmen (also Unternehmen mit einem relativ niedrigen Buchwert) eine tendenziell engere Bandbreite hinsichtlich ihrer zu erwartenden HC-Werte; umgekehrt ergibt sich für große Unternehmen ein größerer HC-Ergebnisraum. Dies wird deutlich, wenn man beispielhaft die Markt-/Buchwert-Relation und die Markt-/Buchwert-Differenz für ein kleines und ein großes Unternehmen berechnet (kleines Unternehmen mit Marktwert „100" und Buchwert „50", großes mit Marktwert „1.000" und Buchwert „500"): Es ergibt sich dann zwar für beide Unternehmen eine Markt-/Buchwert-Relation in Höhe von 2. Doch bei der HC-Berechnung auf der Basis absoluter Zahlen mittels der monetarisierten Differenzbildung ergibt sich für das kleine Unternehmen ein HC-Wert von nur 50, für das große hingegen von 500. Für größere Unternehmen fallen die HC-Berechnungen mit absoluten Zahlen also wesentlich „deutlicher" aus.

Den negativen HC-Werten der Markt-/Buchwert-Differenz („Buchwert ist größer als Marktwert") entsprechen die HC-Werte „kleiner als 1" bei der Markt-/Buchwert-Relation. Während sich bei der Markt-/Buchwert-Differenz infolge des Ausweises absoluter Zahlen insgesamt hohe Markt- und Buchwerte stark auf den resultierenden HC-Wert auswirken, ist dies bei der Markt-/Buchwert-Relation durch die Ermittlung relativer Werte ausgeschlossen. So erklärt sich etwa das „schlechtere Abschneiden" von DaimlerChrysler bei der HC-Bewertung mit Hilfe der Markt-/Buchwert-Differenz: Während der als relatives Markt-/Buchwert-Verhältnis ermittelte HC-Wert etwas besser als beispielsweise der

der Lufthansa ist, führt die HC-Bewertung auf der Basis der absoluten Zahlenwerte für DaimlerChrysler bereits aufgrund seiner größeren Dimensionierung zu einem – im Vergleich zur Lufthansa – schlechteren HC-Wert.

Die Bedeutung der Markt-/Buchwert-Differenz liegt vor allem darin, die grundsätzliche Existenz eines genau quantifizierbaren Wertes des immateriellen Vermögens und des Human Capitals transparent zu machen. Die Berechnung ist sehr einfach und auch für den außerhalb eines Unternehmens stehenden Beobachter auf der Grundlage frei zugänglicher Daten möglich.

Besonders interessant ist der Ausweis einer monetären HC-Kennzahl für das betrachtete Unternehmen. Die Darstellung des Human Capitals mit Hilfe absoluter Zahlen ist damit wesentlich aussagekräftiger als die relative Darstellung durch eine Markt-/Buchwert-Verhältniszahl.

Marktwert-orientierte Ansätze

Wie bei der Markt-/Buchwert-Relation unterliegt auch hier der Marktwert den Börsenschwankungen. Die monetäre Bezifferung des Human Capitals mit Hilfe dieser Methode wird für eine HC-Optimierung nur von begrenztem Interesse sein, da die Stellgrößen zur zielgerichteten Gestaltung des Human Capitals verborgen bleiben und der ausgewiesene HC-Wert daher keine echte Handlungsgrundlage für Manager bietet. Mögliche Ursachen für einen Unterschied zwischen Markt- und Buchwert werden nicht erklärt und ein Rückschluss auf teambezogene HC-Werte ist ausgeschlossen.

Schließlich birgt die konsequente Anwendung der Markt-/Buchwert-Differenz eine teilweise groteske Logik in sich: So führt die als „Rationalisierung" verbrämte massenhafte Entlassung von Mitarbeitern häufig zu einem Börsenkursanstieg (also zu einem höheren Marktwert) bei unverändertem Buchwert. Der auf Basis der Markt-/Buchwert-Differenz ermittelte HC-Wert impliziert dann bei radikalem Personalabbau einen Anstieg des Human Capitals. Der Verlust von Humankapitalträgern steigert in der Logik dieses Bewertungsansatzes also das Human Capital des Unternehmens.

Markt-/Buchwert-Differenz		
Postulat		**Erfüllung**
1	… mehr als eine Umbenennung von Personalmanagement!	●○○○
2	… Bekenntnis zum Mitarbeiter als Vermögenswert!	●●●○
3	… Kernaufgabe von Personalexperten!	●○○○
4	… Ausrichtung auf Arbeitsmarkt!	○○○○
5	… Bewertung und Optimierung!	●●○○
6	… gemäß ganzheitlichem Ansatz!	●○○○
7	… mit einer expliziten Zukunftsorientierung!	●○○○
8	… gruppenbezogen und unternehmensbezogen!	●●○○
9	… zentrales Personalmanagement-Aktivitätsfeld!	○○○○
10	… Wettbewerb und Chancenvielfalt!	●●○○

1.3 Human Capital Market Value (HCMV)

Ein Vorschlag zur Weiterentwicklung der Markt-/Buchwert-Differenz kommt von *Fitz-enz*: In seinem Ansatz des Human Capital Market Value (HCMV) schlägt er die Umrechnung der unternehmensbezogenen HC-Werte in mitarbeiterbezogene HC-Kennzahlen vor und dividiert dazu die Differenz aus Markt- und Buchwert zusätzlich noch durch die Mitarbeiter des Unternehmens.[47]

Ausgangspunkt der Überlegungen ist hier somit die Bestimmung der relevanten Zahl an Humankapitalträgern. In einer einfachen Form könnte dazu ein Rückgriff auf die absolute Mitarbeiterzahl erfolgen.

Dies wird von *Fitz-enz* jedoch als nicht weitführend genug angesehen: In seinem HCMV-Ansatz argumentiert er, dass in Anbetracht des rapiden Zuwachses an Teilzeitbeschäftigungsverhältnissen die Kenngröße „Mitarbeiter" an Aussagekraft eingebüßt habe; folglich schlägt er vor, als neuen Nenner in seiner Formel anstelle von „Mitarbeiter" (pro Kopf) die Größe **„Full-Time Equivalent" (FTE)** zu verwenden.[48] Wenn also beispielsweise zehn Mitarbeiter halbtags arbeiten, so erhält man einen FTE in Höhe von fünf (obwohl die Zahl der Arbeitnehmer zehn ist). Dies entspricht dem Gedanken der Berechnung von „Manntagen" oder „Personentagen" und stellt so eine Kennziffer für die tatsächliche Arbeitsleistung dar. Darüber hinaus empfiehlt *Fitz-enz*, auch Zeit- und Leiharbeitsverhältnisse in der Kennzahl FTE zu berücksichtigen. FTE ist damit die aus der Mitarbeiterzahl und den jeweiligen Beschäftigungsverhältnissen errechnete Vollzeitbeschäftigungsgröße, entspricht folglich der Größe „Vollzeitkräfte".

$$HC := HCMV = \frac{\text{Marktwert} - \text{Buchwert}}{\text{FTE}}$$

Die Berechnung des HC-Wertes eines börsennotierten Unternehmens mit Hilfe des HCMV-Ansatzes ist – mit Einschränkungen – für jedermann möglich (Abbildung 11):

Marktwert-orientierte Ansätze

- Nach Multiplikation der Aktienzahl mit dem aktuellen Börsenkurs (= Marktwert) und
- anschließender Subtraktion des Eigenkapitals (= Buchwert)
- muss hierzu durch die Anzahl der Vollzeitkräfte geteilt werden.

Die Mitarbeiterzahlen werden in Geschäftsberichten veröffentlicht. Dabei wird in der Regel explizit darauf hingewiesen, wenn eine Umrechnung in Vollzeitkräfte nach dem prozentualen Beschäftigungsgrad vorgenommen wurde („teilzeitbereinigt", „auf Vollzeitbasis" oder „auf der Basis von Mitarbeiteräquivalenten").

Da diese Umrechnung allerdings nicht verpflichtend ist, finden sich bisweilen auch ausschließlich absolute Mitarbeiterzahlen. In diesen Fällen bleibt die Verwendung des HCMV-Ansatzes im *Fitz-enz*'schen Sinne (mit der Größe „FTE") ausschließlich unternehmensinternen Stellen vorbehalten, da nur sie über die notwendigen Informationen zur Berechnung von FTE verfügen.

Bei der vergleichenden Betrachtung der ausgewiesenen HC-Kennzahlen ist zu beachten, dass diese unter Verwendung der Größe FTE tendenziell zu höheren HC-Werten, umgekehrt bei Berechnung mittels der absoluten Mitarbeiterzahlen zu eher niedrigeren HC-Werten führen, da die absolute Mitarbeiterzahl zwangsläufig immer „größer oder gleich" der Größe FTE ist. Dadurch wird der Nenner der HC-Berechnungsformel bei Zugrundelegung absoluter Mitarbeiterzahlen anstelle von FTE größer, das Human Capital folglich kleiner.

Da der Ausgangspunkt der HC-Berechnung mit Hilfe des HCMV-Ansatzes die Markt-/Buchwert-Differenz ist, kommen beide Bewertungsansätze im Großen und Ganzen zu ähnlichen Ergebnissen: Nach der Markt-/Buchwert-Differenz positive HC-Werte bleiben auch nach Division durch die unternehmensspezifische FTE-Kennzahl positiv, negative bleiben negativ.

Unternehmen	Markt-/ Buchwert-Differenz [Tsd. €]	FTE (absolute Mitarbeiterzahl)[1]	HC = $\frac{\text{Marktwert} - \text{Buchwert}}{\text{FTE}}$ $\left(\frac{\text{Marktwert} - \text{Buchwert}}{\text{absolute Mitarbeiterzahl}}\right)$ [€]
SAP	20.871.730	28.797	**724.788,35**
Schering[2]	5.196.000	*26.635*	***195.081,66***
Adidas-Salomon[3]	2.601.128	(14.716)	**(176.755,10)**
Henkel[2]	4.757.000	*48.638*	***97.804,19***
Deutsche Telekom	15.984.000	255.969	**62.445,06**
BMW[3]	5.120.390	(101.395)	**(50.499,43)**
BASF[3]	3.637.800	(89.389)	**(40.696,28)**
RWE	4.776.000	131.765	**36.246,35**
Metro[4]	3.264.000	191.512	**17.043.32**
Siemens[2, 5]	6.211.000	*426.000*	***14.579,81***
Linde[2]	55.000	*46.521*	***1.182,26***
Bayer	–555.000	120.884	**–4.591,18**
Deutsche Lufthansa	–821.550	85.270	**–9.634,69**
MAN[3]	–977.000	(75.054)	**(–13.017,29)**
DaimlerChrysler[3]	–5.616.000	(365.571)	**(–15.362,27)**
Volkswagen[3]	–12.391.000	(324.892)	**(–38.138,83)**

[1] zum Stichtag 31.12.2002
[2] *Angabe, ob FTE oder absolute Mitarbeiterzahl, fehlt*
[3] keine FTE, sondern (absolute Mitarbeiterzahl)
[4] FTE im Jahresdurchschnitt 2002
[5] Jahresabschluss zum 30.09.2002

Abb. 11: Der HCMV ausgewählter DAX30-Unternehmen

Betrachtet man allerdings die HC-Werte mehrerer Unternehmen, so sind im Vergleich zur Markt-/Buchwert-Differenz relative Veränderungen in der „HC-Rangfolge" möglich, da durch die Berücksichtigung von FTE ein auf Vollzeitkräfte normierter individuumsbezogener HC-Durchschnittswert erhoben wird. Für Unternehmen mit einer negativen Markt-/Buchwert-Differenz führt daher eine Erhöhung der Mitarbeiterzahl tendenziell zu einer Steigerung des durchschnittlichen Human Capitals pro Vollzeitkraft, da die negative Differenz auf eine größere Zahl von FTE umgelegt wird.

Umgekehrt hat bei einer positiven Markt-/Buchwert-Differenz eine steigende Mitarbeiterzahl einen sinkenden HC-Wert zur Folge, da der positive HC-Wert auf eine größere Zahl von Individuen umgerechnet wird. Nach dieser Logik kann ein Unternehmen mit einer guten HC-Ausstattung (positive HC-Werte) diese durch die Neueinstellung weiterer Mitarbeiter nur verschlechtern. Dahingegen verbessern zwangsläufig Unternehmen mit einer schlechten HC-Ausstattung (negative HC-Werte) diese durch Personalbeschaffung. Hierdurch wird die Personalveränderung zu einem wichtigen Aktivitätsfeld für die HC-Optimierung.

Marktwert-orientierte Ansätze

Die gleichen Tendenzen für die ermittelten HC-Werte im Vergleich zur Methode der Markt-/Buchwert-Differenz ergeben sich auch dann, wenn man anstelle der Größe FTE auf die absoluten Mitarbeiterzahlen zurückgreift. Dies ist unmittelbar einleuchtend vor dem Hintergrund, dass beide Kennzahlen durchaus identisch sein können, wenn nämlich alle Mitarbeiter in einem Vollzeitarbeitsverhältnis stehen. Dann gilt FTE = absolute Mitarbeiterzahl.

Dieser Zusammenhang deutet zugleich darauf hin, inwieweit außerdem auch dem Personaleinsatzmanagement große Bedeutung bei der Steigerung des Human Capitals zukommt: So ist nämlich die Gestaltung von Arbeitsverträgen (in Form von Teilzeit- oder Vollzeitarbeitsverhältnissen) unmittelbar HC-relevant.

Grundsätzlich bleibt der Rückgriff auf Markt- und Buchwert-Kennzahlen problematisch: So werden produzierende Industrieunternehmen mit vielen Maschinen, die ein großes Anlagevermögen und damit einen eher hohen Buchwert haben (im Beispiel etwa VW) tendenziell niedrigere HC-Werte ausweisen als Dienstleistungsunternehmen (hier beispielsweise SAP), deren Unternehmenswert nur zu einem kleinen Teil auf seinen materiellen und bilanziell erfassten Vermögensgegenständen gründet. Zwar ist die daraus resultierende Höher-Bewertung so genannter „wissensintensiver" Unternehmen gerade die Kernidee dieser Bewertungsmethodik, doch scheint ein damit unterstellter Wertzusammenhang zwischen der Branchenzugehörigkeit eines Unternehmens und seinem Human Capital allzu simplifizierend.

Die Verwendung der Kennzahl FTE als Größe für die Bestimmung der Anzahl an Humankapitalträgern im HCMV-Ansatz von *Fitz-enz* scheint plausibel: Dieser Vollzeitkräfte-Wert dürfte in der Praxis häufig sehr viel relevanter sein als absolute „pro Kopf"-Betrachtungen.

Der Ansatz ist auf der Basis der Markt-/Buchwert-Differenz leicht anzuwenden und weist monetäre – allerdings individuumsbezogene – Kennzahlen aus. Zur Aggregation von individuums- zu unternehmensbezogenen HC-Werten unterlässt man die Division durch FTE, wodurch der Ansatz mit der ursprünglichen Markt-/Buchwert-Differenz identisch wird.

Der HCMV unterliegt über den Marktwert den Börsenschwankungen. Der Mehrwert einer individuellen Durchschnittswertbildung für die Ermittlung des Wertes der Gesamtbelegschaft fehlt. Darüber hinaus stellt sich die Frage, ob eine HC-Durchschnittswertbildung relevante Aussagen über Individuen zulässt: Eine derartige „Disaggregation" einer unternehmensbezogenen HC-Kennzahl zu individuumsbezogenen HC-Kennzahlen dürfte allenfalls für kleine Unternehmen mit einer sehr homogenen Mitarbeiterschaft weitergehende Aussagekraft besitzen.

Eine Schwierigkeit bei der Anwendung des Ansatzes besteht auch darin, die benötigte FTE-Größe (unternehmensintern) zu generieren und (unternehmensextern) in Erfahrung zu bringen. Muss man anstelle dieser Kennziffer auf absolute Mitarbeiterzahlen zurückgreifen, so gibt man gerade den Mehrwert preis, den *Fitz-enz*' Grundidee auszeichnet.

Human Capital Market Value (HCMV)		
Postulat		**Erfüllung**
1	… mehr als eine Umbenennung von Personalmanagement!	●○○○
2	… Bekenntnis zum Mitarbeiter als Vermögenswert!	●●●●
3	… Kernaufgabe von Personalexperten!	●●○○
4	… Ausrichtung auf Arbeitsmarkt!	○○○○
5	… Bewertung und Optimierung!	●●●○
6	… gemäß ganzheitlichem Ansatz!	●○○○
7	… mit einer expliziten Zukunftsorientierung!	●○○○
8	… gruppenbezogen und unternehmensbezogen!	●●●●
9	… zentrales Personalmanagement-Aktivitätsfeld!	●●○○
10	… Wettbewerb und Chancenvielfalt!	●●○○

1.4 Investor-Assigned Market Value (IAMV)

Der als Investor-Assigned Market Value (IAMV) bezeichnete Ansatz ist Teil einer von *Standfield* entwickelten, unter dem Namen Knowcorp vermarkteten Produktgruppe, die Intangible Accounting, Intangible Cost Analysis und Intangible Risk Management integriert.[49] Die Ermittlung des Human Capitals erfolgt für börsennotierte Unternehmen implizit als Teil des immateriellen Unternehmenswertes.

Marktwert-orientierte Ansätze

Legende	
IAMV	Investor-Assigned Market Value (aktueller Marktwert eines Unternehmens)
AMV	Attainable Market Value (von Investoren als erreichbar angesehener Marktwert eines Unternehmens)
ICE	Intellectual Capital Erosion (der Organisationsstruktur innewohnende Ineffizienzen)

Von der Berechnungsmethodik her identisch mit der Markt-/Buchwert-Differenz, bemüht sich der IAMV-Ansatz durch eine verbale Umformung primär um eine konzeptionelle Erweiterung ihres Grundgedankens.

$$HC := IAMV - Buchwert = (AMV - ICE) - Buchwert$$

- Dabei entspricht der IAMV dem mit der Aktienzahl multiplizierten Börsenkurs eines Unternehmens. Dieser Marktwert spiegelt das Zusammenwirken der Kauf- und Verkaufentscheidungen von Investoren an der Börse wider. Dabei wird davon ausgegangen, dass der aktuelle Marktwert den als theoretisch erreichbar angesehenen Marktwert (AMV) deshalb nicht erreicht, weil Intellectual Capital Erosions (ICE) auftreten: den Organisationsstrukturen des Unternehmens innewohnende Ineffizienzen.
- Der Buchwert des Unternehmens entspricht dem Eigenkapital in der Bilanz.

Aus dieser Umformulierung wird ersichtlich, dass sich der Marktwert eines Unternehmens permanent investorenabhängig verändert. Die Investoren nehmen – mangels Verfügbarkeit aktueller exakterer Informationen – Schätzungen bezüglich des von ihnen als erreichbar angesehenen Marktwertes des Unternehmens (AMV) vor. Sie erwerben dann Unternehmensanteile, wenn der aktuelle Marktwert des Unternehmens (IAMV) unterbewertet scheint, also niedriger ist als der als erreichbar angesehene Marktwert des Unternehmens oder sogar als der „wahre Marktwert“, der gemäß dieses Ansatzes noch zukunftsorientiert die nachhaltigen Wettbewerbsvorteile des Unternehmens berücksichtigt, die beispielsweise durch organisatorisches Lernen oder durch gezielte Differenzierungsstrategien zu erlangen sind.

Analog zur Markt-/Buchwert-Differenz repräsentiert die Differenz zwischen IAMV und Buchwert das Human Capital. In Abhängigkeit von der Ausprägung der Variablen IAMV und Buchwert kann dann das Human Capital Werte „größer als 0“ beziehungsweise „kleiner als 0“ Euro annehmen.

Der Anspruch des IAMV-Ansatzes besteht also nicht in einer methodischen, sondern vielmehr in einer konzeptionellen Erweiterung der Markt-/Buchwert-Differenz: Der IAMV betont die Subjektivität von Investorenentscheidungen bei der HC-Bewertung unter Verwendung von Marktmechanismen. Da hier eine HC-Bewertung aus Investorensicht erfolgt, ist eine – im Anlegerinteresse – relativ „konservative“ Wertbestimmung des Human Capitals zu erwarten.

Ziel von Unternehmen ist es, ihren Investor-Assigned Market Value durch Reduktion der Intellectual Capital Erosion zu vergrößern. Diese Minimierung der Intellectual Capital Erosion bedeutet umgekehrt eine HC-Steigerung.

Die vorgenommenen Umformulierungen des IAMV-Ansatzes der klassischen Markt-/Buchwert-Differenz gegenüber veranschaulichen, dass der Wert eines Unternehmens eine dynamische Größe ist. Er entsteht investorenabhängig durch subjektive Einschätzungen bezüglich des Unternehmenswertes und ist Folge eines permanenten Marktbewertungsprozesses. Entsprechend veränderlich ist eine marktseitige Einschätzung immaterieller Vermögenswerte einschließlich des Human Capitals.

Eine interessante konzeptionelle Erweiterung der einfachen Markt-/Buchwert-Differenz stellt die Entwicklung des „Intellectual Capital Erosion“-Konstruktes dar. Durch sie wird auf die grundsätzlich bestehende Notwendigkeit zur Bekämpfung von Defiziten im Bereich der Sicherung und Ausschöpfung immaterieller Vermögenswerte hingewiesen.

Dem Ansatz fehlen konkrete Vorschläge zur Operationalisierung: So wird zwar das Schätzen von Unternehmenswerten den Investoren überlassen und die Existenz von Intellectual Capital Erosions behauptet, doch wird nicht gesagt, wie eine Annäherung an die Quantifizierung dieser Größen durch Investoren in der Praxis „sinnvoll“ erfolgen kann. Dabei erscheint die Annahme, dass der

Grund für Über- oder Unterbewertungen nur in den ICEs liegt, gewagt: In Börsenkurse gehen auch eine Vielzahl weiterer Erwartungen wie allgemeine Konjunkturprognosen oder Branchenspezifika ein. Im Hinblick auf die „Berechenbarkeit" des Human Capitals liefert der IAMV-Ansatz daher über die Markt-/Buchwert-Differenz hinaus keine neuen Erkenntnisse.

Marktwert-orientierte Ansätze

Investor-Assigned Market Value (IAMV)		
Postulat		**Erfüllung**
1	... mehr als eine Umbenennung von Personalmanagement!	●○○○
2	... Bekenntnis zum Mitarbeiter als Vermögenswert!	●●●○
3	... Kernaufgabe von Personalexperten!	○○○○
4	... Ausrichtung auf Arbeitsmarkt!	○○○○
5	... Bewertung und Optimierung!	●●●○
6	... gemäß ganzheitlichem Ansatz!	●○○○
7	... mit einer expliziten Zukunftsorientierung!	●○○○
8	... gruppenbezogen und unternehmensbezogen!	●●○○
9	... zentrales Personalmanagement-Aktivitätsfeld!	●○○○
10	... Wettbewerb und Chancenvielfalt!	●●○○

1.5 Tobin's q

●

Das als Tobin's q aus der Investitionstheorie bekannte, von dem Nobelpreisträger *Tobin*[50] zur Beurteilung von Investitionsentscheidungen entwickelte Modell wird auch zur indirekten HC-Ermittlung börsennotierter Unternehmen herangezogen.

Die namengebende Verhältniszahl q ist Grundlage des Ansatzes; sie gibt die Relation zwischen dem vom Markt eingeschätzten Wert des Kapitalbestandes und dem Betrag, den man aufwenden müsste, um den Kapitalbestand des Unternehmens heute zu kaufen, wieder.[51] Hierdurch ist eine Nähe zur Markt-/Buchwert-Relation gegeben.

$$HC := q = \frac{\text{Marktwert}}{\text{Wiederbeschaffungskosten des Kapitalbestandes}}$$

Berechnet man das Human Capital für ein Unternehmen als „q“,

- so wird der Zähler des Quotienten durch den Marktwert des Unternehmens abgebildet; dieser ergibt sich als das Produkt aus der Anzahl an Unternehmensaktien und dem aktuellen Börsenwert einer Aktie.
- Der Nenner des Bruchs entspricht dem Wiederbeschaffungswert des Anlagevermögens. Zur Ermittlung dieses Wiederbeschaffungswertes des Anlagevermögens müsste man jeden einzelnen Vermögensgegenstand des Anlagevermögens auf Basis einer Einzelbewertung gesondert zu Wiederbeschaffungskosten bewerten. Entsprechende Daten sind jedoch allenfalls unternehmensintern generierbar.

Eine Berechnung des Human Capitals ausgewählter Unternehmen mit Hilfe von Tobin's q ist daher an dieser Stelle nicht mit exakten Werten möglich; vielmehr muss – zur Verdeutlichung der Rechenlogik – auf Näherungswerte zurückgegriffen werden: Anstelle des „Wiederbeschaffungswertes des Anlagevermögens“ wird für die hier durchgeführte Beispielberechnung näherungsweise der Wert des Anlagevermögens gemäß Konzernabschluss herangezogen. Dadurch sind abschreibungsbedingte Ergebnisverzerrungen hier nicht auszuschließen und es ist davon auszugehen, dass der Wiederbeschaffungswert eher höher sein dürfte als das Anlagevermögen gemäß Bilanzausweis. Bei einer Verwendung der tatsächlichen Wiederbeschaffungswerte dürften sich folglich niedrigere Tobin's q-Werte für das Human Capital der betrachteten Unternehmen ergeben als in der hier vorgenommenen näherungsweisen Beispielrechnung (Abbildung 12).

Die Tobin's q-Kennzahl nimmt immer einen positiven Wert an: Ist $q < 1$ ($q > 1$), bewertet der Markt den Kapitalbestand niedriger (höher) als die Wiederbeschaffungskosten. Nach *Tobins* Modell des Investitionsverhaltens gilt q als Maß für die Investitionsfreudigkeit der Unternehmen: Wenn q höher ist als das der Konkurrenz, hat der Markt gewinnträchtige Investitionen zum Beispiel in Qualifikation honoriert.

Wie an dem Beispiel deutlich wird, sind unter Anwendung des Tobin's q-Ansatzes HC-Werte „größer als 2“ äußerst selten. Das (kapital-)marktseitig eingeschätzte, unsichtbare, aber tatsächlich vorhandene immaterielle Potenzial des Unternehmens ist letztlich indirekt auf den Beitrag des Human Capitals zurückzuführen. Veränderungen von q zeigen näherungsweise die Veränderung der effektiven Performance des Human Capitals eines Unternehmens.[52]

Marktwert-orientierte Ansätze

Unternehmen	Marktwert[1] [Tsd. €]	Anlagevermögen[2] [Tsd. €]	HC = Tobin's q
SAP	23.800.000	1.638.563	**14,525**
Schering	8.145.000	2.196.000	**3,709**
Adidas-Salomon	3.738.000	1.207.467	**3,096**
Henkel	8.120.000	4.927.000	**1,648**
Siemens[3]	30.273.000	26.234.000	**1,154**
BMW	18.991.390	18.829.000	**1,009**
BASF	20.580.000	20.458.200	**1,006**
Metro	7.510.000	11.688.000	**0,643**
Bayer	14.900.000	23.513.000	**0,634**
Linde	4.174.000	8.037.000	**0,519**
MAN	1.914.000	3.762.000	**0,509**
Deutsche Telekom	51.400.000	111.526.000	**0,461**
DaimlerChrysler	29.730.000	78.729.000	**0,378**
Volkswagen	12.300.000	34.563.000	**0,356**
Deutsche Lufthansa	3.350.450	11.713.700	**0,286**
RWE	13.700.000	61.577.000	**0,222**

[1] Marktkapitalisierung zum Stichtag 31.12.2002

[2] zum Stichtag 31.12.2002 (als Ersatzgröße für Wiederbeschaffungskosten des Kapitalbestandes)

[3] Jahresabschluss zum 30.09.2002

Abb. 12: Tobin's q ausgewählter DAX30-Unternehmen

O-Ton (*North/Probst/Romhardt* 1998)

„Ein hohes q reflektiert den Wert von Investitionen in Technologie und Mitarbeiter. (…) So kann z.B. ein Unternehmen junge Forscher ‚preiswert auf dem Markt einkaufen' und durch seine Fähigkeit, diese Mitarbeiter in ein funktionierendes Entwicklungsteam zu integrieren und zu motivieren, entstehen technologische Lösungen, die weit mehr wert sind als die Summe der Marktwerte der einzelnen Forscher."[53]

Bei der Implementierung des nicht originär als HC-Maßzahl konzipierten Tobin's q-Ansatzes als HC-Bewertungsansatz sollten Unternehmen wissen, dass sie mit q nur ein implizites Maß für das Human Capital erhalten. Von besonderer Bedeutung ist es für wissens- und forschungsintensive Unternehmen.

Im Unterschied zu der reinen Markt-/Buchwert-Relation werden bei Anwendung von Tobin's q die Effekte unterschiedlicher Abschreibungspraktiken neutralisiert.[54] Durch den investitionstheoretischen Entstehungshintergrund des Ansatzes kommt die Bedeutung der Mitarbeiter als Ressource, in die man lohnend investieren kann, besonders zum Ausdruck.

Die Quantifizierung der Wiederbeschaffungskosten ist in der Praxis häufig problematisch, weshalb der Ansatz schwer zu implementieren ist.

Tobin's q		
Postulat		**Erfüllung**
1	... mehr als eine Umbenennung von Personalmanagement!	●○○○
2	... Bekenntnis zum Mitarbeiter als Vermögenswert!	●●●○
3	... Kernaufgabe von Personalexperten!	○○○○
4	... Ausrichtung auf Arbeitsmarkt!	○○○○
5	... Bewertung und Optimierung!	●●○○
6	... gemäß ganzheitlichem Ansatz!	●○○○
7	... mit einer expliziten Zukunftsorientierung!	●○○○
8	... gruppenbezogen und unternehmensbezogen!	●●○○
9	... zentrales Personalmanagement-Aktivitätsfeld!	○○○○
10	... Wettbewerb und Chancenvielfalt!	●○○○

1.6 Marktwert/Mitarbeiter-Quotient

Der Ansatz von *Simon* orientiert sich ausdrücklich an der Leitfrage „Was ist ein Mitarbeiter wert?".[55] Sein Vorschlag zur Berechnung des „Wertes eines Mitarbeiters" als Marktwert/Mitarbeiter-Quotient ermöglicht die monetarisierte Bewertung des Human Capitals börsennotierter Unternehmen.

$$HC := \frac{\text{Marktwert}}{\text{Mitarbeiterzahl}}$$

Zur Berechnung dieser HC-Formel wird

- der Marktwert als aktueller Börsenwert des betrachteten Unternehmens (Anzahl der Aktien des Unternehmens multipliziert mit dem Börsenkurs der Aktie) zu
- der Anzahl der Mitarbeiter des Unternehmens

in Relation gesetzt (Abbildung 13).

Marktwert-orientierte Ansätze

Unternehmen	Marktwert[1] [Mio. €]	Mitarbeiterzahl[2]	HC = Marktwert / Mitarbeiterzahl [€]
EM.TV	10.150	218	**46.559.633,02**
Intershop	7.480	667	**11.214.392,80**
Lycos Europe N.V.	1.460	167	**8.742.514,97**
Web.de	560	100	**5.600.000,00**
Brokat Infosystems	2.990	643	**4.650.077,76**
Pixelpark	1.690	604	**2.798.013,25**
SAP	61.570	22.298	**2.761.234,19**
Mobilcom	5.810	2.890	**2.010.380,62**
Deutsche Telekom	207.510	195.841	**1.059.584,05**
Allianz	95.290	113.584	**838.938,58**
Deutsche Bank	51.910	92.457	**561.450,19**
Beiersdorf	7.060	16.168	**436.665,02**
Bayer	30.530	118.100	**258.509,74**
Siemens	97.550	425.000	**229.529,41**
Schering	3.830	22.591	**169.536,54**
DaimlerChrysler	59.070	466.938	**126.505,01**
Volkswagen	18.290	313.000	**58.434,50**
Continental	2.850	62.933	**45.286,26**
Karstadt-Quelle	3.160	116.458	**27.134,25**

[1] Marktkapitalisierung zum Stichtag 03.06.2000
[2] nach Geschäftsberichten 1999 beziehungsweise Quartalsberichten 1/2000

Abb. 13: Simons (2000) HC-Berechnung für ausgewählte Unternehmen[56]

Das auf diese Weise berechnete Human Capital nimmt immer Werte „größer als 0“ an, da in Zähler und Nenner der HC-Berechnungsformel positive Zahlen stehen. Dabei wird der HC-Wert umso größer, je größer der Börsenkurs und/ oder je kleiner die Anzahl der Mitarbeiter des Unternehmens ist.

Da es sich bei dem ausgewiesenen HC-Wert um einen (durchschnittlichen) Wert des einzelnen Mitarbeiters handelt, erhielte man gesamtunternehmensbezogene HC-Kennzahlen durch Addition sämtlicher mitarbeiterbezogener HC-Werte, was dann wiederum genau dem Börsenwert des Unternehmens entspricht. Somit wird der gesamte tagesaktuelle Börsenkurswert des Unternehmens als Wert des Human Capitals interpretiert.

Zur Steigerung des individuumsbezogenen Human Capitals würde sich folglich in der Logik der vorliegenden Formel die Reduktion der Belegschaft empfehlen: Dies würde zu höheren individuellen HC-Durchschnittswerten für die einzelnen (verbleibenden) Mitarbeiter führen. Darüber hinaus würde sich eine radikale Ausrichtung am Shareholder Value zwecks Steigerung des Unternehmenswertes positiv auf den HC-Wert auswirken.

Der Ansatz bietet großen Raum für Spekulationen über die Implikationen der berechneten HC-Werte für mögliche Unternehmensakquisitionen. *Simon* selbst diskutiert hier diverse Möglichkeiten und billigt dadurch den gewonnenen Kennzahlen eine tatsächliche Aussagekraft zu.

O-Ton (*Simon* 2000)
„In jedem Falle ist jedoch die Frage, was bei einer Übernahme des Unternehmens pro Mitarbeiter gezahlt werden muss, von großem Interesse. Und können solche hohen Werte tatsächlich von den Mitarbeitern zurückverdient werden? Bei den sehr hohen Bewertungen darf man hier überwiegend Zweifel anmelden. Es stellt sich bei solchen Preisen auch die Frage, ob es nicht billiger wäre, derart teuren Mitarbeitern ein lukratives Angebot für einen Wechsel zu machen und dann mit ihnen ein neues Unternehmen aufzubauen. (…) Umgekehrt verwundert es, dass nicht mehr Unternehmen mit sehr niedriger Bewertung pro Mitarbeiter übernommen werden. Denn die Qualifikation der Mitarbeiter scheint ja in vielen dieser Unternehmen durchaus gut zu sein, und die niedrigen Beträge sollten sich in kurzer Zeit amortisieren lassen.“[57]

Allerdings wirkt eine derart radikale Marktorientierung der HC-Bewertung allzu abenteuerlich. Entsprechende HC-Werte liefern keine nützlichen Steuerungsimpulse, vielmehr besteht die offenkundige Gefahr drohender Fehlentscheidungen: Diese HC-Formel wird also allenfalls zur plakativen Betonung des Wertes von Human Capital genutzt werden können. Sie dient aber keinesfalls als Instrument für die Managementpraxis: Die Konsequenzen einer derartigen HC-Bewertung wären fatal.

Mit seinem Ansatz hat *Simon* es immerhin geschafft, das Thema HCM öffentlichkeitswirksam zu thematisieren: Er hat in der Boomzeit der New Economy, als die wachsende Bedeutung des menschlichen Produktionsfaktors deutlich wurde, die Frage nach den immateriellen und versteckten Vermögenswerten von Unternehmen in einer provokativen Form aufgegriffen.

Marktwert-orientierte Ansätze

Simons Methode vereinfacht den sehr komplexen Zusammenhang zwischen der marktseitigen Einschätzung des Unternehmenswertes an der Börse und dem Wert des Human Capitals extrem stark. Zwar sieht er diese Problematik durchaus auch selbst, wenn er davon spricht, dass seine Betrachtung natürlich „simplifizierend“[58] sei; nichtsdestotrotz ergeht er sich in Spekulationen über die Implikationen einer HC-Bewertung nach seinem Vorschlag. Er scheint seinem eigenen Vorschlag also de facto doch eine Aussagekraft zu attestieren. Allerdings legen bereits *Simons* eigene Schlüsse die Unzulänglichkeit seines Ansatzes offen.

Marktwert/Mitarbeiter-Quotient

Postulat		**Erfüllung**
1	… mehr als eine Umbenennung von Personalmanagement!	●○○○
2	… Bekenntnis zum Mitarbeiter als Vermögenswert!	●●●●
3	… Kernaufgabe von Personalexperten!	●○○○
4	… Ausrichtung auf Arbeitsmarkt!	○○○○
5	… Bewertung und Optimierung!	●●●○
6	… gemäß ganzheitlichem Ansatz!	●○○○
7	… mit einer expliziten Zukunftsorientierung!	●○○○
8	… gruppenbezogen und unternehmensbezogen!	●●●●
9	… zentrales Personalmanagement-Aktivitätsfeld!	●○○○
10	… Wettbewerb und Chancenvielfalt!	●●○○

1.7 Value Creation Index (VCI)

Der Value Creation Index (VCI) des Center for Business Innovation (CBI) der Unternehmensberatung Cap Gemini Ernst & Young geht zurück auf die Studie „Measures that Matter“[59] aus dem Jahr 1997, die im Zuge der Beschäftigung mit Value Based Management die Bedeutung nicht-finanzieller Kennzahlen als Basis zur Entscheidungsfindung für Manager und Investoren untersuchte.[60] Im Rahmen dieser empirischen Studie, die sich auf eine Befragung von Investoren stützte, wurde eine ranggewichtete Liste von 39 nicht-finanziellen Kennzahlen in unterschiedlichen Kategorien erstellt. Zentrales Ergebnis: Nicht-finanzielle Kriterien prägen durchschnittlich 35 % der Entscheidung von Investoren und haben damit einen unmittelbaren Einfluss auf Aktienkurse und auf den Unternehmenswert.

Die 2000er Folgestudie „Measuring the Future“ basiert auf einer Internet-Befragung, der Auswertung frei zugänglicher Unternehmensdaten sowie auf Experteninterviews. Ziel war es, den bereits früher identifizierten Zusammenhang zwischen immateriellen Vermögenswertkategorien von Unternehmen und deren tatsächlichem Marktwert mittels statistischer Verfahren zu überprüfen: Die als Werttreiberkategorien bezeichneten Kategorien immaterieller Vermögenswerte sollten so in einen einzigen Value Creation Index zusammengeführt werden, dass sich ein positiver Erklärungszusammenhang zwischen diesem VCI und dem Marktwert des Unternehmens ergab.

Im Ergebnis wurden die nicht-finanziellen, immateriellen Werttreiberkategorien neu geordnet. Es werden jetzt neun Performance-Kategorien unterschieden, die die Wertschöpfung des Unternehmens bestimmen:

- Innovation,
- Qualität,
- Kundenbeziehungen,
- Managementfähigkeiten,
- Allianzen,
- Technologie,
- Markenwert,
- Mitarbeiterbeziehungen,
- Unternehmensumfeld.

HC-Relevanz besitzen hiervon insbesondere die Kategorien „Managementfähigkeiten“ und „Mitarbeiterbeziehungen“. Allerdings ist die Rangfolge hinsichtlich der Bedeutung der Kategorien branchenspezifisch unterschiedlich.

In einem nächsten Schritt wurden Indikatoren für die einzelnen Werttreiberkategorien identifiziert und auf einen statistisch signifikanten Zusammenhang mit dem Marktwert des Unternehmens hin überprüft. Eine Gewichtung der verschiedenen Werttreiberkategorien und Indikatoren gemäß ihrer relativen Wichtigkeit für den Marktwert des Unternehmens führte dann zu dem Value Creation Index (in Prozent).

Marktwert-orientierte Ansätze

Obwohl der VCI nicht explizit zur HC-Bewertung konzipiert worden ist, könnte eine Bestimmung des Human Capitals erfolgen, indem die hierfür relevanten Werttreiberkategorien „Managementfähigkeiten“ und „Mitarbeiterbeziehungen“ gemäß ihrer relativen Gewichtung im VCI aus dem Marktwert des Unternehmens herausgerechnet werden.

Das Human Capital ist im VCI-Ansatz indirekt ermittelbar, da es über bestimmte Werttreiberkategorien und – nicht publizierte – zugrunde liegende Indikatoren in einen einzigen zentralen Indexwert einfließt. Folglich könnten für Cap Gemini Ernst & Young durchaus detaillierte Rückschlüsse auf das Human Capital möglich sein.

Die statistisch nachgewiesene positive Korrelation zwischen VCI und Marktwert wird nur grob verbal erläutert. Somit lässt die 2000er-Studie zum VCI für Außenstehende weder Rückschlüsse auf die genaue Zusammensetzung noch auf die Gewichtung des Human Capitals innerhalb des VCI zu, weshalb eine HC-Bewertung mittels des VCI dem Beratungsunternehmen vorbehalten bleibt. Sie ist an dieser Stelle nicht weiter nachprüfbar.

Value Creation Index (VCI)		
Postulat		**Erfüllung**
1	... mehr als eine Umbenennung von Personalmanagement!	●●○○
2	... Bekenntnis zum Mitarbeiter als Vermögenswert!	●●●○
3	... Kernaufgabe von Personalexperten!	●○○○
4	... Ausrichtung auf Arbeitsmarkt!	○○○○
5	... Bewertung und Optimierung!	●●●○
6	... gemäß ganzheitlichem Ansatz!	●○○○
7	... mit einer expliziten Zukunftsorientierung!	●○○○
8	... gruppenbezogen und unternehmensbezogen!	●●○○
9	... zentrales Personalmanagement-Aktivitätsfeld!	●○○○
10	... Wettbewerb und Chancenvielfalt!	●○○○

2. Accounting-orientierte Ansätze

Die Accounting-orientierten Ansätze streben eine Integration der HC-Bewertung in die traditionellen Rechnungslegungs- und Bilanzierungsverfahren an und orientieren sich daher an bekannten Abschreibungsmethoden.

> Als Ausgangspunkt zur HC-Bewertung mit Hilfe der Accounting-orientierten Ansätze dient folgende **Basisformel**:
>
> **HC := f (Personalaufwandsgrößen, Abschreibungen)**

2.1 Accounting For The Future (AFTF)

Accounting-orientierte Ansätze

Das von *Nash* entwickelte Accounting For The Future (AFTF)-Konzept (auch Accounting For Decisions, Accounting For Change oder Accounting For Value) soll als Grundlage für eine zukunftswertorientierte Unternehmenssteuerung dienen.[61] Hierzu stellt es ein Maß für das Wachstum und den Fortschritt des Gesamtunternehmens beziehungsweise ausgewählter taktischer Einheiten bereit, wodurch eine implizite Berücksichtigung und Messung des Faktors Mensch als Treiber dieser Entwicklung erfolgt. Vor diesem Hintergrund ist der AFTF-Ansatz als HC-Bewertungsansatz im weitesten Sinne zu verstehen.

Nashs Vorschlag beansprucht, die Probleme der traditionellen, vergangenheitsorientierten Rechnungslegung in einem neuen, zukunftsorientierten Modell zu korrigieren. Der Entwurf greift dazu im Wesentlichen auf bekannte Verfahren und Kennzahlen zurück, wie sie in der Finanzanalyse zur Anwendung kommen, um diese im Hinblick auf den Aspekt der Wertschöpfung einzusetzen und zu verbessern. Dazu bedient sich AFTF der Discounted Cash-Flow-Methode.

$$HC := \text{AFTF-Wert}_t - (\text{AFTF-Wert}_{t-1} + \text{Kapitalkosten})$$

- Der AFTF-Wert ist der Gegenwartswert aller zukünftig erwarteten, zu einem angemessenen Kapitalzinsfuß abgezinsten Netto-Cash-Flows.
- Der Mehrwert einer Periode errechnet sich als Differenz zwischen dem AFTF-Wert am Ende der Periode (t) abzüglich des um die Kapitalkosten erhöhten AFTF-Wertes zu Beginn des Zeitraumes (t–1).

Es ist das Ziel von AFTF, die implizite Verknüpfung von Rechnungslegung und zukünftigen Ereignissen in einen expliziten Zusammenhang umzuwandeln.

Der bei der Anwendung von AFTF zu errechnende Mehrwert repräsentiert das während des betrachteten Untersuchungszeitraumes generierte immaterielle Vermögen, was als – allerdings sehr grobe – Ersatzgröße für die Obergrenze des HC-Wertes interpretiert werden kann.

Die so mittels AFTF zu erhebende HC-Kennzahl kann als monetäre Größe Werte „kleiner als 0“ oder „größer als 0“ annehmen. Dann gilt ein positiver Wert des Human Capitals als notwendiges Kriterium für eine erfolgreiche Unternehmenssteuerung. Die tatsächliche „Berechnung“ des Human Capitals von Unternehmen auf Basis des AFTF-Ansatzes scheint derzeit jedoch noch nicht möglich, da die unterbreiteten Vorschläge zur Operationalisierung der Cash-Flow-Größen nur sehr allgemein gehalten sind.

Auch wenn der AFTF-Ansatz nur eine indirekte HC-Bewertung vornimmt, so liegt sein Verdienst doch darin, Anregungen für eine Weiterentwicklung der traditionell rein vergangenheitsorientierten Rechnungslegung zu geben und so die Chancen für eine zukünftige Berücksichtigung immaterieller Vermögenswerte in der Rechnungslegungspraxis zu verbessern.

Dem Ansatz ist keine grundlegende methodische Innovation zu attestieren, da er letztlich eine spezielle Discounted Cash-Flow-Methode darstellt. Auch beschränkt sich der Ansatz auf Beispiele, eine vertiefende Ausarbeitung der unterbreiteten Vorschläge steht bislang aus.

Accounting For The Future (AFTF)		
Postulat		**Erfüllung**
1	… mehr als eine Umbenennung von Personalmanagement!	○○○○
2	… Bekenntnis zum Mitarbeiter als Vermögenswert!	●○○○
3	… Kernaufgabe von Personalexperten!	○○○○
4	… Ausrichtung auf Arbeitsmarkt!	○○○○
5	… Bewertung und Optimierung!	●●○○
6	… gemäß ganzheitlichem Ansatz!	●○○○
7	… mit einer expliziten Zukunftsorientierung!	●●○○
8	… gruppenbezogen und unternehmensbezogen!	●●○○
9	… zentrales Personalmanagement-Aktivitätsfeld!	○○○○
10	… Wettbewerb und Chancenvielfalt!	○○○○

2.2 Human Resource Accounting (HRA)

Der Versuch, die Mitarbeiter als „wichtigstes Kapital" des Unternehmens zu „bilanzieren", charakterisiert das Human Resource Accounting (HRA) oder Human Asset Accounting.[62] Im deutschen Sprachbereich werden für HRA die Ausdrücke Humanvermögensrechnung, Humankapitalrechnung, Humanpotenzialrechnung, Personalvermögensrechnung, personalbezogenes Rechnungswesen und andere mehr verwendet.

Die Entstehungsgeschichte des HRA-Ansatzes reicht zurück bis zum Anfang der 60er Jahre: Der zunehmende Bedarf von Unternehmen an einer managementorientierten Verbesserung der internen Datenbasis zwecks Verbesserung der Entscheidungsgrundlage (Management Accounting) hat zunehmend auch Fragen nach der Bedeutung der menschlichen Ressourcen aufgeworfen. Ausgelöst durch organisationspsychologische Studien zur Effizienz von Führungsstilen[63] wurden zunächst im nordamerikanischen Raum Rechenwerke entwickelt, die Veränderungen der Leistungsfähigkeit der Mitarbeiter quantifizieren und zur Grundlage unternehmensinterner Entscheidungen machen.

Accounting-orientierte Ansätze

O-Ton (*Schoenfeld* 1993)

„*Humanvermögen* kann deshalb als das auf Dauer die Betriebsleistung bestimmende, in den Mitarbeitern vorhandene Leistungspotenzial definiert werden. Ob und inwieweit dieses Leistungspotenzial erhalten, weiterentwickelt und genutzt (oder auch anderen Betrieben entzogen) wird, sollte in der *Humanvermögensrechnung* (Human Resource Accounting) erfasst und überwacht werden; die Rechnungslegung über das Humanvermögen bildet einen wichtigen Teil des *Controlling*."[64]

O-Ton (*Marr/Schmidt* 1992)

„Der Begriff der ‚Humanvermögensrechnung' umfasst dabei das gesamte betriebswirtschaftliche Instrumentarium, welches der Erfassung der Kosten und der Bewertung des betrieblichen ‚Humanvermögens' dienen kann."[65]

Allgemeine Zielsetzung des HRAs ist es, eine Wertgröße für das in einer Organisation tätige Personal als eine ihrer wichtigsten erfolgswirksamen Ressourcen zu ermitteln. Dadurch wird eine grundlegende Informationsfunktion im Rahmen der Personalbestandsanalyse erfüllt.

Der Grundgedanke des HRAs ist, dass **personalbezogene Aufwendungen**, zum Beispiel **für Personalentwicklung**, eindeutigen Investitionscharakter haben. Im Unterschied zu Investitionen in Sachanlagen wird der durch sie geschaffene Wert aber nicht im Rechnungswesen erfasst und ihr Nutzen in späteren Perioden auch nicht verursachungsgemäß zugerechnet.[66] HRA strebt daher an, Personalaufwendungen genau wie andere Investitionstätigkeiten in Rechnungslegung und Bilanzierung zu berücksichtigen, indem Investitionskalküle auf den Personalbereich übertragen werden (Abbildung 14).

Personalinvestitionskonto für Abteilungsleiter Schmidt [€]			
Beschaffung	22.000,–	Abschreibung der Akquisition (1/10, da 10 Jahre Betriebszugehörigkeit prognostiziert)	3.600,–
Einarbeitung	14.000,–	Abschreibung der Fortbildung (1/3, da 3 Jahre Nutzung)	2.000,–
Fortbildung	6.000,–	(Schlussbestand) Humanvermögens-sammelkonto	**36.400,–**
	42.000,–		42.000,–

Abb. 14: Investitionsrechnung für den Personalbereich (modifiziert nach Fischer-Winkelmann/Hohl 1982)[67]

Das HRA schlägt verschiedene Verfahren zur Berechnung des Humanvermögens vor. Die Wertgröße Humanvermögen beziehungsweise Human Capital ist als abgeleiteter Wert stets nach den mit seiner Verwendung verfolgten Zielen und Zwecksetzungen bemessen; daraus ergibt sich eine Klassifizierung der HRA-Rechnungen gemäß der zugrunde liegenden Kombinationen von Mess- und Bewertungsverfahren, die als indirekte Bewertung mit Hilfe von Ersatzwerten erfolgen.

Es werden input- und outputorientierte Modelle unterschieden: Die inputorientierten HRA-Ansätze (Personalaufwandsrechnungen beziehungsweise Human Cost Accounting (HCA)) greifen auf Kosten oder Aufwendungen des Betriebes zurück; dem outputorientierten Vorgehen (Personalertragsrechnungen beziehungsweise Human Value Accounting (HVA)) liegen effektive Leistungsbeiträge der Mitarbeiter, Erträge oder Saldierungen zwischen Aufwand und Ertrag zugrunde.

Die nach dem Kostenprinzip verfahrenden inputorientierten HRA-Modelle stellen sich im Einzelnen folgendermaßen dar:

- Bei der Bewertung mit historischen Kosten (Kostenwertmethode) entspricht der Wert des Human Capitals den in der Vergangenheit für dessen Beschaffung und Entwicklung angefallenen (Anschaffungs-)Kosten. Diese investiven Personalaufwendungen werden aktiviert, auf eigens dafür eingerichteten Personalinvestitionskonten verbucht und gemäß ihrer geschätzten Nutzungsdauer (prognostizierte Betriebszugehörigkeit) abgeschrieben. Das Human Capital ergibt sich dann als Schlussbestand eines „Humanvermögenssammelkontos".
- Die Bewertung zu Wiederbeschaffungskosten (Wiederbeschaffungskostenverfahren) berechnet den HC-Wert durch Ermittlung der Kosten, die bei Wiederbesetzung einer frei gewordenen Stelle anfallen würden (etwa Beschaffung, Einarbeitung).

Accounting-orientierte Ansätze

- Im Rahmen der Bewertung mit Opportunitätskosten (Opportunitätskostenmethode) wird ein Marktmechanismus unterstellt, aufgrund dessen die maximalen Angebotspreise anderer Abteilungen des Unternehmens für Mitarbeiter den Wert des Human Capitals repräsentieren.
- Bei der Bewertung mittels ranggewichteter Personalkosten (Multiplikatorenverfahren) werden die nach Hierarchiestufen gegliederten jährlichen Personalkosten mit rangspezifischen Faktoren multipliziert.
- Die effizienzgewichtete Personalkostenmethode nimmt eine Bewertung mit Hilfe zukünftiger Kosten vor. Dazu werden die geschätzten und auf ihren Gegenwartswert diskontierten Personal- beziehungsweise Lohnkosten für die nächsten fünf Jahre mit einer Effizienzrate (betriebseigene Rentabilität in Relation zur Durchschnittsrentabilität der Branche) gewichtet.
- Die HC-Bewertung auf Basis zukünftiger Einkünfte der Mitarbeiter verwendet ebenfalls die zukünftigen Personalkosten. Hierbei werden statistisch ermittelte Einkommensprofile von Mitarbeitergruppen mit einem Wahrscheinlichkeitsfaktor (voraussichtliche Unternehmenszugehörigkeit) multipliziert und auf ihren Gegenwartswert abgezinst.

Bei den auf dem Wertprinzip basierenden outputorientierten HRA-Modellen unterscheidet man Ansätze monetärer und nicht-monetärer Wertmessung:

- Die Firmenwertmethode nimmt eine Bewertung des Human Capitals auf der Basis der bisherigen Leistung vor. Die Differenz zwischen bilanziellem und tatsächlichem Vermögen (Firmenwert) wird als Human Capital interpretiert.

- Bei der Bewertung mit Hilfe zukünftiger Leistungsbeiträge errechnet sich das Human Capital als Summe der individuellen Beiträge der Mitarbeiter eines Unternehmens zu dessen Gesamtleistung. Dazu sind für die drei Einflussfaktoren – Stellung in der Betriebshierarchie, Leistungsniveau und Restdauer der Tätigkeit – Eintrittswahrscheinlichkeiten zu ermitteln.
- Auch die Methode der Verhaltensvariablen führt eine Bewertung des Human Capitals auf Basis der zukünftigen Leistung durch. Hier wird allerdings differenzierter auf einzelne Variablen (kausale, intervenierende und Endergebnisvariablen) eingegangen, die psychologische beziehungsweise soziologische Zusammenhänge abbilden und mit der ökonomischen Dimension verknüpfen.

Als mögliche Adressaten der mit Hilfe des HRAs gewonnenen Informationen werden

- organisationsexterne (externe Humanvermögensrechnung) und
- organisationsinterne (interne Humanvermögensrechnung)

Interessenten unterschieden. Mit diesen beiden Formen des HRAs sind wiederum spezifische Ziele verbunden.

Als externe Interessenten gelten alle Stakeholder des Unternehmens, insbesondere Kapitalgeber und Anteilseigner. Die externe Humanvermögensrechnung ist eine Möglichkeit für die Unternehmensleitung, gegenüber der Öffentlichkeit Rechenschaft über ihre Tätigkeit – vor allem im Personalbereich – abzulegen. Eine solche gesellschaftsbezogene Rechnungslegung erfolgt insbesondere in Verbindung mit den gesetzlich vorgeschriebenen Unternehmensberichten als Jahresabschlussrechnung über das betriebliche Personalvermögen: Dabei kommt es entweder zur Erweiterung der traditionellen Rechnungslegung durch Einbeziehung des Humanvermögens in die Bilanz und GuV-Rechnung oder zu ihrer Ergänzung durch die Darstellung des Human Capitals im Geschäftsbericht in Form einer Sozialbilanz. Auch die Ergänzung in Form eines eigenen Humanvermögensberichtes im Anhang der Bilanz wird diskutiert.

Die interne Humanvermögensrechnung geht über den Rahmen der gesetzlichen Vorschriften hinaus. Sie dient zur Entscheidungsfindung, zum Beispiel beim Abwägen von Investitionsvorhaben in Form einer Investitionsrechnung, sowie zur Information über die menschlichen Ressourcen einer Organisation als Grundlage für ein effektives Management. Außerdem ist sie Argumentationshilfe, um angesichts knapper Budgets beispielsweise kostenträchtige Personalentwicklungsmaßnahmen zu rechtfertigen und durchzusetzen.

Das HRA stellt einen Schritt in Richtung auf ein informationsorientiertes Personalcontrolling dar, indem Angaben über Kosten und Wert der Mitarbeiter bereitgestellt werden. Erstaunlich ist die geringe Weiterentwicklung sowie die geringe Verbreitung des HRAs in der Praxis. Hier ist anzumerken, dass offenbar keine der in der Praxis erfolgten Implementierungen von HRA dauerhaft erfolgreich war.[68]

HRA ist der älteste Ansatz zur Ermittlung des Human Capitals. Es ist sein Verdienst, einen Bewusstseinswandel bezüglich des Managements von Menschen eingeleitet zu haben, da er zur Verdeutlichung des Potenzialcharakters der Mitarbeiter dient.[69]

Accounting-orientierte Ansätze

Als Vorläufer des Personalcontrollings eignet sich HRA trotz aller Kritik für zeitpunktbezogene Analysen des aktuellen Mitarbeiterstandes mit Hilfe der Personalinvestitionskonten. Eine Projektion mit Hilfe vergangenheitsorientierter Ansätze ist dagegen nur durchführbar, wenn das Modell eine dynamische Grundlage erhält.

Die bewusste, schon im Namen des Ansatzes zum Ausdruck gebrachte Anlehnung des Human Resource Accounting an die Methoden und Vorschriften der Rechnungslegung und Bilanzierung ist positiv zu beurteilen. Hierdurch ist die grundsätzliche Idee der HC-Bewertung leichter zu kommunizieren und so vermutlich auch eher zu etablieren. Ein weiterer Vorteil besteht darin, dass die bereitgestellten Ergebnisse für organisationsinterne wie für -externe Adressaten gleichermaßen geeignet sind.[70]

Dem HRA fehlen exakte Regeln zur konkreten Erfassung und Bewertung, da die HC-Ermittlung lediglich indirekt mit Hilfe von Ersatzwerten erfolgt; auch die starke Vergangenheitsorientierung einiger HRA-Bewertungsmethoden wird kritisiert.[71]

Grundlegendere Kritik verweist auf die Gefahr, dass sich das Personalmanagement zu sehr in Abhängigkeit des traditionellen Rechnungswesens begibt. Demnach werden alle Personalmanagement-Aktivitäten in Kostenkategorien gepresst und das Rechnungswesen als dominante Basis für Personalmanagemententscheidungen etabliert. Durch „die Verrechenbarkeit bzw. Be-preisung des Personals"[72] als einseitige Kostenorientierung kommt es zu Scheingenauigkeit in einem Bereich, in dem buchhalterische Präzision aufgrund der Komplexität der menschlichen Ressource nicht zu erreichen ist.[73] In diesem Zusammenhang besteht ein Nachteil auch darin, dass soziale Indikatoren, wie Teamfähigkeit oder Bindung an das Unternehmen, nicht berücksichtigt werden.[74]

Schließlich ist zu bedenken, dass im Gegensatz zu einer Investition in das Anlagevermögen Investitionen in das Human Capital nicht zu dauerhaften Verfügungsrechten seitens der Unternehmen führen; anders ausgedrückt: HRA ist häufig mit einer Machbarkeitsfiktion verbunden, die suggeriert, dass der Mitarbeiter dem Unternehmen „gehöre“. Diese Behandlung der Mitarbeiter in Analogie zum Sachvermögen von Unternehmen hat auch zu einem negativen Image des Konzeptes geführt.[75]

Human Resource Accounting (HRA)		
Postulat		**Erfüllung**
1	... mehr als eine Umbenennung von Personalmanagement!	●●●○
2	... Bekenntnis zum Mitarbeiter als Vermögenswert!	●●●●
3	... Kernaufgabe von Personalexperten!	●●●●
4	... Ausrichtung auf Arbeitsmarkt!	●●●○
5	... Bewertung und Optimierung!	●●●○
6	... gemäß ganzheitlichem Ansatz!	●●●○
7	... mit einer expliziten Zukunftsorientierung!	●●○○
8	... gruppenbezogen und unternehmensbezogen!	●●●●
9	... zentrales Personalmanagement-Aktivitätsfeld!	●●○○
10	... Wettbewerb und Chancenvielfalt!	●●○○

2.3 Entgeltbarwert-Ansatz

Der hier als „Entgeltbarwert-Ansatz“ bezeichnete Vorschlag zur Bewertung des Human Capitals wurde als einer der frühen HC-Bewertungsvorschläge von *Lev* und *Schwartz* in die Diskussion gebracht und später von *Siegert* im deutschen Sprachraum vertreten.[76] Als stark simplifizierte Annäherungslösung soll der Ansatz zu einem ersten „Schätzwert für den Wertgenerator Humankapital“ führen.[77]

O-Ton (*Siegert* 1999)

„Es gibt kaum Messversuche für den Wert des Humankapitals – ausgedrückt in Mio. DM –, da es extreme Bewertungsprobleme hinsichtlich der Qualität, Konstanz und Entwicklungspotenziale von Humankapital gibt. Diese Schwierigkeiten haben dazu geführt, dass im Rechnungswesen der Produktionsfaktor ‚Humankapital' nur als Personalaufwand p.a. erfasst wird. Diese Behandlung kann leicht zu einer systematischen Vernachlässigung der Entwicklungspotenziale von Humankapital (...) führen und damit zu einer systematischen Überbetonung des reinen Kostenaspekts."[78]

Siegert vergleicht den Ansatz mit der Methode zur Wertermittlung von Leasinggütern. Hierbei wird unter Rückgriff auf den Zinssatz und die Lebensdauer eines Gutes aus der jährlichen Leasingrate auf dessen Wert geschlossen. Analog entspricht der Wert des Human Capitals dem Anschaffungswert der eingesetzten Leasinggüter.

Accounting-orientierte Ansätze

Ausgangspunkt des Ansatzes ist die durch das Rechnungswesen bereitgestellte Kennzahl des jährlichen **Personalaufwandes**, der als Summe von **Löhnen und Gehältern** einen Schätzwert für das Human Capital aus Unternehmenssicht darstellt. Bei Anwendung des Ansatzes auf der Ebene des Gesamtunternehmens gibt es zwei grundlegende notwendige Annahmen: Das Unternehmen verändert sich nicht, wächst oder schrumpft also nicht, und die Altersstruktur der Belegschaft des Unternehmens bleibt konstant.

$$HC := \text{Personalaufwand} * \text{Konversionsfaktor}$$
$$= \sum_{t=1}^{n} \text{Personalaufwand}_t * \frac{1}{(1+i)^t}$$

Das Ergebnis einer solchen HC-Ermittlung ist der Barwert sämtlicher zukünftiger Entgeltzahlungen. Hierzu werden folgende Kennzahlen benötigt:

- Personalaufwand, der mit Hilfe des Durchschnittseinkommens ermittelt wird, und
- Konversionsfaktor, der die im Zeitverlauf eintretenden Personalaufwandsveränderungen mit einem Diskontierungsfaktor verrechnet. Zur Berechnung des Konversionsfaktors werden benötigt:
  - jährliche Gehaltssteigerungsrate (Delta (Δ) Personalaufwand p.a.),
  - Langfristzinssatz (i, als Diskontierungsfaktor) und

– durchschnittliche Restzeit bis zum Pensionseintritt (n, ermittelt mit Hilfe des Durchschnittsalters der Belegschaft).

Mit Hilfe dieser Werte kann dann das Human Capital eines Unternehmens bestimmt werden, indem auf Basis des Durchschnittsalters der Belegschaft berechnet wird, für wie viele Jahre der Personalaufwand noch (nämlich bis zum Pensionseintritt) anfällt. Ausgehend vom durchschnittlichen Alter der Mitarbeiter wird also geschätzt, welcher kumulierte Personalaufwand für die restliche Verbleibedauer im Unternehmen (bis zum Pensionsalter) zu erwarten ist (Abbildung 15).

Die mit Hilfe des Entgeltbarwert-Ansatzes berechneten monetären HC-Kennzahlen für ein Unternehmen nehmen immer Werte „größer als 0" an und sind stets „größer oder gleich" dem kumulierten Personalaufwand. Die Kumulation erstreckt sich dabei – in Analogie zur Wertermittlung eines Leasinggutes – über eine betrachtete „Laufzeit". Zur Steigerung des Human Capitals eignet sich bei diesem Ansatz insbesondere die Personalvergütung als Stellschraube: Veränderungen im Personalaufwand sind unmittelbar HC-wirksam.

Auf der Ebene des Gesamtunternehmens wird der ermittelte HC-Wert des Unternehmens mit verschiedenen Standardkennzahlen in Relation gesetzt, um dadurch die große Bedeutung des Human Capitals im Wertgenerierungsprozess von Unternehmen transparent zu machen. So werden folgende Relationen ermittelt:

- HC / Bilanzsumme sowie
- HC / Marktkapitalisierung.

Auf Grundlage des Human Capitals soll dann eine „faktische Bilanz der im unternehmerischen Leistungsprozess eingesetzten Produktionsfaktoren"[79] aufgestellt werden. Dies würde in den von *Siegert* erstellten Beispielrechnungen zu einer Verfünffachung der Bilanzsumme führen.

Mit Hilfe des Entgeltbarwert-Ansatzes kann zusätzlich zu einem HC-Wert für das Gesamtunternehmen auch ein individuumsbezogener HC-Wert eines einzelnen Mitarbeiters berechnet werden. Dazu ist auf die mitarbeiterspezifischen Entgeltzahlungen und den für den betrachteten Mitarbeiter relevanten Zahlungszeitraum (zu bestimmen über dessen Alter zum Bewertungsstichtag und Pensionseintrittszeitpunkt) zurückzugreifen. Das individuumsbezogene Human Capital entspricht dann dem Barwert der (prognostizierten) Entgeltzahlungen an den Mitarbeiter bis zu seiner Pensionierung.

Accounting-orientierte Ansätze

Beispiel Siemens		
(durchschnittlicher) Personalaufwand p.a. (ausgehend von einem Fünf-Jahres-Durchschnitt):		36 Mrd. DM
Δ Personalaufwand p.a.:		+ 3 %
Langfristzinssatz (Diskontierungsfaktor):		7,4 % ≈ 7 %
Laufzeit = Pensionsalter – Durchschnittsalter:		25 Jahre = 65 – 40
Zeitpunkt (t)	Personalaufwand_t	diskontierter Personalaufwand
0	100	
1	103	$\frac{1}{(1+0{,}07)^1} * 103 \approx 96$
2	106	$\frac{1}{(1+0{,}07)^1} * 106 \approx 92$
3	109	$\frac{1}{(1+0{,}07)^3} * 109 \approx 88$
.	.	.
.	.	.
.	.	.
23	197	$\frac{1}{(1+0{,}07)^{23}} * 197 \approx 38$
24	203	$\frac{1}{(1+0{,}07)^{24}} * 203 \approx 37$
25	209	$\frac{1}{(1+0{,}07)^{25}} * 209 \approx 35$
		Σ = 1.518
Der Personalaufwand von 100 zum Zeitpunkt t = 0 korrespondiert mit einem Wert von 1.518 nach einer Laufzeit von 25 Jahren. Daraus resultiert ein Konversionsfaktor von rund 15 (= 1.518/100).		
HC = Personalaufwand ∗ Konversionsfaktor ≈ 36 Mrd. DM ∗ 15		
HC = 540 Mrd. DM		

Abb. 15: Der Entgeltbarwert-Ansatz am Beispiel von Siemens (nach Siegert 1999)[80]

Der Entgeltbarwert-Ansatz ist sehr leicht unternehmensintern nachrechenbar, da alle benötigten Kennzahlen einfach beschafft werden können. Somit kann er einen ersten groben Näherungswert für das Human Capital liefern. Für die Implementierung dieses HCM-Ansatzes dürfte daher insbesondere die zu erwartende recht hohe Akzeptanz – gerade auch außerhalb der Personalabteilung – sprechen. Besonders hervorzuheben ist die Langfristperspektive des Ansatzes, die im Sinne einer Restlaufzeit für die gegenwärtige Personalausstattung den daraus resultierenden Personalaufwand kumulativ berücksichtigt.

Sehr aufschlussreich ist der Querbezug zu Bilanzsumme und Marktwert eines Unternehmens. Dies dokumentiert eindrucksvoll den monetären Wert des Human Capitals.

Hinsichtlich der Steuerungsrelevanz der ermittelten HC-Kennzahlen räumt *Siegert* jedoch Probleme bei Vorhandensein leistungsorientierter Anreizstrukturen ein: So führen in der langen Frist aufwandswirksame Aktienoptionspläne zu deutlichen Verzerrungen bei der HC-Berechnung. Dies mache sich gerade bei wissensintensiven Wachstumsunternehmen bemerkbar, die in besonderem Maße auf derartige Optionen zurückgreifen. Hier erfolgt die HC-Bewertung nämlich auf Basis des fixen und variablen Personalaufwandes gemäß GuV-Rechnung zuzüglich eines infolge der Unsicherheit seines Eintretens nicht als Personalaufwand erfassten Gehaltsbestandteiles, wie etwa Optionserträgen. Gerade Stock Options sind jedoch insbesondere in wissensintensiven Unternehmen ein viel genutztes Instrument, um leistungsfähige Humankapitalträger zu gewinnen und zu binden. Grundsätzlicher ist zu hinterfragen, inwieweit der tatsächliche Personalaufwand den „Wert“ des Human Capitals widerspiegelt.

Entgeltbarwert-Ansatz		
Postulat		**Erfüllung**
1	… mehr als eine Umbenennung von Personalmanagement!	●○○○
2	… Bekenntnis zum Mitarbeiter als Vermögenswert!	●○○○
3	… Kernaufgabe von Personalexperten!	●●●○
4	… Ausrichtung auf Arbeitsmarkt!	●●○○
5	… Bewertung und Optimierung!	●●●○
6	… gemäß ganzheitlichem Ansatz!	●●●●
7	… mit einer expliziten Zukunftsorientierung!	●●●○
8	… gruppenbezogen und unternehmensbezogen!	●●●●
9	… zentrales Personalmanagement-Aktivitätsfeld!	●○○○
10	… Wettbewerb und Chancenvielfalt!	●○○○

2.4 Lernzeitbasierte Wissensbilanz

Die lernzeitbasierte Wissensbilanz definiert die „Lernzeit“ als Messgröße für das Wissen: Als personenneutrales Maß quantifiziert sie arbeitsplatzbezogenes Wissen beziehungsweise arbeitsplatzspezifische Anforderungen.[81] Das Human Capital eines Unternehmens manifestiert sich in diesem Bewertungsansatz folglich über das Vorhandensein (oder Fehlen) von **Mitarbeiterwissen**.

Im Zuge eines weltweiten Wissensmanagements kommt die lernzeitbasierte Wissensbilanz beispielsweise bei Volkswagen zum Einsatz und dient dort zur Bewertung und Steuerung der Entwicklung von Fachwissen.[82]

O-Ton (*Volkswagen AG* 2003)

„Die Wissensbilanz hilft in einzelnen Bereichen, das intellektuelle Kapital abzubilden und die Kompetenzen der Mitarbeiterinnen und Mitarbeiter optimal zu managen.

Am Anfang steht die Erhebung von Anforderungsprofilen der Arbeitsplätze. In einem zweiten Schritt wird das Wissen der Beschäftigten anhand der absolvierten Lehrgänge und der On-the-job-Qualifikationen erfasst. Anschließend werden auf Basis der Wissensbilanzdatenbank Anforderungsprofile und Qualifikationen der Mitarbeiterinnen und Mitarbeiter (...) abgeglichen.

Damit kann erforderliches Wissen und Können exakt bestimmt und die Qualifizierung passgenau darauf abgestimmt werden. Die Wissensbasis ist daher eine praxiserprobte und effektive Lösung zum Managen der Kompetenzen.“[83]

Wissen kann durch unterschiedliche Lernprozesse erworben werden, beispielsweise in Form von Training-on-the-Job, durch Fortbildungsseminare oder – in Eigeninitiative der Mitarbeiter – im Rahmen von privaten Weiterbildungsaktivitäten. Dabei wird die für die Aneignung neuen Wissens benötigte Zeit umso länger, je umfangreicher das Wissen ist, weshalb die für das Lernen benötigte Zeit als Maß für die Menge des Wissens gilt. Voraussetzung für eine sinnvolle Erfassung und den Vergleich von Lernzeiten ist hierbei allerdings das Vorhandensein gleichen Ausgangswissens.

O-Ton (*Lingemann* 2001)

„Lernzeit ist die Zeit, die eine grundsätzlich geeignete Person mit durchschnittlicher Begabung nach Abschluss der allgemein bildenden Schule und ohne Vorkenntnisse benötigt, um eine Aufgabe selbstständig und in angemessener Zeit (z.B. REFA-Normalleistung) ausführen zu können. Die Lernzeit ist somit die Gesamtzeit, die erforderlich ist, alle Kenntnisse, Fertigkeiten und Erfahrungen zur Erfüllung einer Aufgabe zu erwerben.“[84]

Diese personenneutrale Lernzeit wird als arbeitsaufgaben- beziehungsweise arbeitsplatzbezogenes notwendiges Systemwissen ($Wissen_{System}$: W_S) bezeichnet. Wenn nun ein Mitarbeiter bestimmte Arbeitsaufgaben beherrscht, so wird seinem individuellen $Wissen_{Mensch}$ (W_M) die für die entsprechenden Aufgaben ermittelte Lernzeit zugebucht. Diese in der Lernzeit quantifizierte Wissensmenge des Mitarbeiters (W_M) repräsentiert damit dessen individuelles Human Capital.

$$HC := \text{Lernzeit des Mitarbeiters} = W_M$$

Zur Ermittlung der Lernzeit wird

- aus arbeitsplatzbezogenen Daten die benötigte Lernzeit des „Systems“ (also aller (Teil-)Tätigkeiten eines bestimmten Arbeitsplatzes) erhoben. Dies erfordert die Identifikation aller relevanten Tätigkeiten eines Arbeitsplatzes sowie die Zuweisung von Lernzeiten für jede der Tätigkeiten. Hierzu ist beispielsweise im Bereich von Facharbeit auf vorhandene Ausbildungsrahmenpläne zurückzugreifen.
- Im Anschluss daran sind für jeden Mitarbeiter dessen qualifikationsbezogene Mitarbeiterdaten (individuelle Fähigkeitsprofile) zu erheben und mit den Systemdaten abzugleichen. Die Summe der aufgabenrelevanten Lernzeiten eines Mitarbeiters ergibt dessen individuelles Human Capital.

Dieser fähigkeitsbezogene Soll-/Ist-Abgleich erfolgt gegebenenfalls datenbankgestützt, so dass arbeitsplatzbezogene Lernzeit (W_S) und personenbezogene Lernzeit (W_M) je Mitarbeiter zusammengestellt und zugeordnet werden können.

Abbildung 16 zeigt anhand eines nach der Logik des Ansatzes gestalteten Beispiels, wie eine Gegenüberstellung von notwendigem Systemwissen und bereitgestelltem Mitarbeiterwissen als Grundlage für die Ermittlung individuumsbezogener HC-Werte aussehen könnte. Diese Werte lassen sich zu Gruppen- und theoretisch auch zu Gesamtunternehmenswerten aggregieren. Zu verschiedenen Zeitpunkten erhobene Lernzeiten können dann im Zeitverlauf verglichen werden.

Wissensbilanz [in Stunden]			
Wissen des Systems (W_S)		Wissen des Menschen (W_M)	
Maschine „Typ K46a" bedienen	32	Maschine „Typ K46a" bedienen	32
Maschine „Typ K46a" warten	17	Maschine „Typ K46a" warten	0
Produktqualität kontrollieren	23	Produktqualität kontrollieren	20
Wissen$_{System}$	**72**	**Wissen$_{Mensch}$ (= HC)**	**52**
		Qualifikationsbedarf	20
„Wissensbilanzsumme" = 72			

Abb. 16: Gemäß des Ansatzes der lernzeitbasierten Wissensbilanz konstruiertes Beispiel

Accounting-orientierte Ansätze

Das in Lernzeit-Einheiten (etwa Stunden, Tagen oder Wochen) ausgedrückte Human Capital kann damit Werte „größer oder gleich 0" annehmen. Ein HC-Wert in Höhe von „0" besagt dabei, dass ein Mitarbeiter hinsichtlich der Qualifikationsanforderungen seines spezifischen Arbeitsplatzes über keinerlei relevante Fähigkeiten verfügt. Je mehr Wissen er jedoch besitzt, desto größer wird die Summe der für die Beherrschung verschiedener Tätigkeiten aufzusummierenden Lernzeiten und damit sein HC-Wert sein. Dabei steigt mit der Komplexität der Aufgaben die Lernzeit des Systems, da anspruchsvollere Tätigkeiten mehr Wissen erfordern. Deshalb können Mitarbeiter mit komplexeren Arbeitsanforderungen grundsätzlich höhere HC-Werte erreichen als andere.

Eine Anwendung des Ansatzes scheint gerade für manuelle Tätigkeiten insbesondere im Fertigungsbereich möglich, da hier fähigkeitsbezogene Anforderungen relativ einfach beschreibbar und Lernzeiten sehr konkret definierbar sind: Durch den Abgleich der Anforderungen einzelner Arbeitsplätze mit den Fähigkeitsprofilen der eingesetzten Mitarbeiter zeigt sich, welcher Humankapitalträger die an seinem Arbeitsplatz benötigten Fähigkeiten beherrscht; je mehr sich die ihm zugebuchte Lernzeit der Lernzeit des Systems annähert, desto eher ist er für eine bestimmte Tätigkeit geeignet.

Fehlende Qualifikationen führen zu einer Unterdeckung, zusätzliche Qualifikationen, die jedoch am aktuellen Arbeitsplatz nicht zum Einsatz kommen, werden als Überdeckung transparent. So werden zugleich Wissensverluste durch Versetzungsmaßnahmen ebenso wie auch Handlungsbedarf im Bereich Mitarbeiterqualifizierung offenkundig; es ergeben sich also unmittelbare Schnittstellen zu konkreten HC-Optimierungsaktivitäten.

Zu beachten ist, dass sich etwa aus Umstrukturierungsprozessen resultierende Veränderungen der Arbeitssituation auf die systembezogene Lernzeit auswirken und damit unmittelbar HC-relevant sind. Werden beispielsweise bestimmte Maschinen in einem Produktionsprozess nicht mehr benötigt, so führt diese Veränderung des Systems zu einer Reduzierung der Lernzeit des Systems, da das maschinenbezogene Wissen nicht mehr genutzt wird. Umgekehrt verursacht die Einführung neuer Maschinen eine Steigerung der Lernzeit des Systems. Dies impliziert – bis zum erfolgreichen Abschluss erforderlicher Mitarbeiterweiterbildungen – eine relative Verschlechterung der (unveränderten) persönlichen Lernzeit in Relation zur (gestiegenen) Lernzeit des Systems, also zwar keine absolute, aber eine relative HC-Minderung.

Die lernzeitbasierte Wissensbilanz schafft Transparenz bezüglich der Qualifikationsstruktur und legt dadurch qualifikatorische Defizite und Überhänge von Mitarbeitern und Arbeitsgruppen offen. Hieraus lassen sich unmittelbar Maßnahmen zur Gegensteuerung ableiten, die sich HC-steigernd auswirken, insbesondere in den Bereichen Personalentwicklung und Personaleinsatzplanung.

Durch die sehr hohe Kontextspezifität des Ansatzes wirken sich anforderungsbezogene Veränderungen des konkreten Arbeitsumfeldes unmittelbar auf die Wertermittlung des Human Capitals aus. Dies bedeutet eine extreme Anpassungsfähigkeit des HC-Bewertungsansatzes an die situativen Bedingungen des einzelnen Unternehmens.

Der Ansatz der lernzeitbasierten Wissensbilanz geht konzeptionell nicht über die klassische Idee des einfachen Abgleichs von Anforderungs- und Fähigkeitsprofilen hinaus. Auch wenn hier eine Quantifizierung dieses Abgleichs auf Basis der Lernzeiten erfolgt, so unterbleibt doch der eigentlich „spannende" Transfer, durch Monetarisierung der ermittelten Zahlenwerte den Anteil des Human Capitals am Unternehmenswert exakt zu bestimmen.

Lernzeitbasierte Wissensbilanz		
Postulat		**Erfüllung**
1	… mehr als eine Umbenennung von Personalmanagement!	●●●○
2	… Bekenntnis zum Mitarbeiter als Vermögenswert!	●●●○
3	… Kernaufgabe von Personalexperten!	●●●●
4	… Ausrichtung auf Arbeitsmarkt!	●○○○
5	… Bewertung und Optimierung!	●●●●
6	… gemäß ganzheitlichem Ansatz!	●●●●
7	… mit einer expliziten Zukunftsorientierung!	○○○○
8	… gruppenbezogen und unternehmensbezogen!	●●●●
9	… zentrales Personalmanagement-Aktivitätsfeld!	●●●●
10	… Wettbewerb und Chancenvielfalt!	●●○○

3. Indikatorenbasierte Ansätze

Die indikatorenbasierten Ansätze sind auf allen Ebenen eines Unternehmens anwendbar und auch für den Einsatz bei Non-Profit-Organisationen geeignet. Allerdings sind organisationsübergreifende Vergleiche der kontextbezogenen Kennzahlen kaum durchführbar. Sie schaffen jedoch ein generelles Bewusstsein für die Wichtigkeit und Notwendigkeit der Auseinandersetzung mit immateriellen Vermögenswerten wie dem Human Capital.

Für die indikatorenbasierten Ansätze gilt als **Basisformel**:

$$\mathbf{HC := \sum Indikatoren}$$

3.1 Value Explorer

Der Value Explorer wurde 1999 von einem niederländischen Team der Unternehmensberatung KPMG entwickelt.[85] Dieser Ansatz zur Ermittlung eines zukunftsorientierten Wertes der immateriellen Vermögensgegenstände von Unternehmen verbindet theoretische Grundüberlegungen des Intellectual Capital Managements mit dem Konzept der Kernkompetenzen von *Prahalad* und *Hamel*.[86]

Die Ermittlung des Human Capitals erfolgt indirekt im Rahmen der Bewertung des immateriellen Vermögens: Bestimmte Fähigkeiten und Qualifikationen von Mitarbeitern werden als elementarer Bestandteil dieses immateriellen Vermögenswertes angesehen und über bewertete Kernkompetenzen gemessen. Das ausgewiesene Ergebnis des Value Explorers stellt eine Obergrenze für das Human Capital dar.

Die Operationalisierung erfolgt in drei Schritten:

- Identify Core Competencies: In einer Organisation werden die relevanten, das heißt wertschaffenden und strategischen, immateriellen Vermögenswerte definiert, beispielsweise Fähigkeiten und implizites Wissen der Mitarbeiter, Kultur und Werte, Technologie und explizites Wissen, Managementprozesse, Image, Kundenbeziehungen und Netzwerk-Strukturen. Auf diesen Kernkompetenzen beruht das zukünftige wirtschaftliche Potenzial eines Unternehmens.
- Assess the Strength: Anhand von fünf Kriterien wird die Stärke der Kernkompetenzen eingeschätzt. Kriterien von Kernkompetenzen sind, dass

a) sie einen Kundennutzen haben,
b) das Unternehmen darin besser als seine Wettbewerber ist,
c) darin Zukunftspotenzial für neue Produkte und Dienstleistungen liegt,
d) sie schwer nachahmbar sind und
e) fest im Unternehmen verankert sind.

Jedem der fünf Kriterien wird genau ein Indikator zugeschrieben: zu a) Value Added, zu b) Competitiveness, zu c) Potential, zu d) Sustainability, zu e) Robustness.

- Measure the Value: Die Ausprägung der Indikatoren muss aus verschiedenen Quellen wie etwa Jahresabschlussberichten, Marktanalysen und Umfragen zur Kundenzufriedenheit ermittelt werden. Je höher die Werte der einzelnen Indikatoren sind, desto höher ist der Wert einer Kernkompetenz. Das immaterielle Vermögen ergibt sich durch Multiplikation der Indikatoren:

Indikatoren-basierte Ansätze

$$\text{Value of a Core Competence } V_{CC} = \text{Value Added} * \text{Competitiveness} * \text{Potential} * \text{Sustainability} * \text{Robustness.}$$

Damit gilt für die Berechnung des Gegenwartswertes einer Kernkompetenz die Formel:

$$V_{CC} = \left[\sum_{t=1}^{S} \frac{GP * (1+P)^t}{(1+i)^t} \right] * R.$$

Legende	
V_{CC}	Value of a Core Competence (Wert einer Kernkompetenz)
GP	Gross Profit (Bruttogewinn) als Messgröße von Value Added und Competitiveness
P	Potential Factor (jährliche Wachstumsrate der Bruttogewinnspanne) als Messgröße von Potential [%]
S	Sustainability (Nachhaltigkeit) [Jahre]
R	Robustness (Robustheit) [%]
i	Kapitalkostensatz [%]
V_{IA}	Value of the Intangible Assets contributing to the Core Competencies (Wert aller in die Kernkompetenzen eingehenden immateriellen Vermögensbestandteile)

Die Summe über alle identifizierten und bewerteten Kernkompetenzen ergibt den Gesamtwert aller strategisch wichtigen immateriellen Vermögensgegenstände.

$$HC := V_{IA} = \text{Summe bewerteter Kernkompetenzen} = \sum V_{CC}$$

Dieser Wert des gesamten immateriellen Vermögens repräsentiert damit zugleich das maximale Human Capital.

Rechenbeispiel (*Andriessen/Tissen* 2000)[87]

Identifiy Core Competencies:

Für den Spielzeughersteller „Pieces of Fun" (ein fiktives Unternehmen) werden drei relevante Kernkompetenzen identifiziert: „Drucken und Stanzen" (1), „Grafikdesign" (2) und „Intellectual Entertainment" (3). Die Methodik des Value Explorers wird am Beispiel der Kernkompetenz (3) „Intellectual Entertainment" demonstriert. „Intellectual Entertainment" ist die Fähigkeit, innovative und kreative Unterhaltungslösungen zu produzieren. Diese Kernkompetenz beruht auf verschiedenen immateriellen Ressourcen, unter anderem bestimmten Fähigkeiten und Mitarbeiterwissen, und trägt zur Erstellung von vier Produktgruppen (A, B, C, D) bei.

Assess the Strength & Measure the Value:

a) Value Added und b) Competitiveness werden mit Hilfe des gewichteten Bruttogewinns (GP) gemessen:

	A	B	C	D	Total
Verkaufserlöse [Mio. US-$]	31,3	23,8	16,0	25,0	96,1
– direkte Kosten [Mio. US-$]	– 18,9	– 16,8	– 14,6	– 11,5	– 61,8
= Zwischensumme [Mio. US-$]	= 12,4	= 7,0	= 1,4	= 13,5	= 34,3
– Kapitalkosten [Mio. US-$; Kapitalkostensatz ≈ 5 %]	– 0,6	– 0,3	– 0,1	– 0,6	– 1,6
= Bruttogewinn (GP) [Mio. US-$]	= 11,8	= 6,7	= 1,3	= 12,9	= 32,7

Ermittlung des Beitrages der drei Kernkompetenzen zur Realisierung der vier Produkte als Gewichtungsfaktor (0: gar kein Beitrag, 1: geringer Beitrag; 2: substanzieller Beitrag; 3: essenzieller Beitrag).

	A	B	C	D
Kernkompetenz (1)	3 (60 %)	0 (0 %)	2 (29 %)	0 (0 %)
Kernkompetenz (2)	1 (20 %)	1 (33 %)	2 (29 %)	3 (50 %)
Kernkompetenz (3)	1 (20 %)	2 (67 %)	3 (43 %)	3 (50 %)
Total	5 (= 100 %)	3 (= 100 %)	7 (= 100 %)	6 (= 100 %)

Indikatoren-basierte Ansätze

Rechenbeispiel *(Fortsetzung)*

Für Value Added und Competitiveness der Kernkompetenz (3) „Intellectual Entertainment" gilt dann:

$$0{,}2 * 11{,}8 \text{ Mio. US-\$} + 0{,}67 * 6{,}7 \text{ Mio. US-\$} + 0{,}43 * 1{,}3 \text{ Mio. US-\$} + 0{,}5 * 12{,}9 \text{ Mio. US-\$} \approx 13{,}8 \text{ Mio. US-\$}.$$

c) Potential: Erwartete Wachstumsrate als Potenzialfaktor, zum Beispiel auf der Grundlage von Marktanalysen; für die Kernkompetenz „Intellectual Entertainment": 10 % (= 0,1).

d) Sustainability: Schätzung der Nutzungsdauer einer Kernkompetenz als Anzahl an Jahren, die ein Wettbewerber benötigt, um die gleiche Kernkompetenz aufzubauen; für die Kernkompetenz „Intellectual Entertainment": 3 Jahre.

e) Robustness: Auf der Basis eines spezifischen Risikoprofils für jede Kernkompetenz werden fünf Risikofaktoren definiert. Jeder als zutreffend bewertete Risikofaktor erhöht die Gefahr, die Kernkompetenz zu verlieren, um 20 % (= 0,2): R = 1 – (Risiko, die Kernkompetenz zu verlieren). Für die Kernkompetenz (3) „Intellectual Entertainment" gilt: R = 100 % (= 1), da kein relevantes Risiko attestiert wird.

[hier: Kapitalkostensatz i = 5 % (= 0,05)]

$$V_{CC3} = \left[\sum_{t=1}^{3} \frac{13{,}8 \text{ Mio. US-\$} * (1+0{,}1)^t}{(1+0{,}05)^t} \right] * 1 = 45{,}5 \text{ Mio. US-\$}$$

$$V_{IA} = V_{CC1} + V_{CC2} + V_{CC3}$$
$$= 13{,}1 \text{ Mio. US-\$} + 7{,}4 \text{ Mio. US-\$} + 45{,}5 \text{ Mio. US-\$} = 66 \text{ Mio. US-\$}$$

HC = 66 Mio. US-$

Das Human Capital als Gesamtheit der bewerteten Kernkompetenzen eines Unternehmens kann bei Anwendung des Value Explorer-Ansatzes monetäre Werte „größer als 0" und „kleiner als 0" annehmen. Theoretisch mögliche negative Werte beruhen dabei auf einem zugrunde liegenden „Bruttoverlust" des Unternehmens; gibt es hingegen einen Bruttogewinn, also eine positive Differenz zwischen Umsatzerlösen und -kosten, so nimmt das Human Capital stets einen positiven Wert an. Lediglich in der Situation maximalen Risikos (R = 0) wäre der HC-Wert „gleich 0". Eine Steigerung des HC-Wertes ist insbesondere durch Minimierung der Risikofaktoren zu erzielen. Dadurch erschließen sich Maßnahmen im Bereich der Personalbindung als wichtige Möglichkeiten einer HC-Optimierung.

Die ermittelten Ergebniswerte können in das betriebliche Management-Informationssystem eingehen und dort als Basis für Entscheidungsprozesse dienen. Dazu können Stärken und Schwächen der Kernkompetenzen und des immateriellen Vermögens über die einzelnen Indikatoren genau zurückverfolgt werden. Sie erfüllen so eine interne Berichtsfunktion, die auch zu einer externen Berichterstattung ausgeweitet werden kann.

Stärken des Value Explorers sind seine theoretische Fundierung sowie die detaillierten Angaben zur Operationalisierung der Methode. Durch die Schätzung der „Lebensdauer" der einzelnen Kernkompetenzen kommt eine explizite Zukunftsorientierung des Ansatzes zum Ausdruck. Als Ergebnis weist der Value Explorer eine monetäre Kennzahl aus, die das gesamte immaterielle Vermögen eines Unternehmens quantifiziert und damit einen Maximalwert für das Human Capital bildet.

Die Implementierung des Value Explorers beruht auf einer Vielzahl von Annahmen zu Ursache-Wirkungs-Zusammenhängen (etwa zwischen identifizierten Kernkompetenzen und Indikatoren), deren eindeutige Bestimmung in der Praxis Schwierigkeiten bereiten dürfte. Da die Methode unternehmensspezifisch angepasst werden muss, sind HC-Werte verschiedener Unternehmen nur schwer vergleichbar.

Value Explorer		
Postulat		**Erfüllung**
1	… mehr als eine Umbenennung von Personalmanagement!	●○○○
2	… Bekenntnis zum Mitarbeiter als Vermögenswert!	●●○○
3	… Kernaufgabe von Personalexperten!	●○○○
4	… Ausrichtung auf Arbeitsmarkt!	●○○○
5	… Bewertung und Optimierung!	●●●○
6	… gemäß ganzheitlichem Ansatz!	●●●●
7	… mit einer expliziten Zukunftsorientierung!	●●●○
8	… gruppenbezogen und unternehmensbezogen!	●●○○
9	… zentrales Personalmanagement-Aktivitätsfeld!	●○○○
10	… Wettbewerb und Chancenvielfalt!	○○○○

3.2 Intangible Assets Monitor (IAM)

Der von *Sveiby* entwickelte Intangible Assets Monitor (IAM) geht auf die Beschäftigung mit Wissensmanagement in den Jahren 1986–87 zurück.[88] Der IAM dient zur Bewertung des immateriellen Vermögens von Unternehmen. Dazu stützt er sich auf Indikatoren, die verschiedenen Kategorien zugeordnet und in Form von Kennzahlen quantifiziert werden. Der Ausweis dieser Kennzahlen erfolgt mittels eines tabellarischen Darstellungsformats („Monitor für immaterielle Vermögenswerte"), das Namengeber des IAM-Ansatzes ist. Dieser Monitor veranschaulicht das immaterielle Vermögen und bildet zugleich die Grundlage für Veränderungs- und Lernprozesse. Das Human Capital eines Unternehmens ist dabei als „Kompetenz der Mitarbeiter" ein Bestandteil des Monitors.

Ausgangspunkt des IAMs ist die Einteilung der zu messenden unsichtbaren Vermögenswerte eines Unternehmens in drei Kategorien:

Indikatoren-basierte Ansätze

- Die Kompetenz der Mitarbeiter beinhaltet deren Fähigkeit, durch ihr verschiedenen Situationen angepasstes Handeln sowohl materielle als auch immaterielle Vermögenswerte zu schaffen, und beruht auf Ausbildung und Erfahrung.
- Die interne Struktur umfasst von den Mitarbeitern entwickelte oder extern erworbene Patente, Konzepte, Modelle, Computer- und Verwaltungssysteme sowie die Unternehmenskultur.
- Die externe Struktur beinhaltet sowohl Kunden- und Lieferantenbeziehungen als auch Markennamen, Warenzeichen, Ansehen und Image eines Unternehmens.

Im IAM werden die immateriellen Vermögenswerte über unternehmensindividuell anzupassende Kennzahlen zur Erfassung der drei Kategorien gemessen.

Vor der Durchführung der eigentlichen Messungen ist eine Zuordnung der Mitarbeiter zu einer der drei Kategorien immaterieller Vermögenswerte nötig. *Sveibys* Ansatz differenziert somit nach verschiedenen Humankapitalträgern. Hierbei gibt es beispielsweise die Möglichkeit einer Zweiteilung, wobei aber auch andere Formen der Mitarbeiterklassifizierung denkbar sind:

- Spezialisten sind „Kompetenzträger", da sie durch Training und Praxis Tatsachenwissen, Fähigkeiten, Erfahrungen, Werturteile und soziale Kompetenz in sich vereint haben. Da sie im direkten Kundenkontakt Produkte oder Lösungen planen, produzieren, bearbeiten oder präsentieren, sind sie zugleich die Umsatzträger. Deshalb werden ausschließlich diese in der immateriellen Vermögenskategorie „Kompetenz der Mitarbeiter“ erfasst.

- Zuarbeiter hingegen (beispielsweise Sachbearbeiter im Finanz- und Rechnungswesen, in der Verwaltung oder im Empfang) werden der internen Struktur zugerechnet.

Die Spezialisten repräsentieren als Kompetenzträger das Human Capital eines Unternehmens im engeren Sinne; die in der Messung der internen Struktur erfolgende Berücksichtigung der Zuarbeiter impliziert hingegen ein weiter gefasstes Begriffsverständnis von Human Capital.

Indikatoren für jede der drei immateriellen Vermögenswert-Kategorien sind

- Wachstum und Erneuerung,
- Effizienz und
- Stabilität.

Im Rahmen des IAMs werden dazu für jeden Indikator passende Kennzahlen ausgewählt. Für das Human Capital der Spezialisten eines Unternehmens werden vorgeschlagen:

- für den Indikator „Wachstum und Erneuerung“: Anzahl der Berufsjahre, Ausbildungsstand (zum Beispiel Ausbildungsjahre), Trainings- und Weiterbildungskosten, Grading (Notenvergabe zur Mitarbeiterbeurteilung), Veränderung der Kompetenz (beispielsweise Quotient der Gesamtzahl der Berufsjahre der Spezialisten durch die Berufsjahre derer, die das Unternehmen verlassen) und kompetenzerweiternde Kunden (Benennung der Kundenprojekte mit Weiterbildungscharakter);
- Kennziffern für „Effizienz“: Anteil von Spezialisten im Unternehmen, Umsatz-Verstärkungseffekt der Spezialisten und Wertschöpfung pro Spezialist;
- Kennzahlen für den Indikator „Stabilität“: Durchschnittsalter, **Betriebszugehörigkeit**, Gehaltsniveau und Fluktuationsrate bei Spezialisten.

Die individuumsbezogenen Werte der einzelnen Mitarbeiter gehen in aggregierter Form in die HC-Ermittlung auf der Abteilungs- und Unternehmensebene ein.

Als Kennzahlen für die interne Struktur (einschließlich der Zuarbeiter) eines Unternehmens können unter anderem

- Investitionen in die interne Struktur (zum Beispiel Tochtergesellschaften) oder in IT-Systeme für den Indikator „Wachstum/Erneuerung",
- der Anteil von Sachbearbeitern und der Umsatz pro Mitarbeiter für den Indikator „Effizienz" sowie
- das Alter des Unternehmens und der Anteil neuer Mitarbeiter für den Indikator „Stabilität"

ermittelt werden.

Für die Messung der externen Struktur eines Unternehmens werden beispielsweise folgende Kennzahlen vorgeschlagen:

ndikatoren-basierte Ansätze

- Gewinn pro Kunde und organisches Wachstum (Umsatzanstieg abzüglich des Umsatzes mit Neukunden) für „Wachstum/Erneuerung",
- Index der Kundenzufriedenheit (Kundenbefragungen) und Erfolgsquote bei Ausschreibungen für „Effizienz" und
- Umsatzanteil von Großkunden und Anteil von Stammkunden für „Stabilität".

Es ist Aufgabe des Managements, für jeden der auf alle drei Vermögenswertkategorien (Kompetenz der Mitarbeiter, interne und externe Struktur) anzuwendenden Indikatoren (Wachstum/Erneuerung, Effizienz, Stabilität) in Abhängigkeit von der verfolgten Strategie und unter Beachtung unternehmensspezifischer Besonderheiten die geeigneten Kennzahlen auszuwählen. Im Interesse der Verständlichkeit, Übersichtlichkeit und Verwertbarkeit der Daten wird dabei empfohlen, die Auswahl auf jeweils ein bis zwei Kennzahlen zu beschränken. Sie lassen sich zweckmäßig im eigentlichen Monitor für immaterielle Vermögenswerte darstellen. Dieser sollte nicht länger als eine Seite sein und um wichtige Anmerkungen und Definitionen ergänzt werden, so dass er in ein Management-Informationssystem integriert werden kann.

Für die Implementierung des IAM-Darstellungsformates gibt es einige Beispiele vor allem skandinavischer Unternehmen, etwa das schwedische Unternehmen Celemi[89], das schon seit 1995 den Monitor in seinem Geschäftsbericht veröffentlicht (Abbildung 17). Die unternehmensindividuelle Ausgestaltung des IAMs kommt bei Celemi durch die Verwendung neu geschaffener Kennzahlen wie dem „Mitarbeiter-Zufriedenheitsindex" zum Ausdruck.

Unsere Mitarbeiter (Kompetenz)			
	2002	**2001**	**2000**
Wachstum/Erneuerung			
Durchschnittliche Berufserfahrung [Jahre]	13,7	11,8	10,1
Kompetenzfördernde Kunden [%]	25	41	44
Wachstum beruflicher Kompetenz [%]	–3	–25	18
Spezialisten mit höherem Abschluss [%]	89	84	75
Effizienz			
Wertschöpfung/Spezialist [Tsd. Schwedische Kronen]	1.224	629	813
Wertschöpfung [%]	52	33	48
Stabilität			
Mitarbeiter-Zufriedenheitsindex [%]	69	45	48
Fluktuation der Spezialisten [%]	20	38	16
Dienstalter der Spezialisten [Jahre]	6,9	5,5	4,0
Durchschnittsalter der Mitarbeiter [Jahre]	41	39	39

Abb. 17: Ausschnitt aus dem Intangible Assets Monitor 2002 von Celemi[90]

Betrachtet man den IAM, so lassen sich in Abhängigkeit von seiner spezifischen Ausgestaltung durch das Unternehmen wichtige Stellschrauben einer HC-Optimierung ableiten, nämlich insbesondere die Bindung und Motivation der Mitarbeiter.

Der IAM-Ansatz hilft, die Bedeutung „unsichtbarer" Vermögenswerte durch sein unternehmensintern und -extern kommunizierbares Berichtsformat herauszuarbeiten und so zu einer angemessenen Wertschätzung gerade auch des Human Capitals beizutragen: Wie in einem Leitstand wird ein Überblick über alle HC-relevanten Informationen geboten. Akzeptanzsteigernd ist, dass der Ansatz gegenwärtig bereits in der Unternehmenspraxis eingesetzt wird.

Die Plausibilität der vorgenommenen Unterscheidung in verschiedene Gruppen von Humankapitalträgern ist zwar fallweise zu prüfen, stellt aber als Vorschlag für die grundsätzliche Diskussion um ein effizientes HCM einen interessanten Vorschlag dar. Hervorzuheben ist schließlich, dass durch die Betonung des Indikators „Stabilität" als einer von insgesamt drei Wertdeterminanten des Human Capitals dem Risikoaspekt besondere Rechnung getragen wird. Damit findet unter anderem das Fluktuationsrisiko Eingang in diesen HCM-Ansatz.

Der IAM kombiniert in ihrem wechselseitigen Zusammenwirken teilweise kaum interpretierbare Kennzahlen miteinander: So werden beispielsweise Ergebniswerte wie die „Wertschöpfung" zusammen mit rein beschreibenden Elementen wie dem „Durchschnittsalter der Mitarbeiter" ausgewiesen. Es fehlt jedoch eine Aggregationsregel, die die einzelnen Werte so miteinander verbindet, dass eine aussagekräftige, handlungsleitende Information für das Human Capital bereitgestellt wird. Die bloße Präsentation dieser Werte dürfte für Stakeholder von geringem Interesse sein, weil die Interpretation relativ schwierig ist. Auch zur Unternehmenssteuerung dürften sie daher nur sehr bedingt dienen können.[91] Da dieser nicht-monetäre Ansatz zwar Zahlen, aber keine Formel bereitstellt, ist die „Berechnung" einer aussagekräftigen Kennzahl für das Human Capital unmöglich.

Intangible Assets Monitor (IAM)		
Postulat		**Erfüllung**
1	… mehr als eine Umbenennung von Personalmanagement!	●●●○
2	… Bekenntnis zum Mitarbeiter als Vermögenswert!	●●●○
3	… Kernaufgabe von Personalexperten!	●●●○
4	… Ausrichtung auf Arbeitsmarkt!	●●○○
5	… Bewertung und Optimierung!	●●●○
6	… gemäß ganzheitlichem Ansatz!	●●●●
7	… mit einer expliziten Zukunftsorientierung!	●●●●
8	… gruppenbezogen und unternehmensbezogen!	●●●●
9	… zentrales Personalmanagement-Aktivitätsfeld!	●●●○
10	… Wettbewerb und Chancenvielfalt!	●●●○

3.3 Intellectual Capital-Index (IC-Index)

Der Intellectual Capital-Index (IC-Index, Wissenskapitalindex) ist von *Roos* und *Roos* von Intellectual Capital Services, London, 1997 als Instrument zur Messung der „Intellectual Performance" und damit auch des Human Capitals von Unternehmen entwickelt worden.[92]

O-Ton (*Roos/Roos* 1997)

„Intellectual Capital ist die Summe aller ‚versteckten', nicht vollständig bilanziell erfassten Vermögenswerte des Unternehmens, und beinhaltet daher sowohl das, was in den Köpfen der Organisationsmitglieder steckt, als auch das, was im Unternehmen zurückbleibt, wenn diese weggehen.

Intellectual Capital ist die wichtigste Quelle nachhaltiger Wettbewerbsvorteile in Unternehmen.

Es ist eine wichtige Aufgabe der Unternehmensleitung, das Intellectual Capital des Unternehmens besser zu managen.

Wachstum und Verfall des Intellectual Capitals können als ‚Intellectual Performance' bezeichnet werden, die visualisiert und gemessen werden kann.

Ein systematischer Ansatz zur Visualisierung und Messung des Intellectual Capitals wird für Unternehmen zunehmend bedeutungsvoll – ganz unabhängig von deren Branche, Größe, Alter, Besitz- und geographischen Verhältnissen."[93]

Ausgangspunkt für die Gestaltung des IC-Index ist die systematische Analyse des Wissenskapitals, als dessen Bestandteil das Human Capital gilt. Für das Human Capital werden die drei Teilkomponenten Kompetenzen (Fähigkeiten und Know-how), Bereitschaft (Motivation und Führungsqualität) und Lernfähigkeit/Flexibilität (Innovation sowie unternehmerisches Denken und Handeln) unterschieden.

Die Implementierung des IC-Index erfolgt als Top-Down-Prozess: Das Top-Management eines Unternehmens regt die Einführung des Messsystems an und schafft die generellen Voraussetzungen für die Entwicklung des Konzeptes. Die Konkretisierung bleibt den betroffenen Mitarbeitern auf niedrigeren Hierarchiestufen vorbehalten, da diese die Geschäftsabläufe, in die sie eingebunden sind, genau kennen: Ihnen obliegt die Identifizierung kritischer Erfolgsfaktoren sowie die Auswahl zentraler Performance-Indikatoren zu deren Messung.

Dadurch soll ein organisationaler Lernprozess angestoßen werden, bei dem geeignete Indikatoren entwickelt, eingesetzt und der Prozess gesteuert und ständig verbessert wird. Der Wert einzelner Indikatoren ergibt sich dann ausschließlich aus dem Beitrag, den sie zur Steuerung der Erreichung strategischer Ziele leisten. Daher kann nicht von einer generellen Gültigkeit einzelner Wissenskapitalindikatoren ausgegangen werden.

Die kritischen Erfolgsfaktoren sind notwendigerweise sehr allgemein gehalten und besitzen daher für die meisten Unternehmen – zumindest innerhalb einer Branche – Gültigkeit (zum Beispiel Ressourcenallokation, Qualitätskontrolle, Wahl der Zulieferer oder Produktentwicklung). Die Auswahl konkreter Indikatoren hingegen reflektiert stärker unternehmensspezifische Charakteristika, weil sie definitionsgemäß den spezifischen Gegebenheiten des Unternehmens gerecht werden muss.

Als Indikatoren für die Messung von Human Capital finden beispielsweise Anwendung:

- Umsatz pro Mitarbeiter,
- durchschnittliche Beschäftigungsdauer pro Mitarbeiter,
- Anzahl der Mitarbeiter mit akademischem Abschluss,
- Anzahl der Mitarbeiter, die mit EDV umgehen können,
- Prozentsatz der für Routinetätigkeiten aufgewendeten Arbeitszeit,
- Anzahl der Weiterbildungsstunden pro Mitarbeiter,
- Ausgaben für Personalentwicklung in Relation zum Umsatz und
- Berufserfahrung des Top-Managements.

Indikatoren-basierte Ansätze

Ebenso werden für die übrigen immateriellen Vermögenswerte (zum Beispiel Organisations- und Beziehungskapital) des Unternehmens Indikatoren identifiziert und gemessen.

Zur Konsolidierung der in ihrer jeweiligen Ausprägung gemessenen Indikatoren werden die wichtigsten ausgesucht und einer – nicht näher erläuterten – Gewichtung unterzogen. Anschließend werden sie in Teilindizes, beispielsweise einem Human Capital-Index oder einem Relationship Capital-Index, zusammengeführt. Die konsolidierte Betrachtung aller Indikatoren sämtlicher immaterieller Vermögenswerte (einschließlich des Human Capitals) erfolgt dann in Form des IC-Index, der alle ermittelten Teilindizes in einem einzigen dimensionslosen Ausdruck abbildet. Der Human Capital-Index ebenso wie auch der Intellectual Capital-Index können dann Prozentwerte „zwischen 0 und 100" annehmen.

Dadurch, dass bei verschiedenen Unternehmen verschiedene Indikatoren in jeweils unterschiedlicher Gewichtung in den HC-Index und in den IC-Index einfließen, ist ein Benchmarking zwischen Unternehmen in der Regel nur durch den Vergleich der relativen Indexentwicklungen möglich. Daher empfiehlt der Ansatz, die Weiterentwicklung des eigenen IC-Index im Zeitverlauf im Sinne einer stetigen Überprüfung und Verbesserung in den Mittelpunkt des Managementinteresses zu stellen. Veränderungen im IC-Index reflektieren dann Veränderungen in den zugrunde liegenden Teilindizes – ein steigender IC-Indexwert kann damit auf eine mögliche Zunahme des Human Capitals hindeuten.

Als zentrale Handlungsfelder zur Optimierung des Human Capitals ergeben sich vor allem die Personalentwicklung und die Personalbindung. Jedoch sind in Abhängigkeit von den jeweils ausgewählten Indikatoren auch andere Schwerpunktbereiche der HC-Optimierung denkbar.

Es spricht für den IC-Index, dass er trotz seiner indikatorenbasierten Methodik letztendlich den Ausweis einer zu einem einzigen Index verdichteten HC-Kennzahl anstrebt. Im Unterschied zu vielen anderen indikatorenbasierten HC-Bewertungsansätzen verharrt er also nicht im Stadium der verbalen Umschreibung des vorhandenen Human Capitals, sondern bemüht sich um eine Quantifizierung. Dabei ist er von der Grundidee her relativ einfach konzipiert.

Die tatsächliche Implementierbarkeit des Ansatzes ist äußerst fragwürdig, wenn man sich die teilweise unvereinbaren Indikatoren wie „durchschnittliche Beschäftigungsdauer", „Anzahl der Mitarbeiter mit akademischem Abschluss" und „Umsatz pro Mitarbeiter" anschaut. Ob und wie hier ein einziger aussagekräftiger Zahlenwert als Index ermittelt werden kann, bleibt unklar. Als nicht-monetärer HC-Bewertungsansatz sind seine Möglichkeiten zum unternehmensübergreifenden HC-Vergleich darum sehr eingeschränkt. Kritik entzündet sich auch an der Unverbindlichkeit des Ansatzes, was den Bewertungsfokus anbelangt.

Intellectual Capital-Index (IC-Index)		
Postulat		**Erfüllung**
1	... mehr als eine Umbenennung von Personalmanagement!	●●●○
2	... Bekenntnis zum Mitarbeiter als Vermögenswert!	●●●○
3	... Kernaufgabe von Personalexperten!	●●●○
4	... Ausrichtung auf Arbeitsmarkt!	●○○○
5	... Bewertung und Optimierung!	●●●○
6	... gemäß ganzheitlichem Ansatz!	●●●●
7	... mit einer expliziten Zukunftsorientierung!	●○○○
8	... gruppenbezogen und unternehmensbezogen!	●●●●
9	... zentrales Personalmanagement-Aktivitätsfeld!	●●●○
10	... Wettbewerb und Chancenvielfalt!	●●●○

3.4 Intellectual Capital Navigator

Indikatoren-basierte Ansätze

Der Intellectual Capital Navigator von *Stewart* versteht unter Human Capital die Fähigkeiten der einzelnen Mitarbeiter, Kundenwünsche zu erfüllen.[94] Daneben finden im Intellectual Capital Navigator das Structural Capital und das Customer Capital Berücksichtigung. Diese Bestandteile des Intellectual Capitals sind eng miteinander verbunden und ergänzen sich gegenseitig.

O-Ton (*Stewart* 1995)
„Der Kreislauf beginnt: Menschen tun Dinge, die zu Geschichten werden, die zu Dokumenten in einem Netzwerk werden, das Menschen nutzen, um zu lernen, wie Dinge getan werden. Human Capital erzeugt strukturelles Intellectual Capital, das Human Capital erzeugt."[95]

Bei den im Human Capital zusammengefassten Fähigkeiten der Mitarbeiter unterscheidet *Stewart* drei Arten:

- Commodity Skills als allgemeine Qualifikationen wie Maschineschreiben,
- Leveraged Skills als Qualifikationen, die für ganz bestimmte Unternehmen von besonders hohem Wert sind, sowie
- Proprietary Skills als unternehmensspezifische Mitarbeiterfähigkeiten, die wesentliche Grundlage der Geschäftstätigkeit sind.

Der Intellectual Capital Navigator schließt manche Mitarbeiter explizit von dem Status „Vermögenswert" aus: So fokussiert er bei der HC-Ermittlung auf diejenigen Mitarbeiter, die Fähigkeiten und Talente besitzen, die sie einzigartig machen, in dem Sinne, dass sie darin besser als andere sind. Zugleich müssen diese Mitarbeiterfähigkeiten strategische Relevanz besitzen, also einen Wert schaffen, für den die Kunden auch bereit sind zu zahlen. Alle anderen Fähigkeiten von Mitarbeitern verursachen – aus Sicht des spezifischen Unternehmens – nur Kosten und können allenfalls für andere Unternehmen als Vermögenswerte gelten. Damit erfolgt eine Einordnung der Mitarbeiter in verschiedene Gruppen, um die strategisch wichtigen Personen, die die für das Unternehmen überlebenswichtigen Fähigkeiten aufweisen, ausfindig zu machen. Nur solche Mitarbeiter gelten als „Humankapitalträger" im engeren Sinne.

Ziel der Messung des Intellectual Capitals ist es, die Unternehmensperformance im Zeitverlauf beziehungsweise in Relation zu Sollwerten zu vergleichen sowie Möglichkeiten zum Benchmarking mit anderen Unternehmen zu schaffen. Dazu erfolgt eine differenzierte Analyse des Intellectual Capitals in den Vermögenswertkategorien Human Capital, Structural Capital sowie Customer Capital im Intellectual Capital Navigator. Für jede dieser Kategorien werden spezifische Indikatoren entwickelt, die Aufschluss über die Ausprägung des jeweiligen Intellectual Capital-Teilbereiches geben.

Zur Ermittlung des Human Capitals werden dazu beispielhaft verschiedene Indikatoren empfohlen:

- als Maß für Innovationskraft der prozentuale Anteil neuer Produkte/Dienstleistungen/Patente vom Gesamtabsatz;
- strukturierte Umfragen zu Einstellung und Zufriedenheit der Mitarbeiter;
- zur Messung von Erfahrung und Lerneffekten die durchschnittliche Berufserfahrung in Jahren, die Wertschöpfung pro Mitarbeiter oder der Anteil der Berufsanfänger.

Außerdem wird die Verwendung eines Fragenkataloges vorgeschlagen, der zur Gewinnung zusätzlicher HC-relevanter Informationen dienen soll (beispielsweise: Welche Mitarbeiterfähigkeiten schätzen die Kunden am meisten? Wie viel Zeit wird für Aufgaben mit geringem Kundennutzen aufgewendet? Werden unsere Mitarbeiter von Wettbewerbern abgeworben? Warum kündigen Mitarbeiter unseres Unternehmens?).

Ähnlich werden Indikatoren für das Structural Capital (zum Beispiel Wiederbeschaffungskosten von Datenbanken oder Relation von Absatz zu Verwaltungsaufwand) und für das Customer Capital (etwa Kundenzufriedenheit oder Markenwert) vorgeschlagen.

Durch die fallweise Auswahl geeignet scheinender Indikatoren kann folglich unterschiedlichsten Aspekten des Intellectual beziehungsweise des Human Capitals Rechnung getragen werden. Daraus lassen sich einzelfallspezifisch konkrete Maßnahmen zur Verbesserung relevanter Bereiche ableiten: So werden beispielsweise Mitarbeiterbefragungen zwecks Ermittlung der Leistungsbereitschaft der Belegschaft im Sinne einer HC-Optimierung zum Ausgangspunkt für die Entwicklung spezieller Motivationsprogramme.

Bei der Implementierung werden die mit Hilfe dieser Indikatoren ermittelten Ergebnisse für Human, Structural und Customer Capital in einem Radar-Chart eingetragen, wobei als Grundsatz gilt, dass höchstens drei Messindikatoren für jede der Vermögenswertkategorien gewählt werden sollen. Darüber hinaus kann die Ergebnisdarstellung noch um Kennzahlen anderer HC-Bewertungsansätze wie Calculated Intangible Value, Tobin's q oder Markt-/Buchwert-Relation ergänzt werden.

Indikatoren-basierte Ansätze

Stewarts Intellectual Capital Navigator ist einer der Vorreiter-Ansätze in der Diskussion um immaterielles Vermögen. Besonders die übersichtliche Darstellung der in drei Kategorien strukturierten immateriellen Vermögenswerte im Radar-Chart dürfte die Akzeptanz fördern. Die Verwendung von Kennzahlen als Grundlage von Soll-/Ist-Abgleichen ist hier hervorzuheben, wenngleich keine Verdichtung in einen einzigen zentralen HC-Wert vorgenommen wird.

Der Intellectual Capital Navigator macht einen unternehmensindividuell zu spezifizierenden Indikatorenset zur Grundlage der Ermittlung des Human Capitals. Allerdings bleibt diese Sammlung von Indikatoren sehr unverbindlich und hat allenfalls Angebotscharakter. Die Zusammenführung von Indikatoren unterschiedlicher Aussagekraft mit unterschiedlichen Einheiten (etwa Prozentsätze, absolute Zahlenwerte) lässt zwar indikatorenbezogene Soll-/Ist-Vergleiche zu, geht damit aber nicht über einen Personal-Kennzahlenkatalog hinaus.

Die vorgeschlagene Integration anderer HC-Bewertungsansätze als mögliche Indikatoren führt zur unreflektierten Übernahme der mit diesen Konzepten verbundenen Vor- und Nachteile.

Intellectual Capital Navigator		
Postulat		**Erfüllung**
1	... mehr als eine Umbenennung von Personalmanagement!	●●●○
2	... Bekenntnis zum Mitarbeiter als Vermögenswert!	●●●○
3	... Kernaufgabe von Personalexperten!	●●●○
4	... Ausrichtung auf Arbeitsmarkt!	●○○○
5	... Bewertung und Optimierung!	●●●○
6	... gemäß ganzheitlichem Ansatz!	●●●●
7	... mit einer expliziten Zukunftsorientierung!	●○○○
8	... gruppenbezogen und unternehmensbezogen!	●●○○
9	... zentrales Personalmanagement-Aktivitätsfeld!	●○○○
10	... Wettbewerb und Chancenvielfalt!	●●●○

3.5 Skandia Navigator

Der Skandia Navigator der schwedischen Versicherungsgruppe Skandia, dessen Ursprünge bis in die Mitte der 80er Jahre zurückreichen, wurde als Instrument zur Managementunterstützung und Unternehmensentwicklung konzipiert.[96] Verantwortlich für die Entwicklung des Ansatzes war *Edvinsson*, 1991 zum Director of Intellectual Capital ernannt und damit Kopf der neu eingerichteten Intellectual Capital-Funktion – der weltweit ersten derartigen Erweiterung der funktionalen Organisationsstruktur.

Ziel der neu eingerichteten Funktion war es, das immaterielle Vermögen in Ergänzung zur herkömmlichen bilanziellen Erfassung materieller Werte „sichtbar“ und messbar zu machen. Dadurch wird dieses im Sinne einer Optimierung des Intellectual Capitals durch Aktivitäten in den Bereichen Personal-, Organisations- und Technologieentwicklung zugleich entwickelbar. Im Ergebnis sollen auf Grundlage der ausgewiesenen Kennzahlen Benchmarkings bezüglich des immateriellen Vermögens verschiedener Unternehmen möglich sein.

Im Rahmen der Operationalisierung des Skandia Navigators für die Geschäftseinheit „Assurance and Financial Services“ (Skandia AFS) sind mehrere Phasen durchlaufen worden: Seit 1991 wurden bei Skandia alle dem immateriellen Vermögen zuzurechnenden, in der traditionellen Rechnungslegung nicht berücksichtigten „versteckten“ Werte (wie zum Beispiel Marken, Konzessionen,

Datenbanken, IT-Systeme, Partner, Allianzen) systematisch erfasst. Dieser erste Versuch einer Inventarisierung des immateriellen Vermögens hat zu einer vereinfachten Klassifizierung geführt, die Human Capital als wichtige immaterielle Wertkomponente gesondert ausweist.

1993 wurden die wichtigsten Informationen zu Skandias immateriellem Vermögen (beispielsweise zu Kundenbeziehungen, Distributionskanälen, strukturellen Entwicklungen, Humanressourcen, IT-Systemen und Innovationsprozessen) in Ergänzung zu den traditionellen Finanzkennzahlen in Form eines eine Seite umfassenden internen Übersichtsberichtes zusammengefasst.

Seit 1994 ist man durch die Schaffung eines Intellectual Capital-Controllings dazu übergegangen, konkrete Kennzahlen zur Messung und Abbildung des Intellectual Capitals zu entwickeln und unternehmensintern zu dokumentieren.

Ab 1995 wurden die von dem IC-Controlling ermittelten Kennzahlen in einem eigenen Anhang (Supplement) in Ergänzung zu den jährlichen Geschäfts- und Zwischenberichten veröffentlicht.

Indikatoren-basierte Ansätze

Die Ermittlung konkreter Werte für die verschiedenen Bestandteile des immateriellen Vermögens erfolgt mit Hilfe des Skandia Navigator-Modells, das fünf Perspektiven integriert, die durch finanzielle und nicht-finanzielle Kennzahlen abgebildet werden:

- Financial Focus,
- Customer Focus,
- Process Focus,
- Renewal and Development Focus und
- Human Focus.

In jeder Perspektive werden Indikatoren entwickelt, wobei drei bis vier Indikatoren pro Perspektive als ideal angesehen werden: Dazu werden aus der Unternehmensstrategie kritische Erfolgsfaktoren abgeleitet, die zur Erreichung der strategischen Ziele notwendig sind. Diese verbal umschriebenen kritischen Erfolgsfaktoren werden in konkrete Indikatoren zur perspektivenbezogenen Ermittlung der einzelnen Bestandteile des Navigators umgewandelt, also beispielsweise zur HC-Bewertung im Human Focus.

Bei der Ermittlung des im Zentrum des Skandia Navigators positionierten Human Capitals werden verschiedene Komponenten berücksichtigt: (berufliche, soziale und Geschäfts-)Kompetenz (verstanden als Wissen, Leistungsbereitschaft und -fähigkeit), Beziehungen (zwecks Austausch von Wissen durch

Kommunikation und Zusammenarbeit) sowie Werte, die sich stark in der Organisationskultur widerspiegeln. Zur Erfassung des so verstandenen Human Capitals werden mögliche Indikatoren vorgeschlagen, unter anderem:

- Durchschnittsalter,
- Mitarbeiterzahl,
- Ausbildungsstand,
- Dauer der Betriebszugehörigkeit,
- Fluktuationsrate,
- Prozentsatz der (weiblichen) Manager,
- Trainings- und Weiterbildungszeit sowie -kosten,
- Wertschöpfung pro Mitarbeiter und
- auf den Gegenwartswert diskontierte Lohn- und Gehaltszahlungen.

Da die letztliche Auswahl relevanter Indikatoren unternehmensspezifisch und in Abhängigkeit von den jeweils verfolgten strategischen Ziele erfolgen soll, entwickelt jedes Tochterunternehmen von Skandia seinen eigenen Navigator mit individuellen Indikatoren. Die Indikatoren werden dann durch absolute Kennzahlen, durch Relationen (in Prozent) oder als monetäre Größen (in Geldeinheiten) quantifiziert und im Rahmen eines IC-Reports ausgewiesen.

Auch bei Abteilungen, auf der Ebene von Mitarbeitergruppen sowie auf der individuumsbezogenen Ebene zur Leistungsbeurteilung einzelner Mitarbeiter findet der Ansatz Anwendung. Die mittels des Skandia Navigators vorgenommene individuelle Performance-Messung wird sogar mit einer leistungsbezogenen Vergütung verknüpft und bildet außerdem die Grundlage für Personalentwicklungsmaßnahmen. Das eigens für diesen Zweck konzipierte, intranetbasierte Software-Paket „Dolphin" unterstützt die Intellectual Capital-Controllingfunktion. Die vollständige Implementierung des Navigators hat sich bei Skandia über einen Zeitraum von fünf Jahren erstreckt.

Um den Vergleich das Intellectual Capitals beziehungsweise des Human Capitals verschiedener Unternehmen zu erleichtern, kann eine Verdichtung der ermittelten Indikatorenwerte in eine einzige monetäre Kennzahl für das Intellectual Capital auf Basis des Skandia Navigators vorgenommen werden.

Das Intellectual Capital errechnet sich – ausgedrückt in Geldeinheiten – als Produkt aus dem Wert des intellektuellen Kapitals eines Unternehmens und einem Koeffizienten der unternehmensspezifischen Nutzungseffizienz dieses Kapitals.

Legende	
i	Koeffizient der Effizienz des Intellectual Capitals
C	absolute Intellectual Capital-Maßzahl [€]
n	Summe der Dezimalwerte der in i einfließenden Effizienzindizes
x	Anzahl der in i einfließenden Effizienzindizes

HC := Effizienz des Intellectual Capitals ∗
Intellectual Capital-Maßzahl = i ∗ C

- Zur Ermittlung des Koeffizienten der Effizienz des Intellectual Capitals (i) werden für neun Indikatoren Prozentangaben erhoben und daraus der Mittelwert gebildet:

  – Marktanteil,
  – Index zufriedener Kunden,
  – Index der Führungskräfte,
  – Index der Motivation,
  – Index der F&E-Ressourcen/Gesamtressourcen,
  – Index der Schulungsstunden,
  – Leistung/Qualitätsziele,
  – Mitarbeiterbindung,
  – Verwaltungseffizienz/Einnahmen.

Indikatoren-basierte Ansätze

  Diese neun Indizes werden gleichgewichtet in einer einzigen Effizienzkennzahl als Durchschnittswert zusammengeführt, der wiedergibt, wie effektiv das Unternehmen gegenwärtig sein Intellectual Capital nutzt. Es gilt:

$$i = (n / x).$$

- Zur Berechnung der Maßzahl C wird eine Liste von 21 (auf ein Geschäftsjahr bezogenen) Indikatoren vorgestellt, die die verschiedenen immateriellen Vermögenswerte eines Unternehmens repräsentieren und monetäre Größen ausweisen. Die sechs HC-relevanten Indikatoren hierunter sind:

  – Investitionen in Mitarbeiterqualifizierung,
  – Investitionen in Support und Schulung der Mitarbeiter auf neue Produkte,

- Kosten der Ausbildung speziell für nicht fest beim Unternehmen angestellte Mitarbeiter,
- Investitionen in Schulung, Kommunikation und Support speziell für fest angestellte Vollzeitkräfte,
- Kosten der Schulungs- und Supportprogramme speziell für befristet angestellte Vollzeitkräfte sowie
- Kosten der Schulungs- und Supportprogramme speziell für befristet angestellte Teilzeitkräfte.

Allerdings wird betont, dass diese Liste nicht als verbindliche Vorgabe zu verstehen sein soll, sondern vielmehr als Anregung und Denkanstoß. Zur Bestimmung von C sind die monetären Werte der einzelnen Indikatoren zu addieren.

Zur Berechnung des Intellectual Capitals wird die „absolute" Maßzahl C mit dem Durchschnittswert der neun Effizienzindizes multipliziert.

Rechenbeispiel (modifiziert nach *Edvinsson/Brünig* 2000)[97]	
Für ein fiktives Unternehmen gelten die folgenden neun Effizienzindexwerte:	
Marktanteil:	55 % = 0,55
Index zufriedener Kunden:	81 % = 0,81
Index der Führungskräfte:	65 % = 0,65
Index der Motivation:	53 % = 0,53
Index der F&E-Ressourcen/Gesamtressourcen:	93 % = 0,93
Index der Schulungsstunden:	95 % = 0,95
Leistung/Qualitätsziele:	91 % = 0,91
Mitarbeiterbindung:	87 % = 0,87
Verwaltungseffizienz/Einnahmen:	91 % = 0,91
i = n / x = (0,55 + 0,81 + 0,65 + 0,53 + 0,93 + 0,95 + 0,91 + 0,87 + 0,91) / 9 = 7,11 / 9 = 0,79 C = 200.000.000 € IC = i ∗ C = 0,79 ∗ 200.000.000 € = 158.000.000 €	
HC = 158 Mio. €	

Indikatoren-basierte Ansätze

Bei Anwendung dieser Berechnungsformel für das Human Capital repräsentiert der Faktor C den potenziellen Maximumwert des Human Capitals (ausgedrückt in Geldeinheiten), der bei optimaler Nutzung des Human Capitals theoretisch zu realisieren ist. Der Faktor i quantifiziert die Wahrscheinlichkeit, diesen HC-Wert tatsächlich zu erreichen; er nimmt Werte „zwischen 0 und 1" an. Dadurch liegt der denkbare Minimumwert des Human Capitals bei 0 Euro. Es kann nach dieser Berechnungsvorschrift also nie negative Werte annehmen, und im Maximum dem Faktor C entsprechen, wenn es zu einer optimalen Ausschöpfung des HC-Potenzials kommt, also wenn $i = 1$ ist.

Zur Optimierung des Human Capitals bieten sich bei Verwendung des Skandia Navigators vielfältige Ansatzpunkte: von der Personalentwicklung, über das Personalkostenmanagement bis hin zur Personalbindung. Eine Konkretisierung adäquater Handlungsfelder eines zielführenden HCMs lässt sich aus der Festlegung der als relevant erachteten spezifischen Indikatoren ableiten.

Indikatoren-basierte Ansätze

Die Bedeutung des Navigator-Modells von Skandia liegt vor allem in seiner Vorreiterfunktion für die Praxis.[98] Insbesondere durch die Veröffentlichung der entsprechenden Ergebnisse im Anhang des Geschäftsberichtes haben die Entwickler des Ansatzes Maßstäbe gesetzt, die sich weltweit etabliert haben: So wird Skandia bei der Diskussion von Human Capital stets als erstes Beispiel genannt und die entwickelten Definitionen und Konzepte werden häufig allgemein anerkannt und übernommen.

Dadurch sind auch teilweise Überschneidungen unterschiedlicher Konzepte zu erklären: So ist bei der Entwicklung des Skandia Navigators teilweise auf Ende der 80er Jahre entstandene Vorläufer des Intangible Assets Monitors von *Sveiby* zurückgegriffen worden[99], und auch Parallelen zu *Kaplan* und *Nortons* Balanced Scorecard, die zur gleichen Zeit entstanden ist, sind festzustellen[100].

Die Zusammenfassung von Kennzahlen unterschiedlicher Aggregationsniveaus und unterschiedlichen Bedeutungsgehalts (zum Beispiel Durchschnittsalter und Weiterbildungsaufwand) wirkt bisweilen beliebig.[101] Die Aussagekraft mancher Indikatoren, wie etwa die „Anzahl weiblicher Manager", bleibt unklar. Die Tatsache, dass Skandia die Publikation seiner Intellectual Capital Supplements inzwischen eingestellt hat, trägt nicht dazu bei, die Entscheidungsrelevanz der mittels des Skandia Navigators ermittelten Kennzahlen allzu hoch einzuschätzen.

Skandias HC-Berichterstattung ist also durchaus kritisch zu hinterfragen – und der Vorwurf der bloßen Selbstinszenierung liegt auf der Hand.[102] Um sich von den üblichen Imagebroschüren der Personalabteilungen zu unterscheiden, scheint daher die möglichst genaue Berechnung aussagekräftiger HC-Kennzahlen geboten; alles andere läuft auf ein Sammelsurium von (gerade zufällig verfügbaren) HR-Informationen und zahlenkosmetische Experimente hinaus.

Der gravierende Mangel der Nicht-Rechenbarkeit des ursprünglichen Navigator-Ansatzes von Skandia wurde durch die späteren Vorschläge zur Verdichtung in eine einzige monetarisierte Kennzahl nur bedingt ausgeräumt. Die kaum operationalisierbare Berechnungsformel basiert nur auf Listen mit Vorschlagscharakter. Durch diese Unverbindlichkeit wird der Zusatznutzen der Rechenvorschrift gerade wieder zunichte gemacht.

Skandia Navigator		
Postulat		**Erfüllung**
1	… mehr als eine Umbenennung von Personalmanagement!	●●●○
2	… Bekenntnis zum Mitarbeiter als Vermögenswert!	●●●○
3	… Kernaufgabe von Personalexperten!	●●●○
4	… Ausrichtung auf Arbeitsmarkt!	●○○○
5	… Bewertung und Optimierung!	●●●○
6	… gemäß ganzheitlichem Ansatz!	●●●●
7	… mit einer expliziten Zukunftsorientierung!	●●○○
8	… gruppenbezogen und unternehmensbezogen!	●●●●
9	… zentrales Personalmanagement-Aktivitätsfeld!	●○○○
10	… Wettbewerb und Chancenvielfalt!	●●●○

3.6 Intellectual Capital-Audit (IC-Audit)

Die Methode des Intellectual Capital-Audits (IC-Audit; auch: Intellectual Capital-Method (IC-Method), Technology Broker beziehungsweise Dream Ticket) wurde von dem britischen Unternehmen Technology Broker unter Führung von *Brooking* als Werkzeug zur strategischen Managementunterstützung entwickelt.[103] Das IC-Audit konzentriert sich aufgrund deren

Bedeutung insbesondere für die wachstumsstarke Technologiebranche ausschließlich auf immaterielle Vermögenswerte.

O-Ton (*Brooking* 2000)

„Das soll nicht heißen, dass Vermögensgegenstände wie Gebäude, Maschinen und Anlagen nicht wichtig wären, aber dass sie mit immateriellen Vermögenswerten gekoppelt sein müssen, damit das Unternehmen wachsen und seinen Wert steigern kann. Einfach gesprochen betrachten wir diejenigen Merkmale eines Unternehmens, die nicht in der Bilanz auftauchen.“[104]

Das Human Capital gilt neben anderen als ein solcher nicht bilanziell erfasster Vermögenswert, der den immateriellen Wert eines Unternehmens konstituiert. Für das Human Capital werden in diesem Ansatz fünf Teilbereiche unterschieden:

Indikatoren-basierte Ansätze

- Schulbildung,
- berufliche Qualifikationen,
- arbeitsbezogenes Wissen,
- psychometrische Aspekte und
- arbeitsbezogene Kompetenzen.

Das Human Capital wird dann im Rahmen eines Intellectual Capital-Audits evaluiert. Bei der Durchführung dieses IC-Audits werden zuerst die innerhalb der einzelnen Teilbereiche des Human Capitals relevanten Aspekte identifiziert; also beispielsweise bestimmte Sprachkenntnisse, naturwissenschaftliches Wissen oder Problemlösungskompetenzen im Rahmen der Evaluation der „Schulbildung“. Anschließend sind anzustrebende Soll-Werte als Idealzustand hinsichtlich des immateriellen Vermögens (das so genannte „Dream Ticket“) festzulegen. Diese Werte repräsentieren im Sinne von Richtgrößen die für ein bestimmtes Unternehmen optimale Ausprägung einzelner Aspekte, etwa „fünf Jahre Englisch in der Schule“. Danach erfolgt die Erfassung der gegenwärtigen, tatsächlichen Ausprägung des Human Capitals als Ist-Zustandsmessung mittels unterschiedlicher Methoden. Zur Ermittlung des Human Capitals sind dies unter anderem:

- Interviews,
- Tests,
- Selbsteinschätzungen,

- Management-Audissments und
- Gleichgestelltenbeurteilungen (Peer Assessments).

Genau wie die Festlegung relevanter Aspekte des Human Capitals wird auch die Auswahl der jeweiligen Methoden kontextabhängig vorgenommen.

Im Anschluss an die Bestandsaufnahme erfolgt ein Soll-/Ist-Abgleich des ermittelten Status quo des Human Capitals mit dem angestrebten Dream Ticket-Zustand. Die Soll-/Ist-Daten werden in einer als „Target" (Zielscheibe) bezeichneten Grafik festgehalten, so dass der Status sämtlicher relevanter HC-Bestandteile leicht ablesbar ist. Die regelmäßige Wiederholung dieses IC-Audits ermöglicht eine Erfolgskontrolle durch Feststellung von Veränderungen im Zeitverlauf.

Um eine Vergleichbarkeit der gewonnenen Informationen zum Intellectual Capital zu ermöglichen, wird eine Indexierung in einem IC-Index, der auch als „Corporate Health Indicator" bezeichnet wird, vorgeschlagen. Dazu wird jeder Aspekt des Intellectual (beziehungsweise des Human) Capitals als Indikator auf einer Skala von 1 bis 5 bewertet, wobei 5 die Maximalausprägung darstellt. Dabei entspringt die Bewertung dem Soll-/Ist-Abgleich des Intellectual Capitals: Werden als idealer „Dream Ticket"-Zustand beispielsweise „fünf Jahre Englisch in der Schule" definiert und kann ein bestimmter Mitarbeiter drei Jahre vorweisen, so ergibt sich hierfür ein Indikatorwert von 3. Wird die „Nutzung von 20 % der Arbeitszeit für Weiterbildung" als optimal festgelegt, so kann eine Nutzung von nur 8 % etwa 2 Indikator-Punkten entsprechen.

$$\text{HC} := \text{Gewichtete Indikatorensumme} = \frac{1}{n} * \sum_{i=1}^{n} i$$

- Die Addition der einzelnen Indikatorwerte (i, mit i = 1, ..., n) und
- anschließende Division durch die Anzahl der mittels Indikatoren erhobenen Aspekte (n)

führt zu einem Durchschnittswert „zwischen 0 und 5". Dieser Mittelwert über die erhobenen Indikatoren quantifiziert also das Human Capital. Dabei bedeutet ein HC-Wert von „0" das völlige Abhandensein von Human Capital, während ein HC-Wert von „5" dessen (ideale) Maximalausprägung zum Ausdruck bringt.

Wären etwa nur Englisch-Sprachkenntnisse und Weiterbildungszeit HC-relevant, so ergäbe sich in obigem Beispiel HC = 1/2 * (3 + 2) = 2,5. Dieser Wert kann – ebenso wie auch die Einzelwerte der untersuchten Aspekte – im Zeitvergleich beobachtet werden. Die Durchführung der Indexierung ist dabei Aufgabe der IC-Auditoren in Zusammenarbeit mit dem oberen Management.

Das IC-Audit soll an den strategischen Zielen des Unternehmens ausgerichtet werden: Dies gilt sowohl hinsichtlich seiner konkreten Ausgestaltung als auch im Hinblick auf die gelieferten Ergebnisse. Da sich die internen Bedingungen im Zeitverlauf ebenso wie die externen Rahmenbedingungen (zum Beispiel Konkurrenzsituation oder Arbeitsmarkt) verändern, sind die Unternehmens- und Kontextspezifität sowie die zeitlich befristete Gültigkeit der Ergebnisse des IC-Audits zu beachten.

Im Sinne einer HC-Optimierung wird auch das HCM selbst einer Auditierung unterzogen. Hier stehen Fragen nach der Verantwortlichkeit für das HCM sowie nach der Rolle der Personalabteilung im Zusammenhang mit dem HCM im Mittelpunkt.

Indikatoren-basierte Ansätze

Das IC-Audit kann aufgrund seiner Zielorientierung als Instrument zur Strategieunterstützung von Unternehmen genutzt werden. Seine Durchführung fördert den bewussten Umgang mit und die Identifikation von (versteckten) immateriellen Ressourcen. Der Rückgriff auf bewährte Prozesse und Instrumente der Personalarbeit, zum Beispiel Interviews und Gleichgestelltenbeurteilungen, wird bei der Anwendung des Ansatzes hilfreich sein.

Die durchzuführenden Soll-/Ist-Vergleiche stellen an sich kein neues Verfahren zur HC-Ermittlung dar. Vielmehr handelt es sich dabei um eine Zusammenstellung von Größen, die zur Interpretation der Ausprägung des immateriellen Vermögens herangezogen werden. Außerdem dürfte die geringe Objektivität der Auditierung zu einer tendenziellen Überbewertung des Human Capitals führen, weshalb auch unternehmensübergreifende Benchmarkings auf der Grundlage des IC-Audits nur eine geringe Aussagekraft besitzen.

Intellectual Capital-Audit (IC-Audit)		
Postulat		**Erfüllung**
1	… mehr als eine Umbenennung von Personalmanagement!	●●●○
2	… Bekenntnis zum Mitarbeiter als Vermögenswert!	●●●○
3	… Kernaufgabe von Personalexperten!	●●●○
4	… Ausrichtung auf Arbeitsmarkt!	●○○○
5	… Bewertung und Optimierung!	●●●○
6	… gemäß ganzheitlichem Ansatz!	●●●●
7	… mit einer expliziten Zukunftsorientierung!	●○○○
8	… gruppenbezogen und unternehmensbezogen!	●●●●
9	… zentrales Personalmanagement-Aktivitätsfeld!	●○○○
10	… Wettbewerb und Chancenvielfalt!	●●●○

3.7 IC-Rating

Intellectual Capital Sweden AB, ein von *Edvinsson* gegründetes Beratungsunternehmen mit dem Schwerpunkt Intellectual Capital Management, hat das IC-Rating eingeführt.[105] Es dient zur Bewertung der zentralen immateriellen Wertschöpfungsfaktoren von Unternehmen beziehungsweise einzelner Abteilungen. Ein Teil des so erfassten Intellectual Capitals ist das Human Capital, repräsentiert durch die arbeitsvertraglich an das Unternehmen gebundenen Mitarbeiter.

Leitidee des IC-Ratings ist die Orientierung an den Methoden von Bonitätsprüfungsunternehmen wie Moody's oder Standard & Poor's. Als Vorteil einer derartigen Rating-Analyse des Intellectual Capitals verspricht man sich die Vermeidung allzu starker Börsenschwankungen und eine bessere Bewertung struktureller Werte sowie menschlicher Potenziale. Diese Offenlegung der in den immateriellen Unternehmensressourcen liegenden Wertsteigerungsmöglichkeiten werde zu geringeren Kosten sowohl für das Investitionskapital als auch zu geringeren Finanzierungskosten der Gesellschaft führen.

Die Bewertung des Intellectual Capitals fokussiert auf drei Bereiche:

- Effizienz: Welchen Wert und welche Effektivität besitzt das derzeitige Intellectual Capital?

- Entwicklung und Erneuerung: Besitzt das Unternehmen den Willen und auch die Kraft, dieses Kapital zu bewahren und weiterzuentwickeln?
- Risiko: Wie hoch ist das Risiko des immateriellen Kapitalverlustes?

Das IC-Rating basiert auf unternehmensintern und -extern erhobenen Daten aus Interviews mit der Unternehmensführung, den Mitarbeitern, Kunden und Lieferanten (im Idealfall ca. 25–35, bisweilen aber auch weniger). Die Rating-Bewertung des Intellectual Capitals erfolgt jeweils in dessen einzelnen Segmenten (unter anderem Organizational Capital, Structural Capital, Human Capital). Dadurch ist ein separater Ausweis des Human Capitals möglich. Das Rating-Ergebnis wird schriftlich in Berichtsform niedergelegt und erläutert und bedient sich darüber hinaus einer standardisierten Bewertungssystematik (Abbildung 18).

Der gegenwärtige Wert des Human Capitals führt für das Unternehmen zu ...:		**Die Bemühungen des Unternehmens, das Human Capital zu erneuern:**		**Das Risiko, dass der gegenwärtige Wert des Human Capitals des Unternehmens sinken wird, ist ...:**	
AAA	extrem hoher Effizienz	AAA	extrem gute Bemühungen	–	vernachlässigbar
AA	sehr hoher Effizienz	AA	sehr gute Bemühungen	R	mäßig
A	hoher Effizienz	A	hohe Bemühungen	RR	hoch
BBB	relativ hoher Effizienz	BBB	relativ gute Bemühungen	RRR	sehr hoch
BB	durchschnittlicher Effizienz	BB	durchschnittliche Bemühungen		
B	relativ niedriger Effizienz	B	relativ schwache Bemühungen		
CCC	niedriger Effizienz	CCC	schwache Bemühungen		
CC	sehr niedriger Effizienz	CC	sehr schwache Bemühungen		
C	extrem niedriger Effizienz	C	extrem schwache Bemühungen		
D	keiner Effizienz	D	keine Bemühungen		

Abb. 18: Bewertungssystematik des IC-Ratings (Tenbieg/Kivikas 2003)[106]

Somit wird das Human Capital anhand dreier Kriterien mit jeweils zehn beziehungsweise vier Stufen bewertet. Hieraus ergeben sich unter HC-Optimierungsgesichtspunkten unmittelbare Handlungsimplikationen, etwa hinsichtlich vorzunehmender Personalentwicklungsmaßnahmen zur HC-Wertsteigerung oder Personalbindungsaktivitäten zur Vermeidung drohender HC-Wertabnahme.

Positiv zu beurteilen ist die explizite Berücksichtigung einer Risikokomponente für das Human Capital. Auch die Anlehnung an weltweit etablierte, standardisierte Rating-Verfahren ist grundsätzlich begrüßenswert, da hierdurch ein breites Verständnis und eine größere Akzeptanz für die HC-Bewertung erzielt werden kann.

Ob durch die Anlehnung des Ansatzes an bekannte Rating-Verfahren – so der Anspruch des IC-Ratings – Benchmarkings mit anderen Unternehmen möglich werden, bleibt zu bezweifeln, da ein einheitliches Verständnis von Human Capital nicht vorausgesetzt werden kann. Auf alle Fälle wird man dazu auf die Hilfe von Unternehmensberatern zurückgreifen müssen. Auch die behauptete Möglichkeit des bilanziellen Ausweises der Rating-Ergebnisse ist nicht erkennbar.

Die in der mittleren Spalte der Bewertungssystematik des IC-Ratings ausgewiesenen „Bemühungen des Unternehmens, das Human Capital zu erneuern" weisen keinen unmittelbaren Ergebnisbezug auf: Auch bei vorhandenen Bemühungen können die Ergebnisse ja ausbleiben. Sie sind insofern irrelevant für eine HC-Bewertung. Dass sich das IC-Rating auf eine ungleichgewichtige Skala stützt (AAA, AA, A und BBB als vier positive Bewertungsstufen; B, CCC, CC, C und D als fünf negative Bewertungsstufen; BB als neutraler „Durchschnitt") impliziert ungleiche Abstände zwischen den Bewertungsstufen und erschwert so qualitative Interpretationen des Human Capitals.

IC-Rating		
Postulat		**Erfüllung**
1	… mehr als eine Umbenennung von Personalmanagement!	●●●○
2	… Bekenntnis zum Mitarbeiter als Vermögenswert!	●●○○
3	… Kernaufgabe von Personalexperten!	●○○○
4	… Ausrichtung auf Arbeitsmarkt!	●○○○
5	… Bewertung und Optimierung!	●●●○
6	… gemäß ganzheitlichem Ansatz!	●●●●
7	… mit einer expliziten Zukunftsorientierung!	●●●●
8	… gruppenbezogen und unternehmensbezogen!	●●○○
9	… zentrales Personalmanagement-Aktivitätsfeld!	●○○○
10	… Wettbewerb und Chancenvielfalt!	●○○○

3.8 Balanced Scorecard (BSC)

Indikatoren-basierte Ansätze

Die Balanced Scorecard (BSC) ist das Ergebnis einer 1990 von *Kaplan* und *Norton* durchgeführten Studie („Measuring Performance in the Organization of the Future"), mit der gezeigt werden sollte, dass vorwiegend auf Finanzkennzahlen basierende Methoden zur Performance-Messung den aktuellen Anforderungen sich wandelnder Organisationen nicht mehr gerecht werden.[107]

Davon ausgehend haben *Kaplan* und *Norton* mit der BSC einen eigenen Performance Measurement-Ansatz konzipiert. Dieser hat sich in der praktischen Anwendung zu einem ganzheitlichen Managementsystem weiterentwickelt, das die langfristige Unternehmensstrategie mit kurzfristigen operativen Aktivitäten verknüpft.

Die BSC berücksichtigt zusätzlich zu Finanzkennzahlen, die vergangenheitsorientiert und stark aggregiert Aufschluss über bereits durchgeführte Aktivitäten geben, nicht-finanzielle Kennzahlen, die als Treiber der zukünftigen (finanziellen) Performance gelten.

Es werden vier verschiedene Perspektiven zur Betrachtung des Unternehmens unterschieden, die jeweils durch ihre strategischen Ziele, Messgrößen, operativen Ziele und Maßnahmen charakterisiert werden.

- Finanzperspektive: Wie sollten wir gegenüber unseren Shareholdern dastehen, um finanziell erfolgreich zu sein?
- Kundenperspektive: Wie sollten wir unseren Kunden begegnen, um unsere Vision umzusetzen?
- Interne Geschäftsprozessperspektive: In welchen Geschäftsprozessen müssen wir hervorragend sein, um unsere Shareholder und Kunden zufrieden zu stellen?
- Lern- und Wachstumsperspektive: Wie erhalten wir unsere Fähigkeit zu Veränderung und Verbesserung, um unsere Vision zu verwirklichen?

Für diese vier Perspektiven sind aus der Unternehmensstrategie konkrete, operative Handlungsoptionen abzuleiten, deren Umsetzung hinsichtlich ihres Beitrages zum übergeordneten Gesamtunternehmensziel zu überwachen ist.

Die strategischen Ziele und Messgrößen jeder Scorecard-Perspektive sind also unmittelbar aus der Unternehmensvision und -strategie abzuleiten. Dann können sie auf der operativen Ebene auf Indikatoren für jeden einzelnen Mitarbeiter heruntergebrochen werden. So kann der Einzelne seinen Beitrag zur Erreichung der Ziele seines Unternehmens beurteilen und erhält ein unmittelbares Feedback zur Effektivität seiner Arbeit. Hierdurch stellt die Scorecard einen unmittelbaren Bezug zwischen der Leistung eines einzelnen Mitarbeiters und der Unternehmensstrategie her.

Die BSC versteht sich folglich als Kennzahlensystem („Scorecard“) zur ausgewogenen („Balanced“) Erfassung von relevanten Kennzahlen aller vier Perspektiven, die zur Erfolgsüberwachung in ein strategisches Managementsystem integriert werden können. Sie erfüllen dadurch zugleich eine interne Informations- und eine externe Berichtsfunktion.

Die Ermittlung des Human Capitals erfolgt im Rahmen der Lern- und Wachstumsperspektive, da beispielsweise die Weiterqualifikation von Mitarbeitern hier als ein mögliches Ziel des Unternehmens zu verorten ist. Zentrale Messgrößen zur Bestimmung des Human Capitals sind

- Mitarbeiterzufriedenheit,
- Mitarbeiterbindung und
- Produktivität der Mitarbeiter.

Die Ermittlung konkreter Werte erfolgt durch eine Vielzahl von Indikatoren, deren Ausprägung durch unterschiedliche Maßnahmen erfasst wird, wie etwa durch

- Mitarbeiterbefragungen (bezüglich der Einbeziehung in Entscheidungen und der Anerkennung guter Leistungen, hinsichtlich Anreizen zu Kreativität und Eigeninitiative sowie zur allgemeinen Zufriedenheit),
- Berechnung von Fluktuationsraten, Pro-Kopf-Umsatz und Wertschöpfung pro Mitarbeiter,
- Ermittlung von Anzahl beziehungsweise Wert umgesetzter Verbesserungsvorschläge als Indikator für die Motivation der Mitarbeiter,
- Erfassung von Verspätungen, Fehlzeiten und Ausschussquoten zur Messung der Performance-Verbesserung und
- Ermittlung der Anzahl abteilungsübergreifender Projekte als Indikator für Teamarbeit.

Indikatoren-basierte Ansätze

Bei den genannten Messgrößen und Indikatoren handelt es sich nicht um eine abschließende Aufzählung, sondern sie sind als Anregungen zu verstehen, die auf konkrete Unternehmen, Abteilungen und Mitarbeiter zuzuschneiden sind. Zur Vermeidung einer allzu großen Datenflut wird die Begrenzung der zu messenden Indikatoren auf eine Zahl von 20 bis 25 empfohlen. Durch diese Komplexitätsreduktion sollen Nachvollziehbarkeit und Transparenz als entscheidende Erfolgsfaktoren der BSC sichergestellt werden.

O-Ton (*Kaplan/Norton* 1992)

„Die Balanced Scorecard minimiert Information Overload durch Begrenzung der Anzahl verwendeter Messgrößen. Unternehmen haben selten das Problem, zu wenige Messgrößen zu haben. Viel üblicher ist es, dass sie permanent neue Messgrößen hinzunehmen, wenn ein Mitarbeiter oder ein Berater einen guten Vorschlag macht. (...) Die Balanced Scorecard zwingt Manager, sich auf eine Hand voll von Messgrößen zu beschränken, die am entscheidendsten sind."[108]

So ist zugleich auch zu gewährleisten, dass ein überschaubares Maßnahmenbündel definiert werden kann, das unmittelbar zur HC-Wertsteigerung beiträgt. Danach werden beispielsweise Verbesserungen beim betrieblichen Vorschlagswesen zur Steigerung der Mitarbeitermotivation und damit zur HC-Optimierung dienen.

Die Übersetzung der Unternehmensvision und -strategie in Ziele sowie die Weiterübersetzung in ein System von Messgrößen als explizite Strategieorientierung wird im BSC-Managementsystem in einem aus vier erfolgskritischen Teilprozessen bestehenden Kreislaufprozess realisiert; dieser Regelkreis umfasst:

- Konkretisierung der Unternehmensvision und -strategie,
- Kommunikation derselben im Unternehmen und Gestaltung eines leistungsbezogenen Anreizsystems,
- Planung von Zielen und strategiekonforme Ressourcenallokation sowie
- Überprüfung der Umsetzungserfolge und eventuelle Anpassung der BSC im Rahmen einer Feedback- und Lernphase.

Die so von allen Mitarbeitern geteilte und getragene Unternehmensvision soll Ausgangspunkt für einen permanenten Lernprozess der lernenden Organisation sein, da zwischen allen Perspektiven und ihren jeweiligen Messgrößen ein Ursache-Wirkungs-Zusammenhang hergestellt werden soll. Derartige Wirkungsketten sollen eine kaskadenartig auf die operative Ebene heruntergebrochene Umsetzung der Strategie unterstützen.

Die Implementierung der BSC erfolgt als Customizing-Prozess: Jedes Unternehmen muss sich einen speziell auf die eigenen Bedürfnisse zugeschnittenen und kontextspezifischen Indikatorenset erarbeiten, um die jeweils relevanten Dimensionen zu erfassen und zu steuern. Danach erfordern unterschiedliche Wettbewerbssituationen, Produktstrategien und Unternehmenskulturen unterschiedlich ausgestaltete Scorecards. So veröffentlichte beispielsweise die Deutsche Bank AG in ihren Geschäftsberichten 1999 und 2000 unter dem Namen „Vierklang" Informationen zu ihrem immateriellen Vermögen.[109] Dieser „Vierklang" war hinsichtlich des Darstellungsformates an die klassische BSC angelehnt.

Das Erstellen der BSC ist ein iterativer Prozess, der permanenter und regelmäßiger Überprüfung, Anpassung und Weiterentwicklung bedarf. So können die Zielvorgaben für Individuen aus der BSC auch in ein Management by Objectives (MbO) integriert werden.[110] Allerdings ist die BSC kein Instrument zur Strategieformulierung, da eine Implementierung auch möglich ist, wenn Strategien bereits artikuliert und akzeptiert sind. Die Übersetzung der Strategie in operative Messgrößen zwingt jedoch zur Klärung und Neubestimmung der Strategie; diese stimulierende Wirkung dient somit zur Strategieunterstützung.

Der entscheidende Vorzug der BSC im Allgemeinen und ihrer Anwendung bei der HC-Ermittlung im Besonderen liegt in ihrer expliziten Strategiebasierung: Durch die Vorgabe operativer Ziele, die am übergeordneten Gesamtunternehmenszweck ausgerichtet sind, ist eine Ursache-Wirkungs-basierte Ableitung erfolgskritischer Indikatoren möglich. Diese können bis auf die Ebene des einzelnen Mitarbeiters hinunter gemessen werden. Dadurch wird das Human Capital als relevante Größe in das Steuerungssystem des Unternehmens integriert. Die kritische Reflexion der gewonnenen Erkenntnisse und das Hinterfragen der gegenwärtigen Strategie insbesondere beim Implementierungsprozess fördern zugleich das Entstehen einer lernenden Organisation.

Betrachtet man die HC-relevanten Aspekte der BSC im engeren Sinne, so fällt die Konzentration auf drei zentrale mitarbeiterbezogene Messgrößen auf: Produktivität, Bindung und Zufriedenheit. Diese sind unmittelbar durch das Personalmanagement im Sinne einer HC-Optimierung gestaltbar.

Das Human Capital wird in der BSC nicht explizit berücksichtigt, sondern „nur nebenbei“ innerhalb der Lern- und Wachstumsperspektive.[111] Darüber hinaus ist die dem BSC-Managementsystem zugrunde liegende rationalistische und „‚technomorphe‘ kausalanalytische Grundhaltung“[112] zu kritisieren, die von deterministischen Ursache-Wirkungs-Zusammenhängen sowie von der mechanischen Steuerbarkeit von Prozessen ausgeht.

Im Übrigen besteht bei der BSC-Implementierung ein grundsätzlicher Zielkonflikt: Einerseits wird die organisationsspezifische Erweiterbarkeit und Veränderbarkeit hinsichtlich Anzahl sowie konkreter Ausgestaltung und Gewichtung der Scorecard-Perspektiven ausdrücklich betont. Durch eine solche „Verwässerung“ seiner charakteristischen Eigenschaften würde das Konzept jedoch gerade seinen standardisierenden und komplexitätsreduzierenden Charakter einbüßen und damit seinen Mehrwert als Managementwerkzeug verlieren. Andererseits ist das Konzept – falls es die vier Perspektiven als verbindliche Vorgabe interpretiert und in ihrer Gleichgewichtung bewahrt – dem Vorwurf der Starrheit ausgesetzt.

Balanced Scorecard (BSC)		
Postulat		**Erfüllung**
1	… mehr als eine Umbenennung von Personalmanagement!	●○○○
2	… Bekenntnis zum Mitarbeiter als Vermögenswert!	●○○○
3	… Kernaufgabe von Personalexperten!	●●○○
4	… Ausrichtung auf Arbeitsmarkt!	●○○○
5	… Bewertung und Optimierung!	●●●○
6	… gemäß ganzheitlichem Ansatz!	●●●●
7	… mit einer expliziten Zukunftsorientierung!	●●○○
8	… gruppenbezogen und unternehmensbezogen!	●●●●
9	… zentrales Personalmanagement-Aktivitätsfeld!	●●○○
10	… Wettbewerb und Chancenvielfalt!	●●○○

3.9 HR Scorecard

Die von *Becker*, *Huselid* und *Ulrich* entwickelte HR Scorecard[113] (auch HR Balanced Scorecard) basiert auf der von *Kaplan* und *Norton* geschaffenen Balanced Scorecard.[114] Sie ist ein speziell nach personalwirtschaftlichen Gesichtspunkten ausgestaltetes Performance Measurement-System. Als solches kann sie entweder zur Operationalisierung der „Lern- und Wachstumsperspektive" der gesamtunternehmensbezogenen BSC oder als bereichsspezifische Scorecard für die Personalarbeit dienen.

O-Ton (*Becker/Huselid/Ulrich* 2001)

„Human Capital ist das Fundament der Wertschöpfung. (Verschiedene Studien zeigen, dass sich bis zu 85 % des Wertes von Unternehmen auf immaterielles Vermögen gründet.) Dies offenbart ein interessantes Dilemma: Der wichtigste Vermögenswert ist zugleich der am wenigsten verstandene, der am wenigsten für Messungen geeignete und daher auch der am wenigsten empfängliche für Management."[115]

Bei dem Bemühen um eine Quantifizierung immaterieller Vermögenswerte hat sich die HR Scorecard zum Ziel gesetzt, den Beitrag der gesamten „HR-Architektur" zur Wertschöpfung von Unternehmen zu ermitteln. Die HR-Architektur wird verstanden als die Gesamtheit von HR-Funktion, HR-System (einschließlich Personalpolitik und -praktiken) und Mitarbeiterverhalten (samt Kompetenzen und Motivation der Mitarbeiter). Das Mitarbeiterverhalten resultiert seinerseits unter anderem aus HR-Funktion und -System. Deshalb sind Maßnahmen zur Beeinflussung dieses Verhaltens zwecks Steigerung des Human Capitals nur mittelbar über die Gestaltung insbesondere der HR-Systeme möglich.

Das Verhalten der Mitarbeiter sowie verhaltensbestimmende Einflussfaktoren des HR-Systems sind der eigentliche Gegenstand der HC-Bewertung. Für die HR Scorecard von Interesse ist dabei ausschließlich „strategisches Mitarbeiterverhalten", das unmittelbar einen wertschöpfenden Beitrag gemäß der durch die Unternehmensstrategie intendierten Ziele darstellt.

Indikatoren-basierte Ansätze

Die Implementierung und Nutzung einer HR Scorecard gestalten sich als mehrstufiger Prozess: Dieser beginnt mit der Definition der Geschäftsstrategie und der Entwicklung einer Strategielandkarte, die unter anderem HR Performance Driver eruiert. Anschließend erfolgt eine Identifikation von Kausalketten, die Ursache-Wirkungs-Zusammenhänge im Personalbereich abbilden. Die Festlegung von Messsystematiken stellt die Konzeption der eigentlichen HR Scorecard dar. Sie ist Grundlage für die Durchführung der Messungen sowie die Implementierung eines „Management by Measurement". Dabei erfolgt eine permanente Überprüfung der gewählten Messmethoden auf der Basis der Strategielandkarte.

Zur Messung des Human Capitals sind die relevanten HR Performance Driver zu identifizieren, die in Abhängigkeit von der jeweils verfolgten Strategie stets unternehmensspezifisch sind. Beispiele für solche Performance Driver sind die Mitarbeiterproduktivität oder die Mitarbeiterzufriedenheit. Wichtig bei der Messung ist zum einen die Auswahl der richtigen, also gemäß der identifizierten Kausalbeziehungen relevanten Performance Driver, zum anderen die Verwendung geeigneter Messgrößen.

Am Beispiel „Beschäftigungsstabilität für erfahrene Arbeitnehmer" wird die Problematik der Festlegung geeigneter Messgrößen deutlich: So ist zu definieren, wer überhaupt zu der Gruppe der „erfahrenen Arbeitnehmer" zählt. Ebenso ist zu klären, was „Beschäftigungsstabilität" konkret bedeutet, ob dabei also allgemein Fluktuation oder nur auf Freiwilligkeit basierender Beschäftigungswechsel zu erfassen ist. Hier ist ein umfassendes Messkonzept zu entwickeln, bevor die eigentliche Messung durchgeführt werden kann.

Neben dem Mitarbeiterverhalten gelten innerhalb der HR Scorecard die so genannten High-Performance Work Systems (HPWS) als HC-relevant. Sie können über eine Vielzahl möglicher Kennzahlen näher bestimmt werden, zum Beispiel:

- Anzahl der jährlichen Weiterbildungsstunden neuer Mitarbeiter,
- Anteil der regelmäßig einer Performance-Bewertung unterzogenen Mitarbeiter,
- Anteil der variablen Vergütung,
- Anteil der Nachwuchsführungskräfte,
- Höhe der Weiterbildungsausgaben pro Mitarbeiter,
- Anzahl der Verbesserungsvorschläge.

HPWS sind Teil des HR-Systems und wirken damit auf das Mitarbeiterverhalten.

Aus der konkret vorgenommenen Auswahl an HR Performance Drivern, Messgrößen und Kennzahlen erschließt sich unmittelbar das personalwirtschaftliche Aktivitätenspektrum für eine Optimierung des Human Capitals: Hier sind von Schulungsmaßnahmen über die Entgeltgestaltung bis hin zur Veränderung der Arbeitsorganisation vielfältige Einflussnahmen denkbar.

Die HR Scorecard teilt als personalspezifische Variante der klassischen Balanced Scorecard im Wesentlichen deren Stärken: Strategiebasierung, Zielorientierung und Offenlegung konkreter HC-Optimierungspotenziale. Allerdings wird durch den Fokus auf explizit personalwirtschaftlich relevante Aspekte – wie das Verhalten der Mitarbeiter oder die Ausgestaltung von High-Performance Work Systems – ein deutlicherer Bezug zum Human Capital von Unternehmen hergestellt als bei der allgemeinen BSC.

Die HR Scorecard ist nur sehr bedingt für eine HC-Messung tauglich, was auch nicht der ursprüngliche Zweck des Instrumentes ist. Vielmehr erfolgt die HC-Bewertung lediglich als eine Messaktivität neben vielen anderen, die in ihrer Gesamtheit darauf ausgelegt sind, die strategische Ausrichtung des Personalmanagements zu überprüfen und durch permanente Neujustierung sicherzustellen. Daher unterstreicht die HR Scorecard in ihrer ganzen Nutzungsbreite eher den Wertschöpfungsbeitrag des Personalmanagements als den des Personals. Folglich verdient die HR Scorecard nur bedingt den Namen „Human Capital Measurement System“[116], der ihr teilweise zugeschrieben wird.

Als wesentliche Schwäche der HR Scorecard ist zu konstatieren, dass die konkrete Auswahl und Anwendung relevanter Messgrößen unklar bleibt. Hier erstrecken sich die einschlägigen Anmerkungen überwiegend auf vorschlagsartige Kennzahlensammlungen und den lapidaren Hinweis, dass die Konzeption einer adäquaten Scorecard ein langwieriger und schwieriger Prozess sei.

HR Scorecard		
Postulat		**Erfüllung**
1	… mehr als eine Umbenennung von Personalmanagement!	●○○○
2	… Bekenntnis zum Mitarbeiter als Vermögenswert!	●●○○
3	… Kernaufgabe von Personalexperten!	●●●●
4	… Ausrichtung auf Arbeitsmarkt!	●●○○
5	… Bewertung und Optimierung!	●●●○
6	… gemäß ganzheitlichem Ansatz!	●●●●
7	… mit einer expliziten Zukunftsorientierung!	●●○○
8	… gruppenbezogen und unternehmensbezogen!	●●●●
9	… zentrales Personalmanagement-Aktivitätsfeld!	●●○○
10	… Wettbewerb und Chancenvielfalt!	●●○○

3.10 Kennzahlenbasierte Wissensbilanz

Die kennzahlenbasierte Wissensbilanz stellt den Versuch dar, die nach den bekannten Bilanzierungsregeln erstellten Bilanzen wissensintensiver Unternehmen durch detaillierte Informationen zu deren immateriellen Vermögenswerten qualitativ aufzuwerten: Dazu sollen Jahresabschlüsse um eine Übersicht zu Bestand und Entwicklung des immateriellen Vermögens ergänzt werden.[117]

O-Ton (*Probst/Raub/Romhardt* 1999)

„Bilanzen wissensintensiver Unternehmen, welche nach herkömmlichen Bilanzierungsrichtlinien erstellt worden sind, scheinen immer weniger aussagekräftig zu sein und vernachlässigen letztendlich auch den Grundsatz der kaufmännischen Vorsicht. Wenn ein wachsender Anteil des Börsenwertes

> einer Gesellschaft über immaterielle Werte erklärt werden kann, fällt es den Stakeholdern immer schwerer abzuschätzen, wie ihr eingesetztes Kapital tatsächlich investiert wurde. Diese Intransparenz wird durch uneinheitliche nationale Rechnungslegungspraktiken immaterieller Werte noch verschärft."[118]

Die Relevanz des immateriellen Vermögens und insbesondere des Human Capitals als dessen Bestandteil wird besonders für Forschungsinstitutionen deutlich. Daher kommen erste Vorschläge zur kennzahlenbasierten Wissensbilanzierung bislang insbesondere von Hochschulen und sonstigen Forschungseinrichtungen, beispielsweise vom Deutschen Zentrum für Luft- und Raumfahrt e.V. (DLR) und der Donau-Universität Krems. Ab 2005 sind die Universitäten in Österreich sogar per Gesetz dazu verpflichtet, in regelmäßigen Abständen eine Wissensbilanz vorzulegen. Allerdings wird eine Anwendbarkeit des kennzahlenbasierten Wissensbilanz-Ansatzes auch für Unternehmen konstatiert.

Da für die kennzahlenbasierte Wissensbilanz kein verbindliches einheitliches Konzept existiert, ist ihre Ausgestaltung letztlich den jeweiligen Nutzern überlassen. Pioniere auf dem Gebiet der kennzahlenbasierten Wissensbilanzierung, wie etwa die österreichische ARC Seibersdorf Research GmbH, erarbeiten jedoch eigene Bilanzierungsvorschläge, wenden diese bei sich selbst an und fungieren daher als Standardsetzer. Folglich existieren unterschiedliche Klassifizierungen des intellektuellen Vermögens, die sich grob an der Aufteilung in Human-, Struktur- und Beziehungskapital orientieren.

Innerhalb des Human Capitals können dann je nach spezifischer Schwerpunktsetzung unterschiedliche Aspekte Berücksichtigung finden; beispielsweise technisches Wissen, Know-how, Ausbildung, Erfahrung, Weiterbildungsaktivitäten, Mitarbeiterfluktuation und Altersstruktur (Abbildung 19). Die Auswahl der zur Erfassung dieser Aspekte relevanten Indikatoren richtet sich dabei nach den jeweiligen Unternehmenszielen: So könnte beispielsweise der Erreichungsgrad des Ziels „Verbesserung des Kundenservice" durch den in Stunden gemessenen Umfang an Schulungsmaßnahmen erfasst werden, der dann in die kennzahlenbasierte Wissensbilanz aufzunehmen wäre.

Die Auswahl der für eine Darstellung in einer kennzahlenbasierten Wissensbilanz als relevant erachteten personalwirtschaftlichen Kennzahlen deutet zugleich auf die vorgenommene Schwerpunktsetzung dieses HCMs hin. So impliziert etwa der Ausweis der Geschlechterverteilung die gezielte Verfolgung eines Diversity Managements; Fluktuationsquoten signalisieren Handlungs-

HC-Kennzahlen	1999	2000	2001
Anzahl der Mitarbeiter/innen (Vollzeitäquivalent)	476	504	370,8
Anzahl der wissenschaftlichen Mitarbeiter/innen	210	228	215
Zugänge Mitarbeiter/innen gesamt	62	92	47
Zugänge wissenschaftliche Mitarbeiter/innen	31	61	26
Fluktuation Mitarbeiter/innen gesamt [%]	11,7	14,9	10,9
Abgänge Mitarbeiter/innen gesamt	56	72	42
Abgänge wissenschaftliche Mitarbeiter/innen	30	44	19
Durchschnittliche Betriebszugehörigkeit gesamt [Jahre]	12	11,7	11,3
Personalaufwand am Gesamtaufwand [%]	–	–	45
Frauenanteil gesamt [%]	–	–	22
Frauenanteil in Führungspositionen [%]	–	–	2,6
Aufwand für die Personalentwicklung [€]	180.000	228.000	382.000
Weiterbildungstage pro Mitarbeiter/in gesamt	3,55	5,62	5,19
Weiterbildungsaufwand pro Mitarbeiter/in [€]	1.834	3.399	3.133
Weiterbildungsaufwand/Umsatz [%]	1,70	2,30	2,30

Indikatoren-basierte Ansätze

Abb. 19: Ausgewählte Kennzahlen zum Human Capital in der Wissensbilanz 2001 der ARC[119]

bedarf im Bereich Personalbindungsmanagement, Kennzahlen zur Weiterbildung unterstreichen die Bedeutung der Personalentwicklung.

Letztlich beinhaltet die kennzahlenbasierte Wissensbilanz keine eigene Methode zur Quantifizierung einer einzigen HC-Kennzahl, sondern umfasst vielmehr Vorschläge zur Aufbereitung und Darstellung einer Vielzahl unterschiedlicher HC-relevanter Daten. Die kennzahlenbasierte Wissensbilanz weist insofern Ähnlichkeit mit anderen (freiwillig publizierten) Berichten auf, wie etwa dem Personal- oder Sozialbericht, dem Intellectual Capital Statement, Intellectual Property Report oder zunehmend häufiger veröffentlichten Nachhaltigkeits- oder Corporate Responsibility-Berichten.[120]

Derartige Bestrebungen zur Publikation von Informationen zum immateriellen Vermögen von Unternehmen sind insbesondere in Skandinavien seit einigen Jahren stark verbreitet: So legt etwa der dänische Softwarehersteller Systematic jährlich seinen Intellectual Capital-Report vor[121] und der schwedische IT-Dienstleister WM-data integriert wissensbilanzielle Informationen in seinen

Geschäftsbericht[122]. Das dänische Ministerium für Wissenschaft, Technologie und Innovation hat 2003 bereits zum zweiten Mal einen Leitfaden zur Erstellung von Intellectual Capital Statements veröffentlicht.[123]

Eine Abgrenzung der kennzahlenbasierten Wissensbilanz zu anderen HC-Bewertungsansätzen beziehungsweise Darstellungsformaten des immateriellen Vermögens, wie beispielsweise Intangible Assets Monitor, Skandia Navigator oder Balanced Scorecard, ist nicht immer trennscharf möglich. Bisweilen kommt es auch zur Vermischung und Kombination der verschiedenen HC-Bewertungsansätze in der praktischen Anwendung. Ihnen allen gemeinsam ist die Zielsetzung, Informationen zum Human Capital und anderen relevanten immateriellen Vermögenswerten von Unternehmen (und Non-Profit-Organisationen) bereitzustellen.

Die kennzahlenbasierte Wissensbilanz ist gewissermaßen die Antwort der Praxis auf die Herausforderung, mehr Transparenz in undurchsichtige immaterielle Vermögenswertstrukturen zu bringen. Teilweise durch gesetzgeberische Maßnahmen angestoßen, insbesondere aber durch die Eigeninitiative wissensintensiver Organisationen getrieben, versucht diese kennzahlenbasierte Form der Berichterstattung, Potenziale und Schwachstellen im Hinblick auf das immaterielle Vermögen aufzudecken und Stakeholdern zu kommunizieren.

Zu betonen ist die unmittelbare Wechselseitigkeit der Messung von Human Capital beziehungsweise HC-relevanter Kennzahlen und der anschließenden HC-Optimierung: Durch die Auswahl bestimmter Aspekte des Human Capitals für die kennzahlenbasierte Wissensbilanz wird zugleich das Aufgabenfeld für die Verbesserung dieses Human Capitals abgesteckt.

Die in der kennzahlenbasierten Wissensbilanz präsentierten Informationen gehen selten über katalogartige Kennzahlensammlungen hinaus, die nur vor dem Hintergrund umfangreicher Detailinformationen zur Situation des Unternehmens angemessen zu interpretieren sind. Dies wiederum erfordert letztlich doch den Rückgriff auf ausführliche, seitenlange Textberichte. Ob solche allerdings als Entscheidungsgrundlage genutzt werden, ist zu bezweifeln. Da das Human Capital nicht in Form einer einzigen aussagekräftigen HC-Kennzahl ausgewiesen wird, steht doch zu befürchten, dass sich Shareholder und Management auf die Interpretation der bekannten Finanzkennzahlen zurückziehen werden. In diesem Zusammenhang führt auch die

Bezeichnung „Wissensbilanz“ insofern in die Irre, als der Ansatz weder unmittelbar mit Wissen noch mit einer Bilanz zu tun hat.

Zugleich ist es aber auch nicht „ungefährlich“, wirklich aussagekräftige personalwirtschaftliche Detail-Kennzahlen, die über den gesamtunternehmensbezogenen HC-Wert hinausgehen, zu publizieren. Denn eine ehrliche und selbstkritische Analyse von Schwachstellen deckt nicht nur Optimierungspotenziale für das Management auf, sondern macht Schwächen auch für Wettbewerber und potenzielle Investoren transparent. Dies dürfte nicht im Sinne der Unternehmensleitung sein. Daher ist ein selbstkritisches Offenlegen wirklicher HC-Defizite mit Hilfe kennzahlenbasierter Wissensbilanzen zwar theoretisch möglich, aber eher unwahrscheinlich; die strategische Bedeutung der ausgewiesenen Kennzahlen ist darum eher zweifelhaft.

Kennzahlenbasierte Wissensbilanz		
Postulat		**Erfüllung**
1	… mehr als eine Umbenennung von Personalmanagement!	●●●○
2	… Bekenntnis zum Mitarbeiter als Vermögenswert!	●●●○
3	… Kernaufgabe von Personalexperten!	●●○○
4	… Ausrichtung auf Arbeitsmarkt!	●○○○
5	… Bewertung und Optimierung!	●●●○
6	… gemäß ganzheitlichem Ansatz!	●●●●
7	… mit einer expliziten Zukunftsorientierung!	●●○○
8	… gruppenbezogen und unternehmensbezogen!	●●●●
9	… zentrales Personalmanagement-Aktivitätsfeld!	●●○○
10	… Wettbewerb und Chancenvielfalt!	●●●○

3.11 Employee-Value-Index (EVI)

In seiner damaligen Funktion als Personaldirektor der Bayerischen Hypotheken- und Wechsel-Bank AG in München hat *Friederichs* einen als Employee-Value-Index (EVI) bezeichneten Mitarbeiterwert-Index konzipiert.[124] Diese individuumsbezogene HC-Kennzahl dient im Rahmen eines Führungscontrollings zur Bewertung der Führungsqualität des oberen Managements und misst die Qualität wertorientierter Personalführung.

Als HC-Bewertungsansatz fokussiert die Methode auf die Gruppe der führungsverantwortlichen Top-Manager als Humankapitalträger. Ziel der Evaluation der individuellen Führungsleistungen ist die Erstellung einer „Führungsbilanz ‚ad personam'"[125], die durch Ausweis der individuellen Leistungen insbesondere Leistungsvergleiche mit Kollegen ermöglichen soll. Dadurch dient sie zugleich als Grundlage für Zielvereinbarungen auf der Basis von Soll-/Ist-Vergleichen zwecks Optimierung der Führungsleistungen. Das entsprechende EVI-Instrumentarium wurde von der HYPO-Bank im Jahr 1994 eingeführt.

Der EVI setzt sich zusammen aus mehreren Wertkomponenten:

- Potenzial- und Entwicklungswerten,
- Leistungs- und Arbeitswerten sowie
- Finanz- (beziehungsweise Aufwands-) und Marktwerten.

Notwendige Bedingungen für diese Wertkomponenten sind

- empirische Erfassbarkeit und Vergleichbarkeit,
- Beeinflussbarkeit der Größen,
- Umsetzbarkeit durch die Führungskräfte und
- Entsprechung mit der Kernstrategie der Personalpolitik.

Die zur Messung der Wertkomponenten im Einzelnen gewählten Kriterien des EVI-Mitarbeiterwertes sollen den personalpolitischen Zielen des Unternehmens für eine etwa drei- bis fünfjährige Planungsperiode entsprechen. Eine Veränderung der Ziele ist im Zeitverlauf möglich, wobei eine Orientierung am langfristigen Führungsleitbild obligatorisch ist. Die Kriterien werden für jede obere Führungskraft erhoben und bilden somit den einmal pro Jahr erstellten individuellen Personalspiegel.

Die erste Ermittlung des EVI erfolgt als so genannte „Nullmessung". Sie wird als Ausgangsbasis für eine Zielvereinbarung mit dem Vorstand herangezogen, um eine angestrebte EVI-Zielgröße sowie konkrete Maßnahmen zur Zielerreichung festzulegen. Ein nach einem Jahr erfolgendes Mitarbeitergespräch dient dann zur Evaluation des Ergebnisses, so dass der Zielerreichungsgrad in die Bewertung der Führungsleistung eingeht.

Die Grundlage der Berechnung des EVI bildet der Personalspiegel, der die relevanten Personal-Kennzahlen einschließlich der Abweichungen vom Unternehmensdurchschnitt in Prozentzahlen ausweist. Um von diesen Prozentzahlen zu aussagekräftigen EVI-Kennzahlen zu gelangen, werden die Prozentangaben neu skaliert und in einer Prozentrangskala gerankt. So entspricht beispielsweise eine aus dem Personalspiegel entnommene Teilzeitquote von 0 % (niedrigster Wert) dem Prozentrang 1, die Teilzeitquote von 36,9 % (höchster Wert) erhält den Prozentrang 100. Analog wird für alle Prozentzahlen ein aussagefähiger Vergleichsmaßstab hergestellt.

HC := EVI = Mittelwert der Prozentränge der Potenzial- und Entwicklungswerte, der Leistungs- und Arbeitswerte sowie der Aufwands- und Marktwerte

Dabei werden – wie der Kriterienkatalog der HYPO-Bank beispielhaft verdeutlicht – zur Berechnung des Human Capitals etwa folgende Daten benötigt:

- Kriterien der Potenzial- und Entwicklungswerte: Qualifizierungsquote, Beurteilungsquote, Mitarbeiter in der Förderrunde, Potenzialquote und Frauenanteil in der Förderrunde,
- Kriterien der Leistungs- und Arbeitswerte: Teilzeitquote, Besetzungsquote des Sollstandes, Krankheitsquote sowie Fluktuation und Austritte,
- Kriterien der Aufwands- und Marktwerte: Personalaufwand pro Mitarbeiter, Tantiemenanteil und AT (außertarifliche)-Anpassungsquote.

Indikatoren-basierte Ansätze

Hierbei ist zu beachten, dass die einzelnen Kriterien stets unternehmensindividuell aus der übergeordneten Unternehmens- und Personalstrategie abzuleiten sind. Die hier vorgestellten Kriterien der HYPO-Bank haben daher allenfalls Vorschlagscharakter und können zur Verdeutlichung der Methodik sowie als Anregung dienen.

Nach Zusammenführen aller Prozentränge in einen Gesamtindex für jede betrachtete Führungskraft ergibt sich deren individueller EVI ebenfalls als Prozentrang. Ein Prozentrang von 35 für einen bestimmten Manager bedeutet somit, dass 65 % der bewerteten Kollegen (beispielsweise des Gesamtunternehmens oder des Unternehmensbereichs) einen höheren EVI haben. Das individuumsbezogene Human Capital weist damit stets Werte zwischen 0 (Minimum) und 100 (Maximum) auf.

Damit aussagekräftige HC-Ergebnisse gewonnen werden können, ist die Auswahl „gleichgepolter“ und ungefähr gleichgewichteter Kriterien in der Konzeptionsphase des EVI-Ansatzes wichtig: Eine hohe Qualifizierungsquote muss also unter personalstrategischen Gesichtspunkten beispielsweise ebenso wichtig und erstrebenswert sein wie eine hohe Teilzeitquote, da es ansonsten zu gegenläufigen Auswirkungen auf den verdichteten EVI-Wert käme.

Der so ermittelte individuelle EVI-Wert ist Ausgangsbasis für die Erstellung eines individuumsbezogenen Stärken-/Schwächen-Profils, das zugleich über zugrunde liegende Ursachen Aufschluss gibt. Dieses Profil kann in der Zielvereinbarung berücksichtigt werden, um im Sinne einer HC-Optimierung den EVI in der Zukunft zu steigern. Konkrete Ansatzpunkte hierzu bieten sich dann gerade dort, wo niedrige Prozentränge zu verzeichnen sind.

Eine plausible Auswahl der für die EVI-Wertkomponenten berücksichtigten Kriterien verspricht – ähnlich wie bei der Balanced Scorecard oder der HR Scorecard – die Messbarkeit des Umsetzungsgrades der intendierten strategischen Unternehmensziele.

Die Besonderheit des EVI-Ansatzes liegt in der Erstellung eines Rankings, das zum einen Aufschluss gibt über den relativen HC-Wert der Führungskraft – gemessen an den Kollegen – und so einen durchaus erwünschten Wettbewerbseffekt hervorruft. Zum anderen werden so aber zugleich konkrete Verbesserungsmöglichkeiten zur HC-Optimierung aufgezeigt. Diese Integration der persönlichen Optimierungsziele in die Zielvereinbarung ermöglicht zugleich deren Berücksichtigung in Vergütungssystemen.

Die aus der unmittelbaren Vergleichbarkeit der ermittelten individuumsbezogenen EVI-Kennzahlen resultierende Wettbewerbssituation kann auch zu kontraproduktiven Resultaten führen. Das Entstehen einer allzu extremen Konkurrenzsituation zwischen einzelnen Führungskräften zu vermeiden, erfordert daher eine sensible Handhabung dieses HC-Rankings.

Da der EVI-Ansatz gezielt auf die Messung des Human Capitals von Top-Führungskräften ausgelegt ist, ist eine breite Anwendbarkeit des Bewertungsansatzes für alle Mitarbeiter nicht gegeben. Außerdem ist infolge der Ableitung der relevanten Führungsaspekte aus der spezifischen Personalstrategie eine unternehmensübergreifende Vergleichbarkeit der gewonnenen HC-Werte ausgeschlossen. *Friederichs* selbst gibt die Bedeutung struktureller Unterschiede verschiedener Abteilungen zu bedenken, weshalb er eine sinnvolle Vergleichbarkeit der Kennzahlen sogar nur für einen einzigen Unternehmensbereich im Zeitverlauf annimmt.

Employee-Value-Index (EVI)		
Postulat		**Erfüllung**
1	... mehr als eine Umbenennung von Personalmanagement!	●●●○
2	... Bekenntnis zum Mitarbeiter als Vermögenswert!	●●○○
3	... Kernaufgabe von Personalexperten!	●●●●
4	... Ausrichtung auf Arbeitsmarkt!	●●○○
5	... Bewertung und Optimierung!	●●●●
6	... gemäß ganzheitlichem Ansatz!	●●●●
7	... mit einer expliziten Zukunftsorientierung!	●●●○
8	... gruppenbezogen und unternehmensbezogen!	○○○○
9	... zentrales Personalmanagement-Aktivitätsfeld!	●○○○
10	... Wettbewerb und Chancenvielfalt!	●●○○

3.12 Summenmodell des Humankapitals

Indikatoren-basierte Ansätze

Das von *Wucknitz* konzipierte Summenmodell des Humankapitals nimmt passend zu unterschiedlichen Untersuchungsanlässen differenzierte Personalbewertungen vor.[126] So wird das Modell beispielsweise bei Fusionen oder Übernahmen genutzt, um das zur Übernahme anstehende Unternehmen einer HR Due Diligence zu unterziehen: Bei dieser personalwirtschaftlichen „Prüfung mit angemessener Sorgfalt“ erfolgt unter anderem eine HC-Ermittlung im Rahmen einer „Personal-Wertanalyse“.[127] Auch bei Ratings zur Einschätzung der Kreditwürdigkeit von Unternehmen etwa infolge von „Basel II“ kann das Summenmodell eingesetzt werden.[128] Im operativen Tagesgeschäft dient die Ermittlung eines aktuellen Gesamtwertes des Human Capitals auf Basis des Summenmodells der Erfolgskontrolle und Steuerung des Personalmanagements im Rahmen des Personalcontrollings.

Legende	
IK	Individuelles Human Capital
DK	Dynamisches Human Capital
SK	Strukturelles Human Capital

Grundannahme des Summenmodells ist, dass sich das Human Capital additiv aus drei Teilkapitalarten zusammensetzt.

HC := Individuelles + Dynamisches + Strukturelles Human Capital
= IK + DK + SK

- Das Individuelle Human Capital enthält personenbezogene Faktoren, zum Beispiel Qualität und Eigenschaften der Führungskräfte und der Mitarbeiter, Leistung und Potenzial.
- Das Dynamische Human Capital enthält personalprozessbezogene Faktoren, zum Beispiel Art der Zusammenarbeit im Unternehmen, Ablauforganisation, Kultur, Personalmanagement-Systeme und -Instrumente.
- Das Strukturelle Human Capital enthält personalstrukturbezogene Faktoren, zum Beispiel Zusammensetzung des Personals, Aufbauorganisation als Personal- und Organisationsstruktur, HR-Regelungen, Personalverhalten, Fluktuation und Krankenstand.

Diese drei Teilkapitalarten des Human Capitals sind dabei grundsätzlich gleichgewichtet. Allerdings kann diese Gleichgewichtung zugunsten branchen-, unternehmens- oder situationsspezifischer Gewichtungen aufgegeben werden: So gelten etwa Höhergewichtungen des IKs für kleine, junge oder wissensabhängige Unternehmen als plausibel, ebenso wie Höhergewichtungen des SKs für größere und des DKs für sich schnell verändernde Unternehmen.

Für das Human Capital gelten zehn Werttreiber als relevant. Diese spiegeln sich jeweils in einer, in zwei oder in allen drei Teilkapitalarten wider:

- Unternehmensumfeld,
- Unternehmensstruktur,
- Teamprozesse,
- Führung,
- Personalmanagement,
- arbeitsrechtliche Regelungen,
- Personalkosten,
- Personalstruktur,
- Schlüsselkräfte und
- Unternehmenskultur.

Diese Werttreiber werden ihrerseits wiederum durch Faktoren beeinflusst, die als Gestaltungselemente der zehn Werttreiber interpretiert werden. Diese insgesamt 36 Faktoren werden mit Hilfe geeigneter Messgrößen quantifiziert und gehen ebenfalls gleichgewichtet additiv in die drei Teilkapitalarten IK, DK und SK ein (Abbildung 20).

Indikatoren-basierte Ansätze

	Human Capital		
	IK	DK	SK
Unternehmens-umfeld	Gesellschaftliches Umfeld, Wirtschaftliches Umfeld		Politisches Umfeld
Unternehmens-struktur	Informelle Struktur	Inhaltliche Struktur	Formale Struktur
Teamprozesse		Informations-, Kommunikations-, Kooperations-, Entscheidungs-prozess	
Führung	Führungsverhalten	Führungsprozess, Führungssysteme	
Personal-management	Personal im Personalbereich	HRM-Strategie, HRM-Abläufe, HRM-Systeme	Struktur des Personalbereichs
Arbeitsrechtliche Regelungen			Umfang, Inhalt, Veränderbarkeit
Personalkosten			Höhe, Struktur, Flexibilität
Personalstruktur	Qualität des Personals		Umfang, Zusammensetzung, Veränderbarkeit
Schlüsselkräfte	Anzahl, Einsatz, Verhalten, Kompetenz, Einstellung		
Unternehmens-kultur	Werte	Verhaltensnormen und Standards, Symptome	

Abb. 20: Die Zuordnung der 36 Faktoren des Summenmodells (Wucknitz 2002)[129]

Wucknitz stellt für die 36 Faktoren eine Liste mit mehr als 1.000 Messgrößen vor. Aus dieser Liste sollen die unternehmensspezifisch und in Abhängigkeit von den Anforderungen der konkreten Bewertungssituation jeweils am besten geeigneten ausgewählt werden. Dabei gilt als Faustregel, dass für jeden Faktor drei bis fünf Messgrößen erhoben werden sollten.

O-Ton (*Wucknitz* 2002)
„Es existiert kein objektiver, kein absoluter Wert von Personal. Personalwert entsteht erst durch die Schaffung von Nutzen für das Unternehmen."[130]

Bei Anwendung des Summenmodells sind somit je nach konkreter Bewertungssituation und den damit verbundenen Zielen der HC-Messung stets die jeweils relevanten Werttreiber, Faktoren und Messgrößen auszuwählen. Aus dieser Auswahl ergeben sich dann unmittelbar relevante Handlungsfelder für das HCM: Durch die detaillierte Aufschlüsselung in Werttreiber, Faktoren und Messgrößen als Ausgangsbasis der HC-Bewertung werden nämlich konkrete HC-Optimierungspotenziale offen gelegt. So kann etwa in den Bereichen Arbeitsorganisation, Personalführung oder Personaladministration Verbesserungsbedarf transparent werden.

Ist beispielsweise eine generelle Bestimmung des Gesamtwertes des Personals eines Unternehmens beabsichtigt, schlägt *Wucknitz* vor, nur die drei Werttreiber „Unternehmensstruktur", „Personalstruktur" und „Schlüsselkräfte" zu verwenden. Der Werttreiber „Unternehmensstruktur" setzt sich dann seinerseits wiederum aus den drei Faktoren informelle Struktur, inhaltliche Struktur und formale Struktur zusammen; der Werttreiber „Personalstruktur" aus den vier Faktoren Qualität des Personals, Umfang des Personalstamms, Zusammensetzung des Personalstamms und Veränderbarkeit der Personalstruktur; der Werttreiber „Schlüsselkräfte" setzt sich seinerseits aus den fünf Faktoren Anzahl, Einsatz, Verhalten, Kompetenz und Einstellung der Schlüsselkräfte zusammen. Für jeden einzelnen Faktor werden dann wieder aus der Liste quantitativer und qualitativer Messgrößen die am besten geeigneten ausgewählt.

Die identifizierten Werttreiber und Faktoren lassen sich jeweils einzelnen HC-Teilkapitalarten zuordnen: So ist etwa die „Personalstruktur" ein Werttreiber sowohl für das Individuelle als auch für das Strukturelle Human Capital. Dabei wird der Faktor „Qualität des Personals" (des Werttreibers „Personalstruktur") dem Individuellen Human Capital zugerechnet, während der (ebenfalls zum

Werttreiber „Personalstruktur" gehörende) Faktor „Umfang des Personalstamms" dem Strukturellen Human Capital zugeordnet wird.

Durch Gewichtung der Messgrößen, Faktoren und Werttreiber sollen dann Faktorwerte, Werttreiberausprägungen, Teilkapitalwerte (IK, DK, SK) und das gesamte Human Capital des Unternehmens additiv berechnet werden.

Das eigentlich Neue an dem Summenmodell des Humankapitals ist die Zusammenstellung der Liste, die über 1.000 personalwirtschaftlich relevante Messgrößen bereitstellt. Dieser umfassende Katalog bietet – nicht nur für Zwecke der HC-Bewertung – eine umfassende Auswahl an Größen, aus denen sich jedes Unternehmen genau diejenigen aussuchen kann, die es für relevant erachtet.

Die dem Summenmodell eigene Komplexität ist durchaus auch kritisch zu sehen: So bleibt ungeklärt, welche Messgrößen nützlicherweise aus der dargebotenen umfangreichen Liste auszuwählen sind. Es besteht daher die Gefahr, dass nur das gemessen wird, was einfach messbar ist. Auch bleibt völlig offen, wie eine tatsächliche Verrechnung der ausgewählten Messgrößen zwecks HC-Ermittlung aussehen würde. Unklar ist außerdem, wie auf der Grundlage der unternehmensspezifisch zu ermittelnden HC-Kennzahlen ein unternehmensübergreifender Vergleich sinnvoll stattfinden kann.

Summenmodell des Humankapitals		
Postulat		**Erfüllung**
1	… mehr als eine Umbenennung von Personalmanagement!	●●●○
2	… Bekenntnis zum Mitarbeiter als Vermögenswert!	●●●○
3	… Kernaufgabe von Personalexperten!	●●●●
4	… Ausrichtung auf Arbeitsmarkt!	●○○○
5	… Bewertung und Optimierung!	●●●○
6	… gemäß ganzheitlichem Ansatz!	●●●●
7	… mit einer expliziten Zukunftsorientierung!	●○○○
8	… gruppenbezogen und unternehmensbezogen!	●●●●
9	… zentrales Personalmanagement-Aktivitätsfeld!	●●●○
10	… Wettbewerb und Chancenvielfalt!	●○○○

3.13 Humatics

Die von *Kreft* entwickelte Humatics dient zur Messung des menschlichen Wissens, das einem Unternehmen durch seine Mitarbeiter zur Verfügung steht, und erhebt so den wissensbasierten Teil des Human Capitals.[131] Humatics beansprucht, mathematisch-naturwissenschaftlich exakte Ergebnisse zu liefern, und sieht sich auf allen Ebenen eines Unternehmens wie auch für ganze Volkswirtschaften anwendbar.

O-Ton (*Gloth* 2003)

„In der traditionellen Ökonomie, gleich ob auf betriebswirtschaftlicher oder volkswirtschaftlicher Ebene, wird ein eng umrissener Kreis von Größen (Menschen, Geld, Zeit und Güter oder Produktionsfaktoren) zueinander in Beziehung gesetzt: z.B. Umsatz pro Mitarbeiter, Stückzahl pro Stunde, Mitarbeiterstunden pro Stück usw.

Es ist eigentlich unverständlich, wie die Wissenschaft bis heute diese Berechnungen durchführt, ohne den ursächlichen Produktionsfaktor, das menschliche Wissen, mit einzubeziehen. Aufgrund welchen, in einem Betrieb vorhandenen, Wissens geschieht etwas? Wer sind die Wissensträger? Wer weiß denn was? Geht bei Entlassungen oder Reengineering nicht das Know-how verloren? Werden nicht die falschen Mitarbeiter eingestellt oder entlassen?“[132]

Die Analyse des verwertbaren Wissens eines Mitarbeiters erfolgt auf der Basis einer Auflistung („P-Skala“) aller denkbaren Fähigkeiten und Kenntnisse der Gesellschaft, von Skilaufen, über Englisch, C++, Schneidern bis hin zum Geigenspiel, denen Geldwerte zugeordnet werden.

Auf der Grundlage dieser Auflistung werden alle individuell vorhandenen Fähigkeiten und Kenntnisse eines bestimmten Mitarbeiters samt den zugehörigen Geldwerten zusammengestellt. Diese individuelle Zusammenstellung von Fähigkeiten und Geldbewertungen („Q-Distribution“) als spezifisches Profil eines einzelnen Mitarbeiters, also dessen monetarisierte Kenntnisse und Fähigkeiten, können als sein Human Capital interpretiert werden.

Die Quantifizierung des Human Capitals basiert auf der Shannonschen Formel zur Ermittlung von Informationsmengen in der Kommunikationstheorie, gemessen in Bit-Einheiten.

Legende	
H	Humanpotenzial [human-bit beziehungsweise hbit] als quantifizierte Wissensmenge; es gilt: 1 bit = 50 hbit, wobei *Kreft* diese Relation beliebig (!) gewählt hat
κ	Gleichmaß: Maß für die Verteilung des Wissens (ein hohes κ impliziert eine gleichmäßige Verteilung unterschiedlicher Fähigkeiten und Kenntnisse, ein niedriges κ impliziert extrem ausgeprägtes Wissen in einem einzigen Schwerpunktbereich)
μ	$= 1 - \kappa$: Spezifität des Wissens
ld	Logarithmus zur Basis 2
L	Knowledge-Base: Anzahl der individuellen Kenntnisse und Fähigkeiten in der Q-Verteilung (Distributionslänge)
T	Ökonomische Temperatur: repräsentiert die Wettbewerbsfähigkeit des Wissens
U	Umsatz

Indikatoren-basierte Ansätze

HC := H = Gleichmaß der Wissensverteilung * Logarithmus der Wissensbasis = κ * ld L

Neben dem Humanpotenzial, also der Wissensmenge, ist außerdem die als „ökonomische Temperatur" bezeichnete Wettbewerbsfähigkeit des Wissens relevant. Sie errechnet sich als

$$T = \frac{U}{H} \, [€ / \text{hbit}].$$

Rechenbeispiel (*Kreft* o.J.)[133]
Unterstellt wird das Vorhandensein von acht Fähigkeiten. Dabei führen Unterschiede in ihren jeweiligen Ausprägungsformen (Fälle A-C) zu unterschiedlichen individuumsbezogenen HC-Werten (sowie zu unterschiedlichen „ökonomischen Temperaturen").
Fall A) Sind alle acht Fähigkeiten gleich stark ausgeprägt, so gilt: $\kappa = 1$ und $\mu = 0$. Daraus resultiert: $H = H_{max} = \kappa * \text{ld } L = \text{ld } 8 = 3$ [bit] = **150 [hbit] = HC**. Für die „ökonomische Temperatur" gilt: $T = T_{min} = \frac{U}{H_{max}}$. Bei gleichverteilten Fähigkeiten (höchstes Gleichmaß und niedrigste Spezifität des Wissens) ergeben sich folglich der höchste HC-Wert und die geringstmögliche „ökonomische Temperatur". Dies impliziert ein sehr hohes Entwicklungspotenzial bei einer gegenwärtig sehr geringen Nutzung des Human Capitals.

Rechenbeispiel *(Fortsetzung)*
Fall B) Sind sieben der acht Fähigkeiten sehr schwach, eine einzige aber extrem stark ausgeprägt, so gilt: $\kappa \rightarrow 0$ und $\mu \rightarrow 1$. Daraus resultiert: $H = H_{min} \rightarrow$ **0 [hbit] = HC**. Für die „ökonomische Temperatur" gilt: $T = T_{max} = \frac{U}{H_{min}}$. Als Beispiel wird hier ein Spitzensportler genannt, der sich durch extrem ausgeprägte Fähigkeiten auf einem einzigen Gebiet auszeichnet. Er hat zwar kein hohes Entwicklungspotenzial und einen niedrigen HC-Wert, allerdings nimmt die „ökonomische Temperatur" für ihn Höchstwerte an, da er aus seinen Fähigkeiten „das Beste herausholt".
Fall C) Sind alle acht Fähigkeiten vollkommen unterschiedlich stark ausgeprägt, so gilt: $1 \geq \kappa \geq 0$ und $0 \leq \mu \leq 1$. Daraus resultiert: **0 [hbit]** $\leq$ **H** $\leq$ **150 [hbit]**. Für die „ökonomische Temperatur" gilt: $T = \frac{U}{H}$; $T_{max} > T > T_{min}$.

Die Höhe des Human Capitals richtet sich bei Verwendung der Humatics-Formeln somit nach der Anzahl der Fähigkeiten und ihrer Verteilung. Je mehr Fähigkeiten ein Mitarbeiter besitzt und je gleichmäßiger diese Fähigkeiten innerhalb seines persönlichen Fähigkeitenportfolios verteilt sind, desto größer ist sein HC-Wert, der stets positive Werte annimmt. Je höher dieser HC-Wert ist, desto niedriger ist zugleich die „ökonomische Temperatur", die zum Ausdruck bringt, wie gut das vorhandene Human Capital eingesetzt wird. Dadurch wird zugleich Handlungsbedarf für eine bessere Nutzung des Human Capitals signalisiert. Zur Aggregation der individuumsbezogenen HC-Werte mehrerer Personen wird die einfache Addition der Einzelwerte vorgeschlagen.

Der noch sehr junge Humatics-Ansatz fasziniert durch die formelhafte, naturwissenschaftlich exakt anmutende Abbildung des Human Capitals. Die enge Verbindung der ausgewiesenen HC-Kennzahlen zur Umsatzentwicklung kann zu durchaus interessanten Erkenntnissen führen.

Humatics gründet auf einer fundamentalen Annahme, über die im Zuge der Ausbreitung des Formelwerkes schnell hinweggegangen wird: So existieren in der Praxis keine vollständigen definierten Fähigkeitskataloge mit eindeutig voneinander abgrenzbaren Fähigkeiten; das Vorhandensein derartiger Listen – gar auf volkswirtschaftlicher Ebene – wird schlichtweg unterstellt: „Melden die Firmen einer Volkswirtschaft sämtliche benötigten Fähigkeiten und die von ihnen vorgenommenen Bewertungen [dieser Fähigkeiten in Geldwert, die Verfasser] einem zentralen Rechner, kann daraus eine Liste erstellt werden. Diese Liste nennen wir P-Skala.“[134] Wenn diese Ausgangsbedingung der Nutzbarkeit des Humatics-Ansatzes nicht gegeben ist, ist die darauf aufbauende Methodik auf ein schwaches Fundament gebaut.

Humatics		
Postulat		**Erfüllung**
1	… mehr als eine Umbenennung von Personalmanagement!	●●●●
2	… Bekenntnis zum Mitarbeiter als Vermögenswert!	●●●●
3	… Kernaufgabe von Personalexperten!	●●○○
4	… Ausrichtung auf Arbeitsmarkt!	●●○○
5	… Bewertung und Optimierung!	●●○○
6	… gemäß ganzheitlichem Ansatz!	●●●●
7	… mit einer expliziten Zukunftsorientierung!	○○○○
8	… gruppenbezogen und unternehmensbezogen!	●●●●
9	… zentrales Personalmanagement-Aktivitätsfeld!	●○○○
10	… Wettbewerb und Chancenvielfalt!	●●○○

3.14 Human Asset Worth (HAW)

Mayos Ansatz des Human Asset Worth (HAW) ist Bestandteil des von ihm konzipierten Human Capital Monitors.[135] Der HAW, der als nichtmonetäre Kennzahl für das Human Capital ermittelt wird, wird als „intrinsischer Wert des Individuums“ interpretiert.

Die HAW-Formel zur Bewertung des Human Capitals basiert auf der integrativen Verknüpfung personalspezifischer Kostendaten mit auf den individuellen Mitarbeiter bezogenen Faktoren.

Legende	
HAW	Human Asset Worth
EC	Employment Costs
IAM	Individual Asset Multiplier

$$HC := HAW = \frac{\text{Employment Costs} * \text{Individual Asset Multiplier}}{1.000} = \frac{EC * IAM}{1.000}$$

- Es gilt: Employment Costs = Grundgehalt + sonstige Vergütungskomponenten + Arbeitgeber-Anteil an Sozialabgaben. Das benötigte Datenmaterial kann unternehmensintern bereitgestellt werden.
- Der IAM ist eine Funktion der Faktoren Capability, Potential, Contribution und Alignment:
  - Capability sind alle persönlichen Fähigkeiten und Fertigkeiten, Wissen und Know-how, Erfahrung sowie Netzwerke und Kontakte, auf die der Einzelne zurückgreifen kann.
  - Potential ist die Möglichkeit, sich zukünftig weiterzuentwickeln.
  - Contribution ist der unmittelbare Beitrag zum Stakeholder Value.
  - Alignment ist die Verbundenheit mit dem Unternehmen und das Passen zu seinen Werten.

  Zur Bestimmung der Werte dieser vier IAM-Faktoren (Faktorwerte) wird eine Skala von 0,1 bis 2,0 (Optimum) verwendet. Auf dieser Skala ist jedes Individuum zu bewerten, wobei in der Aufsummierung zum IAM eine relative Gewichtung der vier Faktoren gemäß ihrer geschätzten relativen Wichtigkeit für das spezifische Unternehmen vorgenommen wird.

Das Human Capital nimmt stets Werte „größer als 0“ an. Es wird dabei umso größer, je höher die in den Employment Costs repräsentierte Personalvergütung samt der Sozialversicherungsabgaben sowie die im IAM enthaltenen Faktorwerte der individuumsbezogenen Mitarbeiterbeurteilung sind. Dadurch erschließen sich insbesondere im Zuge der Erfassung der vier mitarbeiterbezogenen IAM-Faktoren konkrete Handlungsspielräume: So werden beispielsweise niedrige Faktorwerte für „Capability“ Personalentwicklungsmaßnahmen nach sich ziehen, um das Human Capital gezielt zu steigern.

Rechenbeispiel (*Mayo* 2001)[136]						
Harriet Smith verdient 60.000 US-$ pro Jahr (= 45.000 US-$ Grundgehalt + 15.000 US-$ Benefits). Gerry McDougall verdient pro Jahr 35.000 US-$ (= 28.000 US-$ Grundgehalt + 7.000 US-$ Benefits). Als Kosten für die Sozialversicherungen werden 9 % unterstellt.						
	Harriet Smith			Gerry McDougall		
EC	(45.000 US-$ + 15.000 US-$) * 1,09 = 60.000 US-$ * 1,09 = 65.400 US-$			(28.000 US-$ + 7.000 US-$) * 1,09 = 35.000 US-$ * 1,09 = 38.150 US-$		
IAM-Faktor	Faktorwert	Gewichtung	gewichteter Faktorwert	Faktorwert	Gewichtung	gewichteter Faktorwert
Capability	1,5	* 0,30	= 0,450	1,0	* 0,15	= 0,150
Potential	1,0	* 0,20	= 0,200	1,0	* 0,15	= 0,150
Contribution	1,7	* 0,35	= 0,595	1,9	* 0,40	= 0,760
Alignment	1,5	* 0,15	= 0,225	2,0	* 0,30	= 0,600
IAM	0,450 + 0,200 + 0,595 + 0,225 = 1,470			0,150 + 0,150 + 0,760 + 0,600 = 1,660		
HAW = **HC**	$\frac{65.400 \text{ US-\$} * 1{,}470}{1.000}$ = **96,14**			$\frac{38.150 \text{ US-\$} * 1{,}660}{1.000}$ = **63,33**		

Indikatoren-basierte Ansätze

Zur Aggregation des Human Capitals mehrerer Mitarbeiter auf Teamebene wird die „Kombination" des HAW aller Teammitglieder empfohlen. Hinsichtlich der generell zu berücksichtigenden Humankapitalträger wird unterschieden zwischen arbeitsvertraglich an das Unternehmen gebundenen und als Zulieferer und Dienstleister fungierenden Humankapitalträgern wie beispielsweise externen Beratern. Der HAW-Ansatz soll jedoch nur für die Arbeitnehmer des Unternehmens angewendet werden, da ausschließlich deren Leistungsbeitrag für das Unternehmen von Dauer ist.

Mayos Ansatz zeichnet sich – für einen indikatorenbasierten Ansatz durchaus keine Selbstverständlichkeit – durch die exakte Bestimmung des Human Capitals aus, indem er einen konkreten Zahlenwert ermittelt. Dabei berücksichtigt er im Faktor Contribution indirekt die Vielfalt unterschiedlicher Stakeholder-Interessen.

Schwierigkeiten des HAW-Ansatzes dürften in der Praxis zwei zur HC-Berechnung notwendige Schritte bereiten: die Bewertung der IAM-Faktoren auf der Skala von 0,1 bis 2,0 und die relative Gewichtung der Faktoren nach ihrer Relevanz für das Unternehmen.

Kritisch ist außerdem die Tatsache zu sehen, dass die Höhe der Personalkosten den letztlichen HC-Wert entscheidend determiniert. Dadurch führen eine Gehaltserhöhung oder auch ein Anstieg der Sozialabgaben automatisch zu einer HC-Steigerung. Die Sinnhaftigkeit dieser Berechnungslogik ist fragwürdig.

Schwierig wird es auch, wenn der HC-Wert für die Gesamtbelegschaft ermittelt werden soll, denn dies setzt die Ermittlung aller individuellen HC-Werte voraus.

Human Asset Worth (HAW)		
Postulat		**Erfüllung**
1	… mehr als eine Umbenennung von Personalmanagement!	●●●○
2	… Bekenntnis zum Mitarbeiter als Vermögenswert!	●●○○
3	… Kernaufgabe von Personalexperten!	●●●●
4	… Ausrichtung auf Arbeitsmarkt!	●●○○
5	… Bewertung und Optimierung!	●●●○
6	… gemäß ganzheitlichem Ansatz!	●●●●
7	… mit einer expliziten Zukunftsorientierung!	●○○○
8	… gruppenbezogen und unternehmensbezogen!	●●○○
9	… zentrales Personalmanagement-Aktivitätsfeld!	●●○○
10	… Wettbewerb und Chancenvielfalt!	●●○○

3.15 Human Capital Indikator

Die Unternehmensberatung William M. Mercer hat im Jahr 2001 eine Studie zum HCM in der Post-Merger-Integration vorgelegt, um nachzuweisen, wie effektives Human Capital Management und der Erfolg von Fusionen zusammenhängen.[137] Danach haben Merger, die als „erfolgreich" eingestuft worden sind, zu einer HC-Steigerung geführt, während als „weniger" oder „nicht erfolgreich“ klassifizierte Merger HC-neutral oder sogar HC-reduzierend wirkten.

O-Ton (*Mohr/Keilholz* 2001)
„Human Capital ist nicht etwas, was Unternehmen heute regelmäßig messen und bewerten, geschweige denn zur Grundlage für Management-Interventionen machen. Das Human Capital hat keine organisatorische ‚Heimat'. Seinem Charakter nach enthält es Elemente, die in die Zuständigkeit des HR-Managements fallen; um es transparent und nutzbar zu machen, sind Instrumente erforderlich, über die der Controlling-Bereich verfügt.“[138]

Mercer beschreibt das Human Capital eines Unternehmens als eine nicht näher bestimmte Funktion aus sieben Indikatoren. Diese wurden in dem Human Capital Indikator als Parameter berücksichtigt und hinsichtlich ihrer Ausprägung vor und nach einem Merger untersucht:

Indikatoren-basierte Ansätze

- Ausbildungsgrad: untersucht die Entwicklung von Fähigkeiten und Kompetenzen.
- Fortbildungsgrad: erfasst die Zukunftsorientierung der Weiterqualifikation der Mitarbeiter.
- Innovationsgrad: umfasst die Fähigkeit zur Entwicklung neuer Produkte und Dienstleistungen sowie die Geschwindigkeit und Qualität bis zur Marktreife.
- Fluktuationsrate: überprüft die Ausprägung unfreiwilliger und erhöhter Fluktuation bei Schlüsselmitarbeitern und Top-Führungskräften.
- Vernetzungsgrad: analysiert informelle Austausch- und Transferprozesse zwischen den Mitarbeitern eines Unternehmens.
- Entscheidungsstruktur: evaluiert Geschwindigkeit, Qualität und Akzeptanz der Managemententscheidungen.
- Vergütungs- und Anreizsysteme: beurteilt die effiziente Weiterentwicklung von Vergütungssystemen.

Die Beurteilung des Human Capitals wurde hinsichtlich der jeweiligen Ausprägungen der Indikatoren vor und nach dem erfolgten Unternehmenszusammenschluss von den betroffenen Managern vorgenommen. Dabei haben diese in einer E-Mail-Befragung die sieben Indikatoren auf einer Skala von eins bis zehn bewertet, wobei eins „ungenügend“ und zehn „hervorragend“ bedeutet. Auf Grundlage dieser Daten konnten die Veränderungen der Human Capital Indikatoren (hinsichtlich ihrer Ausprägung in der Pre- und Post-Merger-Phase) berechnet werden. Positive Veränderungen dieses „Delta" des Human Capitals führten dann zum Ausweis von Werten „größer als 0", negative Veränderungen zu Werten „kleiner als 0".

Hieraus lassen sich unmittelbar konkrete personalwirtschaftliche Handlungsfelder ableiten, in denen – im Sinne einer HC-Optimierung – gegebenenfalls Handlungsbedarf besteht, beispielsweise Personalentwicklung, -bindung oder -vergütung. Weitere Details zur Erhebung, zur Quantifizierung der Parameter und zur Indikatorbildung gehen aus der publizierten Studie nicht hervor.

Die Idee der Untersuchung der Erfolgsrelevanz des Human Capitals für Unternehmenszusammenschlüsse ist sicher interessant und kann – sofern sie zu aussagekräftigen Ergebnissen kommt – die Notwendigkeit einer HR Due Diligence unterstreichen.

Der Human Capital Indikator beinhaltet – entgegen den Erwartungen, die der Name weckt – keinen zu einer einzigen HC-Kennzahl zusammengeführten Wert. Vielmehr werden mehrere Teil-Indikatoren ermittelt; doch weder die getroffene Auswahl noch die vorgenommene Abgrenzung der sieben Indikatoren sind hinreichend begründet.

Human Capital Indikator		
Postulat		**Erfüllung**
1	… mehr als eine Umbenennung von Personalmanagement!	●○○○
2	… Bekenntnis zum Mitarbeiter als Vermögenswert!	●●○○
3	… Kernaufgabe von Personalexperten!	●●●○
4	… Ausrichtung auf Arbeitsmarkt!	○○○○
5	… Bewertung und Optimierung!	●●○○
6	… gemäß ganzheitlichem Ansatz!	●●●●
7	… mit einer expliziten Zukunftsorientierung!	●●○○
8	… gruppenbezogen und unternehmensbezogen!	●●○○
9	… zentrales Personalmanagement-Aktivitätsfeld!	●●○○
10	… Wettbewerb und Chancenvielfalt!	●●○○

3.16 Competence x Commitment

Der hier als „Competence x Commitment“ bezeichnete Ansatz von *Ulrich* stellt den **motivierten Mitarbeiter** mit seiner Qualifikation sowie seiner Selbstverpflichtung dem Unternehmen gegenüber **(Commitment)** als bedeutenden Vermögenswert des Unternehmens in den Mittelpunkt.[139] *Ulrich* verwendet den Begriff des Intellectual Capitals, meint aber damit ausschließlich das in den Mitarbeitern liegende Vermögen von Unternehmen, setzt also Intellectual Capital und Human Capital gleich. Die Deutsche Bank AG, die die HC-Formel unter dem Titel „Motivierte Mitarbeiter“ auf ihrer Unternehmenswebseite präsentiert, spricht sogar explizit von „Humankapital“; weiter heißt es dort: „Fähige Mitarbeiter, die sich dem Unternehmen und seinen Zielen verpflichtet fühlen, sind unser wichtigstes Vermögen.“[140]

$$\text{HC} := \text{Competence} * \text{Commitment}$$

Indikatoren-basierte Ansätze

Zur Operationalisierung der Faktoren Kompetenz und Commitment wird ein Rückgriff auf verschiedene Ersatzgrößen empfohlen, beispielsweise

- Potenzialanalysen zur Veranschaulichung der Kompetenz oder
- die Messung des Retentionsgrades als Maß für das Commitment der Mitarbeiter.

Die Interpretation der HC-Formel von *Ulrich* besagt, dass weder hoch talentierte, aber unmotivierte Mitarbeiter ohne jegliches Commitment, noch Mitarbeiter, die sich durch hohes Commitment auszeichnen, aber keine Kompetenzen aufweisen, zur Steigerung des Human Capitals beitragen. Da im Zuge der HC-Bewertung eine Multiplikation – und nicht wie in vielen anderen Ansätzen eine Addition – vorgenommen wird, führt bereits ein geringer Wert eines der beiden Faktoren zu einem deutlichen HC-Rückgang. Ist einer der beiden Faktoren „0“, so ist das Human Capital „gleich 0“. Abgesehen von diesen Extremfällen nimmt das Human Capital – positive Ausprägungen der Kompetenz- und Commitment-Faktoren unterstellt – stets positive Werte an.

Durch die beiden Faktoren Kompetenz und Commitment sind eindeutige Handlungsfelder für die Optimierung des Human Capitals abgesteckt: Personalentwicklungs- und Motivationsmaßnahmen sind die zwei sich in ihrer HC-steigernden Wirkung wechselseitig ergänzenden Aktivitäten des HCMs.

Ulrich begründet die Notwendigkeit einer adäquaten Wertschätzung des Mitarbeiters als immaterieller Vermögenswert. So liegt sein Verdienst zwar nicht in einer Mathematisierung der HC-Bewertung; aber die Grundidee seines Ansatzes ist einfach und plausibel und mit Hilfe einer sehr plakativen HC-Formel gut zu kommunizieren. Dabei ist insbesondere die multiplikative Verrechnung des Faktors „Commitment" zu erwähnen, durch die insgesamt Motivation, Engagement und Leistungsbereitschaft der Mitarbeiter in ihrer grundlegenden Wichtigkeit für den Wert des Human Capitals betont werden.

Darüber hinaus gibt *Ulrich* ausführliche Hinweise zu Möglichkeiten der Steigerung von Kompetenz und Commitment und bietet so konkrete Ansatzpunkte für Personalmanagement-Aktivitäten.

Eine tatsächliche „Berechnung" des Human Capitals sieht der Ansatz – trotz seiner Formeldarstellung – nicht vor. Stattdessen weist er lediglich auf die Stellschrauben und deren grundlegende Bedeutung für den Wert von Human Capital hin.

Competence x Commitment		
Postulat		**Erfüllung**
1	… mehr als eine Umbenennung von Personalmanagement!	●●○○
2	… Bekenntnis zum Mitarbeiter als Vermögenswert!	●●●●
3	… Kernaufgabe von Personalexperten!	●●●●
4	… Ausrichtung auf Arbeitsmarkt!	○○○○
5	… Bewertung und Optimierung!	●●●●
6	… gemäß ganzheitlichem Ansatz!	●●●●
7	.. mit einer expliziten Zukunftsorientierung!	●●○○
8	… gruppenbezogen und unternehmensbezogen!	●●●●
9	… zentrales Personalmanagement-Aktivitätsfeld!	●●●●
10	… Wettbewerb und Chancenvielfalt!	●●○○

3.17 Aries

Das Aries-Verfahren von *Esselborn* und *Henke* wurde im Jahr 2000 fertig gestellt.[141] Es ist nach Angaben der Entwickler für jede Person im Alter von 21–65 Jahren anwendbar, die berufstätig ist oder eine konkrete berufliche Tätigkeit anstrebt. Der Aries-Ansatz dient zur Berechnung und Bewertung der wirtschaftlichen, fachlichen und persönlichen Eignung von Arbeitnehmern und Unternehmern für ihre berufliche Tätigkeit. Ursprüngliches Ziel der Entwicklung des Ansatzes war es, ein Instrument zur Prognose des Erfolgs geplanter Existenzgründungen beziehungsweise -erweiterungen zu erhalten. Hieraus ist schließlich ein HC-Bewertungsansatz entstanden: Er basiert auf einem die individuelle Passfähigkeit überprüfenden Eignungsabgleich und definiert das Human Capital als das tätigkeitsbezogene menschliche Potenzial einer Person, das diese in ein Unternehmen einbringt.

Das Aries-Verfahren beruht auf folgenden Kategorien:

Indikatoren-basierte Ansätze

- Der als Geldwert berechnete Fachwert setzt sich zusammen aus Bildungswert, Weiterbildungswert, Praxiswert und Unternehmerwert; er resultiert aus Schul-, Studien-, Aus- und Weiterbildung sowie aus praktischer (außer-)beruflicher und unternehmerischer Tätigkeit. Alle zur Quantifizierung des Fachwertes benötigten Angaben sind in Formulare einzutragen, die Angaben zu Zeitraum und -dauer der jeweiligen Bildungsmaßnahmen enthalten und mit Dokumenten belegt werden müssen.

  Der Bildungswert umfasst die durch Zeugnisse nachgewiesene Schul-, Berufs- und Studienbildung einer Person und ist unabhängig von einem etwaigen Zusammenhang mit der aktuellen Tätigkeit.

  Der Weiterbildungswert umfasst fachliche und unternehmerische Zusatzausbildungen, die mit der Tätigkeit oder dem Unternehmen in Zusammenhang stehen; er wird erfasst durch Nachweise über Inhalt und Abschluss von Zusatzausbildungen.

  Der Praxiswert beinhaltet die praktische Tätigkeit einer Person in ihrer Bedeutung für die gegenwärtige Tätigkeit beziehungsweise das gegenwärtige Unternehmen. Hierzu zählen berufliche sowie außerberufliche Tätigkeiten; ein Nachweis erfolgt zum Beispiel über Arbeitsverträge, -zeugnisse, Funktionen und Auszeichnungen.

  Der Unternehmerwert umfasst jegliche unternehmerischen Tätigkeiten und wird beispielsweise über Gewerbeanmeldungen oder Eintrag in die Berufsrolle nachgewiesen.

- Der Unternehmungswert drückt die „Unternehmungskompetenz“ einer Person aus und resultiert aus der Übereinstimmung von Unternehmenserfordernissen und persönlichen Voraussetzungen; er besteht aus dem Wert des Wesenspotenzials (Checkliste zur „Persönlichkeit“ mit 21 Items, zum Beispiel Aufgeschlossenheit, Beharrlichkeit, Ehrgeiz, Loyalität, Zuverlässigkeit), dem Wert des Fähigkeitspotenzials (Checkliste zur „Leistungsfähigkeit“ mit 24 Items, zum Beispiel Argumentationsstärke, Dialogfähigkeit, Ergebnisorientierung, Präzision, Teamfähigkeit) und dem Wert des Willenspotenzials (Checkliste zur „Unternehmungsbereitschaft“ mit 23 Items, zum Beispiel Bewältigen von Krisen, Revidieren von Entscheidungen, Tragen von Verantwortung, Treffen von Entscheidungen, Überwinden von Widerständen).

  Der Unternehmungswert wird also anhand von drei Checklisten mit insgesamt 68 Items abgeprüft. Diese Selbsteinschätzung von Eigenschaften lässt jeweils „ja“, „zum Teil“ und „nein“ als mögliche Antworten zu.

Fach- und Unternehmungswert sind damit jeweils personengebundene Werte.

Die im Zuge der HC-Bewertung mittels des Aries-Verfahrens berücksichtigten Aspekte, die etwa durch die einzelnen Items des Unternehmungswertes repräsentiert werden, dokumentieren zugleich, wo Handlungspotenzial für HC-wertsteigernde Aktivitäten besteht. So können zum Beispiel für die mit Hilfe von 24 Items aufgeschlüsselte individuelle Leistungsfähigkeit eines Mitarbeiters ganz konkret Schwachstellen identifiziert werden, so dass diesen wirksam entgegengesteuert werden kann.

Der Aries-Ansatz kommt ohne umfangreiche und langwierige Implementierungsprozesse aus; vielmehr stützt er sich im Interesse unmittelbarer praktischer Anwendbarkeit auf standardisierte Formulare und vorgefertigte Checklisten, um eine individuumsbezogene HC-Bewertung durchzuführen. Die Anlehnung an bekannte Verfahren der Potenzialanalyse gibt dem Ansatz methodische Sicherheit.

Eine umfassende Einschätzung von Aries wäre nur bei Kenntnis seiner genauen Rechenalgorithmen möglich. Zwar befinden sich in der Anlage zu dem publizierten Aries-Verfahren Hinweise darauf, wie die gewonnenen HC-Ergebnisse zu interpretieren sind. Allerdings sollten die Erhebung der benötigten Daten und die eigentliche Berechnung des Human Capitals computerbasiert erfolgen, weshalb das genaue Zustandekommen der HC-Werte nicht transparent wird und der entscheidende Schritt zwischen Datenerfassung und Ergebnisausweis verborgen bleibt: „Die Berechnung des Human- und Unternehmungskapitals nimmt das Computerprogramm auf der Grundlage des dafür entwickelten Formelwerkes vor. (...) Die numerische Bewertung des ermittelten Human- und Unternehmungskapitals erfolgt an Hand statistisch abgesicherter Richtwerte."[142] Da die erwähnte Software nicht fertig gestellt werden konnte, bleibt die dem Aries-Ansatz zugrunde liegende Berechnungslogik jedoch unklar.

Aries		
Postulat		**Erfüllung**
1	... mehr als eine Umbenennung von Personalmanagement!	●●●○
2	... Bekenntnis zum Mitarbeiter als Vermögenswert!	●●●○
3	... Kernaufgabe von Personalexperten!	●●●●
4	... Ausrichtung auf Arbeitsmarkt!	●●●●
5	... Bewertung und Optimierung!	●●●○
6	... gemäß ganzheitlichem Ansatz!	●●●●
7	... mit einer expliziten Zukunftsorientierung!	●○○○
8	... gruppenbezogen und unternehmensbezogen!	○○○○
9	... zentrales Personalmanagement-Aktivitätsfeld!	●○○○
10	... Wettbewerb und Chancenvielfalt!	●●○○

Indikatoren-basierte Ansätze

3.18 CIPD-Framework

✖

Das britische Chartered Institute of Personnel and Development (CIPD) hat ein „Framework" für die HC-Messung und HC-Berichterstattung publiziert.[143] Das Framework ist das Ergebnis einer Arbeitsgruppe unter Leitung von *Scarbrough*.

Das CIPD-Framework umfasst fünf Kategorien:

- HC-Strategie,
- Akquisition und Retention,
- Lernen und Entwicklung,

- HCM und
- Performance.

Für jede dieser fünf Kategorien muss ein Unternehmen neben einem deskriptiven Teil, in dem über dessen HC-relevante Aktivitäten in Textform berichtet wird, primäre und sekundäre Indikatoren zur HC-Messung ausweisen. Dabei wird empfohlen, insbesondere für Manager und Führungskräfte geeignete Indikatoren zu berücksichtigen, da diesen Humankapitalträgern eine besondere Stellung in Bezug auf die Schaffung von Unternehmensperformance zukommt.

- Primäre Indikatoren liefern im Wesentlichen solche Informationen, die ohnehin üblicherweise in Personal-Kennzahlensystemen bereitgestellt werden: Dies sind beispielsweise die durchschnittliche Wiederbesetzungsdauer für offene Stellen, die interne Stellenbesetzungsquote, die Kosten von Trainingsmaßnahmen und die Fluktuationsrate.
- Sekundäre Indikatoren umfassen etwa Rekrutierungskosten, Informationen zur Personalstruktur, wie Alter und Geschlecht, sowie Maßzahlen zur Mitarbeiterzufriedenheit und -loyalität.

Die Unterscheidung nach primären und sekundären Indikatoren folgt dabei der Einschätzung, wonach Ersteren eine höhere Relevanz zukomme und die hierfür benötigten Daten außerdem leichter generierbar seien. Allerdings handelt es sich bei diesen Indikatoren lediglich um Vorschläge, da in Abhängigkeit von der jeweiligen Branche, den Zielen und der Situation eines Unternehmens die Verwendung eines maßgeschneiderten Indikatorenkataloges für erforderlich gehalten wird.

Aussagekräftige HC-Informationen sind dann erst durch die vergleichende Betrachtung mehrerer HC-Reports verschiedener Zeitpunkte zu gewinnen, da hieraus Hinweise auf Trends und Veränderungen abzuleiten sind.

Aus den einzelnen Kennzahlen lassen sich unmittelbare Handlungsfelder für eine Optimierung des Human Capitals ableiten. So können beispielsweise Defizite auf dem Gebiet der Personalentwicklung oder der -motivation leicht identifiziert werden, indem die Kennzahlen verschiedener Zeitpunkte miteinander verglichen werden.

Es ist der Anspruch des CIPD-Frameworks, einen Standardisierungsvorschlag zur Präsentation von HC-Kennzahlen darzustellen, die allgemeine Rückschlüsse auf das Human Capital zulassen. Durch diese Reportingempfehlungen wird die HC-bezogene Kommunikation unterstützt.

Es ist äußerst problematisch, dass nicht durchgehend sauber unterschieden wird zwischen dem Ziel, einen Effektivitätsnachweis des Managements von Human Capital (HCM) und einen Wertnachweis des Human Capitals (HC) selber zu führen. Mit anderen Worten: Der CIPD-Framework ist nur sehr bedingt als „Ansatz zur HC-Bewertung" zu bezeichnen; in weiten Teilen handelt es sich um eine bloße Personal-Kennzahlensammlung, die allenfalls den wertschöpfenden Charakter der Personalarbeit dokumentiert.

CIPD-Framework		
Postulat		**Erfüllung**
1	… mehr als eine Umbenennung von Personalmanagement!	●○○○
2	… Bekenntnis zum Mitarbeiter als Vermögenswert!	●●○○
3	… Kernaufgabe von Personalexperten!	●●●●
4	… Ausrichtung auf Arbeitsmarkt!	●○○○
5	… Bewertung und Optimierung!	●●●○
6	… gemäß ganzheitlichem Ansatz!	●●●●
7	… mit einer expliziten Zukunftsorientierung!	●○○○
8	… gruppenbezogen und unternehmensbezogen!	●●●●
9	… zentrales Personalmanagement-Aktivitätsfeld!	●○○○
10	… Wettbewerb und Chancenvielfalt!	●●○○

4. Value Added-Ansätze

Die Value Added-Ansätze beruhen auf Informationen, die durch die interne Rechnungslegung bereitgestellt werden. Deshalb sind sie relativ leicht in Unternehmen einzuführen.

Die Value Added-Ansätze interpretieren den als Differenz zwischen einem Output und einem Input ermittelten Mehrwert (Value Added) als Human Capital und beruhen daher auf folgender **Basisformel**:

HC := Output – Input

4.1 Originärer Value Added Intellectual Coefficient (VAIC)

Der Ende der 90er Jahre am österreichischen Intellectual Capital Research Center in Graz von *Pulić* entwickelte Value Added Intellectual Coefficient (VAIC)-Ansatz dient zur Messung der Intellectual Ability des Unternehmens, das heißt in der Sprache des Ansatzes seiner Fähigkeit zur Wertschöpfung.[144]

O-Ton (*Bornemann* 1998)

„Wir sehen die Mitarbeiter als die bedeutendsten Einflussfaktoren des Unternehmenswertes an, da sie die durch das Management direkt steuerbare Ressource darstellen. Es ist nicht sinnvoll, in bessere Kunden- oder Zuliefererbeziehungen zu investieren, wenn die internen Strukturen nicht optimal gehandhabt werden können. (...) Die Mitarbeiter tragen das gesamte Wissen über das Unternehmen in ihren Köpfen, sie sind ausschlaggebend dafür, wie vorhandene Vermögenswerte und begrenzte Ressourcen einzusetzen sind, um einen bestimmten Output zu erzielen."[145]

Ausgehend von der Annahme, dass Unternehmen mit Hilfe des in den Mitarbeitern gebundenen Wissens Mehrwert schaffen, bedient sich das Unternehmen dazu des Physical Capitals und des Intellectual Potentials. Daraus resultiert die Intellectual Ability der Organisation.

Eine wichtige Stellgröße im Zuge der Operationalisierung des als Human Capital im weiteren Sinne interpretierbaren VAIC-Wertes ist der Input an Intelligenz. Als Indikator für den Intelligenzinput werden sämtliche Lohn- und

Gehaltszahlungen inklusive Sozialabgaben und Pensionsrückstellungen angesetzt, da unterstellt wird, dass sich die Höhe der Löhne und Gehälter nach der Effizienz der Beschäftigten, letztlich also nach dem intellektuellen Beitrag der Mitarbeiter zum Unternehmenserfolg richtet.

Legende	
VAIC	Value Added Intellectual Coefficient: Intellectual Ability als Fähigkeit des Unternehmens zur Wertschöpfung durch Einsatz von Physical Capital und Intellectual Potential
VACA	Value Added Capital Coefficient
VAIP	Value Added Intellectual Potential
VA	Value Added (Wertschöpfung): Differenz zwischen dem für Fertigprodukte erzielten Preis und den Kosten für bezogene Einsatzfaktoren
CA	Physical Capital: repräsentiert den Produktionsfaktor „Kapital"
IP	Intellectual Potential: Intelligenzinput aller Mitarbeiter, abgebildet durch Löhne und Gehälter (Personalaufwand)
OUT	Output: Umsatzerlöse
IN	Input: Kosten (ohne Personalaufwand)

Value Added-Ansätze

$$HC := VAIC = \text{Value Added Capital Coefficient} + \text{Value Added Intellectual Potential} = VACA + VAIP$$

Der originäre Ansatz zur Ermittlung des VAIC beruht auf vier Schritten:

1. Berechnung der Wertschöpfung durch Subtraktion des materiellen Inputs des Produktionsprozesses von dem mit Hilfe finanzieller Absatzkennzahlen ermittelten Output:

   $$VA = OUT - IN.$$

   Die für diese Berechnung nötigen Umsatzerlöse sind der GuV-Rechnung zu entnehmen; die benötigten Kostendaten (ohne Personalaufwand als Intelligenzinput) sind unternehmensintern verfügbar.

2. Der Value Added Capital Coefficient ergibt sich als Wertschöpfung pro Einheit eingesetzten Physical Capitals:

   $$VACA = VA / CA.$$

Das Physical Capital ist unternehmensintern zu ermitteln: Hier sind unterschiedliche Quantifizierungsvorschläge plausibel; als einfachster Näherungswert ist des Eigenkapital anzusetzen.

3. Das Value Added Intellectual Potential errechnet sich als Wertschöpfung pro Einheit eingesetzten Intellectual Potentials:

$$VAIP = VA / IP.$$

Das Intellectual Potential ist in Höhe des Personalaufwands anzusetzen, der in der GuV-Rechnung ausgewiesen wird, sofern sie nach dem Gesamtkostenverfahren erstellt wird.

4. Die Ermittlung der Intellectual Ability einer Organisation erfolgt durch Addition der beiden Koeffizienten aus 2. und 3.:

$$VAIC = VACA + VAIP.$$

Im engeren Sinne könnte auch der VAIP-Wert des Schrittes 3 allein bereits als HC-Wert interpretiert werden; hier spielen die immateriellen Einflüsse des Physical Capitals dann keine Rolle mehr.

Rechenbeispiel (modifiziert nach *Pulić* 1998)[146]
Für ein Unternehmen gelten folgende Kennzahlen:
OUT = 8.847.000 €
IN = 3.733.000 €
CA = 5.122.000 €
IP = 4.681.000 €
Dann kann man das Human Capital in vier Schritten berechnen: 1. VA = 8.847.000 € – 3.733.000 € = 5.114.000 € 2. VACA = 5.114.000 € / 5.122.000 € = 0,998 3. VAIP = 5.114.000 € / 4.681.000 € = 1,093 4. VAIC = 0,998 + 1,093 = 2,091
HC = 2,091

Value Added-Ansätze

Dieser Value Added Intellectual Coefficient des Unternehmens nimmt bei „positiver" Wertschöpfung des Unternehmens stets Werte „größer als 0" an. Ist der VAIC „größer als 1", dann gilt die Organisation als effizient, so dass die Größe des Koeffizienten zugleich Aufschluss über das Human Capital gibt.

Der originäre VAIC betont deutlich den Potenzialcharakter der Mitarbeiter mit ihrer Wertschöpfungs- und damit Erfolgsrelevanz für das Unternehmen.

Löhne und Gehälter, die die Funktion von Preisen auf dem Arbeitsmarkt erfüllen, sind im Rahmen des originären VAIC die zentrale Stellschraube zur Optimierung des Human Capitals. Dadurch etabliert sich hier das Personalkostenmanagement als fundamentales Tätigkeitsfeld des HCMs.

Eine Schwäche des Ansatzes scheint in einer der Grundannahmen zu bestehen, wonach das Intellectual Potential der Mitarbeiter eines Unternehmens aus deren tatsächlichen Lohn- und Gehaltszahlungen abgeleitet wird. Hier wird eine HC-adäquate Entlohnung von vornherein als gegeben angenommen, während die Vermutung nahe liegt, dass sich eine angemessene Bezahlung der Mitarbeiter eigentlich gerade erst als Konsequenz aus einer korrekten HC-Bewertung ergeben kann. Die Sinnhaftigkeit dieser Ursache-Wirkungs-Grundannahme ist fraglich.

Value Added-Ansätze

Originärer Value Added Intellectual Coefficient (VAIC)		
Postulat		**Erfüllung**
1	… mehr als eine Umbenennung von Personalmanagement!	●○○○
2	… Bekenntnis zum Mitarbeiter als Vermögenswert!	●●●○
3	… Kernaufgabe von Personalexperten!	●●○○
4	… Ausrichtung auf Arbeitsmarkt!	●●○○
5	… Bewertung und Optimierung!	●●●○
6	… gemäß ganzheitlichem Ansatz!	●●○○
7	… mit einer expliziten Zukunftsorientierung!	○○○○
8	… gruppenbezogen und unternehmensbezogen!	●●○○
9	… zentrales Personalmanagement-Aktivitätsfeld!	●○○○
10	… Wettbewerb und Chancenvielfalt!	●○○○

4.2 Weiterentwickelter Value Added Intellectual Coefficient (VAIC)

Pulićs eigene Weiterentwicklung seines Value Added Intellectual Coefficient (VAIC)-Konzeptes aus dem Jahr 2000 basiert auf einem differenzierteren Verständnis von Human Capital, das in einer veränderten Operationalisierung zum Ausdruck kommt.[147] Die Weiterentwicklung beruht jedoch auf denselben Annahmen wie der originäre VAIC-Vorläufer – etwa hinsichtlich der Messung des erbrachten Mitarbeiterinputs über Löhne und Gehälter.

Legende	
VAIC	Value Added Intellectual Coefficient: Intellectual Ability als Fähigkeit des Unternehmens zur Wertschöpfung durch Einsatz von Capital Employed und Intellectual Capital
VACA	Value Added Capital Coefficient
VAHU	Human Capital Coefficient
STVA	Structural Capital Value Added
VA	Value Added (Wertschöpfung): Differenz zwischen dem für Fertigprodukte erzielten Preis und den Kosten für bezogene Einsatzfaktoren
CE	Capital Employed: eingesetztes Kapital
HCE	Human Capital Employed, abgebildet durch Löhne und Gehälter (Personalaufwand)
SCE	Structural Capital Employed, ermittelt als Differenz zwischen Value Added und Human Capital Employed
OUT	Output: Umsatzerlöse
IN	Input: Kosten (ohne Personalaufwand)

Anstatt des Intellectual Potentials des originären VAIC wird in dem neueren Ansatz der weiter gefasste Begriff des Intellectual Capitals verwendet, das sich aus Human und Structural Capital Employed zusammensetzt. An die Stelle des physischen Kapitals tritt das eingesetzte Kapital – bestehend aus physischem und finanziellem Kapital; die Parameter Wertschöpfung und Intellectual Ability werden beibehalten.

HC := VAIC = Value Added Capital Coefficient +
Human Capital Coefficient + Structural Capital Value Added =
VACA + VAHU + STVA

Die Operationalisierung des weiterentwickelten VAIC beruht auf fünf zentralen Schritten:

1. Wie im originären Ansatz errechnet sich die Wertschöpfung als

   $$VA = OUT - IN.$$

   Die Umsatzerlöse werden in der GuV-Rechnung ausgewiesen; die Kosten ohne den Personalaufwand sind unternehmensintern zu ermitteln.

2. Der Value Added Capital Coefficient ergibt sich nun als

   $$VACA = VA / CE.$$

   Das eingesetzte Kapital ist unternehmensintern zu ermitteln.

3. Dann erfolgt die Berechnung des Human Capital Coefficient

   $$VAHU = VA / HCE,$$

   wobei HCE als Personalaufwand in der GuV-Rechnung ausgewiesen wird (wenn diese nach dem Gesamtkostenverfahren erstellt wird).

4. Anschließend wird der Anteil von Structural Capital Employed an der Schaffung des Mehrwerts berechnet. Aufgrund des unterstellten umgekehrt proportionalen Verhältnisses von Human und Structural Capital Employed gilt:

   $$STVA = SCE / VA,$$

   $$\text{wobei } SCE = VA - HCE \text{ ist.}$$

5. Schließlich ergibt sich der als Human Capital im weiteren Sinne interpretierbare weiterentwickelte Value Added Intellectual Coefficient als Summe der Koeffizienten aus 2., 3. und 4.:

   $$VAIC = VACA + VAHU + STVA.$$

Value Added-Ansätze

Im engeren Sinne könnte auch der VAHU-Wert des Schrittes 3 allein bereits als HC-Wert interpretiert werden; hier spielen die immateriellen Einflüsse des weiteren Intellectual Capitals dann keine Rolle mehr.

Wenn die Wertschöpfung des Unternehmens „positiv" ist, dann nimmt der weiterentwickelte VAIC stets Werte „größer als 0" an. Falls er „größer als 1" ist, so gilt die Organisation als effizient. Die Größe des Koeffizienten gibt somit indirekt Aufschluss über das Human Capital. Auch der Human Capital Coefficient (VAHU) als HC-Kennzahl ist – bei „positiver" Wertschöpfung – stets „größer als 0".

Rechenbeispiel (modifiziert nach *Pulić* 2000)[148]
Für ein Unternehmen gelten folgende Kennzahlen:
OUT = 6.500.000 €
IN = 5.660.000 €
CE = 1.730.000 €
HCE = 260.000 €
Dann kann man das Human Capital berechnen: 1. VA = 6.500.000 € – 5.660.000 € = 840.000 € 2. VACA = 840.000 € / 1.730.000 € = 0,49 3. VAHU = 840.000 € / 260.000 € = 3,23 4. SCE = 840.000 € – 260.000 € = 580.000 € STVA = 580.000 € / 840.000 € = 0,69 5. VAIC = 0,49 + 3,23 + 0,69 = 4,41
HC = 4,41

Interessant sind die Implikationen einer Lohnsenkung für das Human Capital: Der hier als Human Capital Employed definierte Personalaufwand wird dadurch sinken, wohingegen Human Capital Coefficient (VAHU) und damit auch VAIC eine Steigerung erfahren.

Der weiterentwickelte VAIC unterstreicht – wie auch schon der originäre VAIC – die Wertschöpfungsrelevanz der Mitarbeiter. Aufgrund der Betonung des Personalaufwands als wesentlicher Stellgröße für die Wertschöpfung des Unternehmens wird ein eindeutiges Handlungsfeld für die Optimierung des Human Capitals definiert, das Personalkostenmanagement.

Der weiterentwickelte VAIC weist ähnliche Schwachstellen wie sein Vorläufer auf: So werden Löhne und Gehälter als Ersatzgröße für das Human Capital Employed angesetzt. Es ist allerdings fraglich, ob die tatsächlichen Gehaltszahlungen von vornherein als angemessene Preise auf dem Arbeitsmarkt unterstellt werden sollten.

Weiterentwickelter Value Added Intellectual Coefficient (VAIC)		
Postulat		**Erfüllung**
1	... mehr als eine Umbenennung von Personalmanagement!	●○○○
2	... Bekenntnis zum Mitarbeiter als Vermögenswert!	●●●○
3	... Kernaufgabe von Personalexperten!	●●○○
4	... Ausrichtung auf Arbeitsmarkt!	●●○○
5	... Bewertung und Optimierung!	●●●○
6	... gemäß ganzheitlichem Ansatz!	●●○○
7	... mit einer expliziten Zukunftsorientierung!	○○○○
8	... gruppenbezogen und unternehmensbezogen!	●●○○
9	... zentrales Personalmanagement-Aktivitätsfeld!	●○○○
10	... Wettbewerb und Chancenvielfalt!	●○○○

4.3 Market Value Added (MVA)

Value Added-Ansätze

Der als Market Value Added (MVA) bezeichnete Marktwertzuwachs berechnet sich aus dem Marktwert eines Unternehmens abzüglich seines Geschäftsvermögens.[149] Er repräsentiert die Differenz zwischen dem realisierbaren Gegenwartswert, den ein Anleger heute beim Verkauf seiner Anteile erzielen würde, und dem ursprünglich investierten Kapital. Die Anwendung des MVA-Konzeptes setzt eine Börsennotierung des betrachteten Unternehmens voraus.

$$HC := MVA = \text{Marktwert} - \text{Investiertes Kapital}$$

- Der Marktwert eines Unternehmens wird als Produkt aus der Anzahl an Aktien und dem Börsenkurs einer Aktie berechnet. Dies ist der als Output für die Anteilseigner an der Börse realisierbare Wert ihrer Anlagen.
- Die Höhe des ursprünglich investierten Kapitals ergibt sich durch Addition von Eigen- und Fremdkapital auf der Passivseite der Bilanz. Dies ist der von den Anteilseignern als Input investierte Betrag.

Die mit Hilfe dieser beiden Größen zu ermittelnde „Differenz kann als nach Marktkriterien bewerteter Erfolg seit dem Zeitpunkt gesehen werden, zu dem die Anteilseigner ihr Geld in das Unternehmen gaben."[150]

In diesem Ansatz muss es Ziel des Managements sein, nicht den Wert des Unternehmens, sondern den MVA zu maximieren, da beispielsweise eine reine Eigenkapitalerhöhung per se bedeutungslos ist; vielmehr muss die Rendite der darauf basierenden Investition höher sein als die Kapitalkosten. Erst dann ist der MVA > 0.

O-Ton (*Bontis/Dragonetti/Jacobsen/Roos* 1999)
„Der MVA stellt folglich eine signifikante Gesamtbewertung der Unternehmensperformance dar und zeigt, wie gut es einem Unternehmen gelungen ist, knappe Güter einzusetzen, zu managen oder umzuschichten.“[151]

Stark vereinfacht kann man diesen MVA als Näherungsgröße für den aggregierten Wert der nicht in der Bilanz geführten Intangibles beziehungsweise für das Human Capital ansehen. Hierzu wird unterstellt, dass sich zwei Unternehmen der gleichen Branche mit vergleichbaren Vermögensausstattungen, aber unterschiedlichen MVA-Kennzahlen hinsichtlich ihrer Fähigkeiten zur wertschöpfenden Nutzung ihrer Vermögensausstattung unterscheiden, so dass der MVA indirekt Aufschluss über die Performance des Managements und damit auch über das Human Capital eines Unternehmens gibt (Abbildung 21).

Als monetäre Kenngröße kann der MVA Werte „größer als 0“ beziehungsweise „kleiner als 0“ annehmen. Werte „größer als 0“ dokumentieren eine positive Gesamtperformance des Unternehmens und repräsentieren damit ein positives Human Capital; Werte „kleiner als 0“ veranschaulichen eine schwächere Performance, die als HC-Defizit interpretiert werden kann.

Da beim MVA vom Marktwert das Eigen- und das Fremdkapital subtrahiert werden (ähnlich zur Markt-/Buchwert-Differenz, bei der allerdings nur das als Buchwert angesetzte Eigenkapital vom Marktwert abgezogen wird), gehen die HC-Werte mittels der beiden Methoden im Großen und Ganzen auch in die gleiche Richtung, sind bei Anwendung des MVA-Ansatzes allerdings durchgehend niedriger.

Vergleicht man etwa die in Abbildung 21 mit Hilfe des MVA ermittelten HC-Werte mit den auf Basis der Markt-/Buchwert-Differenz berechneten HC-Werten, so steht in beiden Fällen SAP an der Spitze der betrachteten Unternehmen, Volkswagen und DaimlerChrysler befinden sich auf den hinteren Rängen. Unterschiede zwischen diesen beiden „HC-Rankings“ der Unternehmen sind zurückzuführen auf die jeweilige absolute Höhe des Fremdkapitals als Teil des investierten Kapitals. So steht beispielsweise bei der Deutschen

Unternehmen	Marktwert[1] [Tsd. €]	Investiertes Kapital[2] [Tsd. €]	HC = Marktwert – Investiertes Kapital [Tsd. €]
SAP	23.800.000	5.248.295	**18.551.705**
Schering	8.145.000	5.392.000	**2.753.000**
Adidas-Salomon	3.738.000	4.260.719	**–522.719**
Henkel	8.120.000	9.365.000	**–1.245.000**
Linde	4.174.000	11.923.000	**–7.749.000**
MAN	1.914.000	11.627.000	**–9.713.000**
BASF	20.580.000	34.716.000	**–14.136.000**
Metro	7.510.000	22.798.000	**–15.288.000**
Deutsche Lufthansa	3.350.450	18.905.100	**–15.554.650**
Bayer	14.900.000	41.228.000	**–26.328.000**
BMW	18.991.390	54.847.000	**–35.855.610**
Siemens[3]	30.273.000	76.872.000	**–46.599.000**
Deutsche Telekom	51.400.000	125.098.000	**–73.698.000**
RWE	13.700.000	96.817.000	**–83.117.000**
Volkswagen	12.300.000	108.563.000	**–96.263.000**
DaimlerChrysler	29.730.000	181.667.000	**–151.937.000**

[1] Marktkapitalisierung zum Stichtag 31.12.2002
[2] Eigenkapital + Fremdkapital zum Stichtag 31.12.2002
[3] Jahresabschluss zum 30.09.2002

Value Added-Ansätze

Abb. 21: Der Market Value Added ausgewählter DAX30-Unternehmen

Telekom einem deutlich positiven Human Capital in Höhe von fast 16.000 Millionen Euro auf Grundlage der Markt-/Buchwert-Differenz ein negativer HC-Wert von fast –74.000 Millionen Euro nach der MVA-Methode gegenüber. Dies ist bedingt durch das hohe Fremdkapital der Telekom.

Der MVA kann als einfacher Indikator für das Human Capital betrachtet werden: Nicht originär zur HC-Berechnung konzipiert, handelt es sich bei dem MVA um eine Ersatzgröße für das Human Capital. Als Performance-Maß gibt er indirekt Aufschluss über die Humankapitalausstattung eines Unternehmens.

Der MVA-Ansatz geht von wichtigen, aber nicht immer leicht erfüllbaren Prämissen aus: So wird beispielsweise unterstellt, dass der externe Kapitalmarkt fähig ist, eine adäquate und rationale Bewertung des Unternehmens vorzunehmen. Die bei Verwendung des MVA als HC-Bewertungsansatz implizit getroffene Annahme, dass die Performance eines Unternehmens exakt den Geldwert des Human Capitals repräsentiert, ignoriert die Wirkung sonstiger Einflussfaktoren der Unternehmensperformance.

Market Value Added (MVA)		
Postulat		**Erfüllung**
1	… mehr als eine Umbenennung von Personalmanagement!	○○○○
2	… Bekenntnis zum Mitarbeiter als Vermögenswert!	●○○○
3	… Kernaufgabe von Personalexperten!	○○○○
4	… Ausrichtung auf Arbeitsmarkt!	○○○○
5	… Bewertung und Optimierung!	●●○○
6	… gemäß ganzheitlichem Ansatz!	●●○○
7	… mit einer expliziten Zukunftsorientierung!	●○○○
8	… gruppenbezogen und unternehmensbezogen!	●●○○
9	… zentrales Personalmanagement-Aktivitätsfeld!	○○○○
10	… Wettbewerb und Chancenvielfalt!	●○○○

4.4 Economic Value Added (EVA)

Der Economic Value Added (EVA) wurde Ende der 80er Jahre von dem Beratungsunternehmen Stern Stewart & Co. als wertorientierte Kennzahl für das Finanzmanagement mit dem Anspruch entwickelt, in Ergänzung zu traditionellen Finanzkennzahlen wie Return on Assets (ROA) und Return on Equity (ROE) die strategische Entscheidungsfindung zu unterstützen.[152]

Die Grundüberlegung von EVA entspricht dem Konzept des Residual Income (Residualgewinn), wonach ökonomischer Profit erst nach Entlohnung aller Produktionsfaktoren, hier insbesondere des finanziellen Kapitals, entsteht.

Legende	
EVA	Economic Value Added
$NOPAT_t$	Net Operating Profit After Taxes (in t): Netto-Betriebsergebnis nach Steuern (in t)
k	Kapitalkostensatz
iV_{t-1}	(in t–1) investiertes Vermögen

Dem EVA liegt implizit das Verständnis zugrunde, Human Capital sei das in der Ressource Mensch vorhandene Potenzial zur Unternehmenswertschöpfung. Diese Auffassung geht aus der Zielsetzung des EVA hervor, als Performance-Maß alle Zuwächse oder Abnahmen des Unternehmenswertes zu erklären. Obwohl sich der EVA nicht ausdrücklich auf das Management von Intangibles bezieht, wird argumentiert, dass ein effektives (Wissens-)Management zum Anstieg der EVA-Kennzahl führt, so dass EVA als Ersatzgröße für den Return on Human Capital interpretiert werden kann.

O-Ton (*Bontis/Dragonetti/Jacobsen/Roos* 1999)
„In der Tat stützen einige Strategieforscher die Idee, dass EVA-Kennzahlen als Ersatzgröße für den Bestand an Intellectual Capital genutzt werden können und dass EVA als Kennzahl für den Return on Intellectual Capital angesehen werden kann.“[153]

Value Added-Ansätze

Die Operationalisierung von EVA baut auf dem verwandten Konzept des Market Value Added (MVA) auf. EVA setzt dabei an der Schwachstelle des MVA-Konzeptes an, indem er nicht – wie bei MVA der Fall – positive und negative Entwicklungen einzelner Aktivitäten, Projekte oder auch des Gesamtunternehmens über Jahre hinweg aggregiert und dadurch schon Jahre alte Veränderungen ebenso stark berücksichtigt wie aktuelle Entwicklungen der Gegenwart. Stattdessen konzentriert er sich ausschließlich auf Veränderungen des MVA und so auf den Einfluss neuer Entwicklungen. Während der MVA also als statische Größe den zusätzlich geschaffenen Marktwert eines Unternehmens von seiner Gründung bis zum Berechnungszeitpunkt erfasst, wobei im Kurswert der Aktien die Erwartungen des Kapitalmarktes an die zukünftige Performance des Unternehmens, des Managements und des Human Capitals enthalten sind, wird zur Berechnung des EVA die Differenz zwischen Geschäftsergebnis und Kapitalkosten gebildet.

$$HC := EVA = \text{Geschäftsergebnis} - \text{Kapitalkosten} = NOPAT_t - k * iV_{t-1}$$

- Das Geschäftsergebnis ist definiert als operativer Gewinn nach Abzug der Ertragssteuern, jedoch vor den Kosten der Finanzierung (NOPAT). Es ist unternehmensintern zu ermitteln.
- Die Kapitalkosten sind das Produkt aus Kapitalkostensatz und investiertem Vermögen: Der intern zu berechnende Kapitalkostensatz (k = WACC: Weighted Average Cost of Capital) ergibt sich als gewichtetes Mittel aus Eigen- und Fremdkapitalkostensatz. Das investierte Vermögen (Geschäftsvermögen) ist die Summe aus dem im Betrachtungszeitraum gebundenen Anlage- und Nettoumlaufvermögen gemäß Bilanz.

Unternehmen, die den EVA verwenden, weisen diesen bisweilen auch in ihren Geschäftsberichten aus. So präsentiert etwa die Metro Gruppe in ihrem Geschäftsbericht für das Jahr 2002 Zahlen für ihre einzelnen Vertriebslinien und den Konzern (Abbildung 22). Allerdings ist hierbei zu erwähnen, dass die Metro selbst den EVA nicht explizit als Kennzahl für ihr Human Capital darstellt oder interpretiert.

Beispiel Metro Gruppe

[Mio. €]	Geschäfts-ergebnis (2002)	Geschäfts-vermögen (2002)	Kapital-kosten (2002)	**HC = EVA (2002)**	HC = EVA (2001)	**Delta EVA**
Metro Cash & Carry	693,9	5.014,2	366,0	**327,9**	262,1	**65,8**
Real	294,0	4.897,2	357,5	**–63,5**	–88,7	**25,2**
Extra	18,0	1.487,4	108,6	**–90,6**	–76,3	**–14,3**
Media Markt/Saturn	243,9	1.282,1	93,6	**150,3**	129,8	**20,5**
Praktiker	67,5	2.589,4	189,0	**–121,5**	–82,5	**–39,0**
Kaufhof	112,5	2.202,0	160,7	**–48,2**	–14,1	**–34,1**
Sonstige Gesellschaften/Konsolidierung	42,3	2.825,0	206,2	**–163,9**	–177,2	**13,3**
Metro Gruppe	**1.472,1**	**20.297,3**	**1.481,6**	**–9,5**	**–46,9**	**37,4**

Abb. 22: Die EVA-Kennzahlen der Metro Gruppe[154]

Value Added-Ansätze

Der EVA ist somit die Residualgröße von modifiziertem Periodenergebnis und Kapitalkosten auf das investierte Vermögen. EVA kann als monetäre Kennzahl Werte „größer als 0“ und „kleiner als 0“ annehmen. Die Interpretation dieser aus dem Rechnungswesen abgeleiteten Performancegröße, die die Wertänderung in der Abrechnungsperiode ausdrückt, besagt, dass ein positiver EVA-Wert einem positiven Return on Human Capital entspricht. Die Veränderung des EVA-Wertes (Delta EVA) impliziert als Zunahme ein Wertwachstum des Human Capitals, während eine Abnahme HC-Wertvernichtung dokumentiert.

Der EVA-Ansatz kann als kapitalmarktbasiertes Verfahren monetäre Werte für unternehmens- oder bracheninterne Benchmarkings bereitstellen, um die Produktivität des menschlichen Produktionsfaktors zu messen und ihn so steuern zu können.[155] Auf strategischer Unternehmensebene zur Maximierung des Shareholder Value eingesetzt, ist der EVA-Ansatz grundsätzlich auch auf Segmente, Abteilungen, Projekte oder Gruppen anwendbar, sofern die benötigten Inputdaten von der internen Rechnungslegung tatsächlich generiert werden.

Schwierigkeiten bei der Implementierung ergeben sich aufgrund der innerbetrieblichen Leistungsverrechnung (Transferpreise).

Außerdem kommt es im EVA-Konzept in Abhängigkeit von der gewählten Abschreibungsmethodik und dem Anlagenalter infolge der Buchwertorientierung zu Verzerrungen der Kapitalrendite und des ausgewiesenen EVA-Wertes im Zeitverlauf. Damit ist es der größte Nachteil von EVA, dass er auf historischen Größen des Finanz- und Rechnungswesens fußt. Er teilt damit deren Unzulänglichkeiten, da die Performance erst zeitlich verzögert

Economic Value Added (EVA)		
Postulat		**Erfüllung**
1	… mehr als eine Umbenennung von Personalmanagement!	○○○○
2	… Bekenntnis zum Mitarbeiter als Vermögenswert!	●○○○
3	… Kernaufgabe von Personalexperten!	○○○○
4	… Ausrichtung auf Arbeitsmarkt!	○○○○
5	… Bewertung und Optimierung!	●●○○
6	… gemäß ganzheitlichem Ansatz!	●●○○
7	… mit einer expliziten Zukunftsorientierung!	●○○○
8	… gruppenbezogen und unternehmensbezogen!	●●●●
9	… zentrales Personalmanagement-Aktivitätsfeld!	○○○○
10	… Wettbewerb und Chancenvielfalt!	●○○○

gewinnwirksam wird und dadurch kurzfristige Gewinnsteigerungen durch Verzicht auf langfristige Zuwächse (etwa durch Verringerung der Ausgaben für Weiterbildungsmaßnahmen) erzielt werden können.[156] Diese Problematik kann allerdings durch die Betrachtung von EVA-Veränderungen im Zeitverlauf sowie durch eine längerfristige Performance-Bewertung abgeschwächt werden. Ohne eine Aussage hinsichtlich der Nützlichkeit des EVA-Konzeptes für andere Zielsetzungen treffen zu wollen, ist der Nutzen von EVA zur Ermittlung des Human Capitals jedoch relativ beschränkt.

4.5 Human Economic Value Added (HEVA)

Eine aktuelle Erweiterung des EVA-Konzeptes stammt von *Fitzenz*, der für die Berechnung des „Human Economic Value Added" (HEVA) die Division des Economic Value Added durch die Größe „Full-Time Equivalent" (FTE) vorschlägt.[157]

Legende	
HEVA	Human Economic Value Added
EVA	Economic Value Added
$NOPAT_t$	Net Operating Profit After Taxes (in t): Netto-Betriebsergebnis nach Steuern (in t)
k	Kapitalkostensatz
iV_{t-1}	(in t–1) investiertes Vermögen
FTE	Full-Time Equivalent: Vollzeitkraft

Durch diese Erweiterung des klassischen EVA-Ansatzes wird dem durchschnittlichen Vollzeitbeschäftigten ein anteiliger, individuumsbezogener EVA-Wert zugerechnet.

$$HC := HEVA = \frac{\text{Geschäftsergebnis} - \text{Kapitalkosten}}{\text{FTE}} = \frac{\text{EVA}}{\text{FTE}}$$

- Das Geschäftsergebnis ist der unternehmensintern zu ermittelnde operative Gewinn nach Abzug der Ertragssteuern und vor den Kosten der Finanzierung (NOPAT).
- Die Kapitalkosten ergeben sich durch Multiplikation des ebenfalls intern zu berechnenden Kapitalkostensatzes (k = WACC: Weighted Average Cost

of Capital, als gewichtetes Mittel aus dem Eigen- und dem Fremdkapitalkostensatz) mit dem investierten Vermögen (iV: Summe aus im Betrachtungszeitraum gebundenem Anlage- und Nettoumlaufvermögen gemäß der Bilanz).

- Der Kenngröße FTE liegt eine Umrechnung der absoluten Mitarbeiterzahlen in Vollzeitkräfte zugrunde. Die entsprechenden Zahlenwerte sind entweder aus dem Geschäftsbericht ablesbar oder aber unternehmensintern generierbar.

Durch Verwendung von in Geschäftsberichten publizierten EVA- und FTE-Kennzahlen kann man dann den HEVA wie im Beispiel der Metro berechnen (Abbildung 23). Hierzu ist anzumerken, dass die Metro zwar die Anzahl ihrer Mitarbeiter auf Basis von Vollzeitkräften sowie ihren Economic Value Added ausweist, jedoch nicht die mit Hilfe dieser Kennzahlen zu berechnenden HEVA-Werte generiert und auch nicht selbst den Bezug zur HC-Bewertung herstellt.

Value Added-Ansätze

Beispiel Metro Gruppe			
	EVA (2002) [Mio. €]	FTE	**HC = HEVA (2002) [€]**
Metro Cash & Carry	327,9	72.010	**4.553,53**
Real	–63,5	34.526	**–1.839,19**
Extra	–90,6	13.311	**–6.806,40**
Media Markt/Saturn	150,3	25.398	**5.917,79**
Praktiker	–121,5	14.861	**–8.175,76**
Kaufhof	–48,2	21.270	**–2.266,10**
Sonstige Gesellschaften/ Konsolidierung	–163,9	10.136	**–16.170,09**
Gesamt	**–9,5**	**191.512**	**–49,61**

Abb. 23: Die HEVA-Kennzahlen der Metro Gruppe[158]

Mit Hilfe des HEVA-Ansatzes kann eine individuumsbezogene monetäre HC-Kennzahl errechnet werden. Sie kann Werte „größer als 0“ und „kleiner als 0“ annehmen. Dabei verdeutlicht ein Wert im negativen Bereich ein HC-Defizit der betrachteten Untersuchungseinheit (im Metro-Beispiel bei Real), wohingegen ein positiver Wert das Vorhandensein von Human Capital impliziert (im Metro-Beispiel bei Media Markt/Saturn). Dabei handelt es sich allerdings um Durchschnittswerte für eine „durchschnittliche Vollzeitkraft“. Man verwendet den HEVA als HC-spezifische, individuumsbezogene Weiterentwicklung des EVA, wenn man anstelle eines gesamtunternehmensbezogenen HC-Wertes (EVA) einen individuumsbezogenen HC-Durchschnittswert (HEVA) benötigt.

Zentrale Handlungsfelder für die Optimierung des Human Capitals erschließen sich damit in der Personalveränderung und im Personaleinsatz: Die Beschaffung sowie die Freisetzung von Personal haben, ebenso wie die Umwandlung von Vollzeit- in Teilzeitbeschäftigungsverhältnisse (und umgekehrt), unmittelbaren Einfluss auf die Größe FTE und damit auf den HC-Wert.

Der HEVA-Ansatz weist durch die Anlehnung an den kapitalmarktbasierten Economic Value Added im Wesentlichen die gleichen Stärken auf wie dieser: die Ausrichtung am Shareholder Value sowie der Ausweis einer monetären HC-Kennzahl. Hervorzuheben ist die unternehmensintern relativ einfache Ermittelbarkeit des Human Capitals mit Hilfe des HEVA.

Die Aussagekraft der mittels HEVA errechneten HC-Kennzahl für den einzelnen Mitarbeiter sollte nicht allzu hoch eingeschätzt werden, da die zugrunde liegende Durchschnittswertbildung mittels Division durch FTE lediglich einen sehr groben Näherungswert für das tatsächliche Human Capital von Individuen liefern kann. Die Verwendung eines Durchschnitts unterstellt nämlich das gleiche Human Capital für jeden einzelnen Humankapitalträger. Die gesamtunternehmensbezogene HC-Ermittlung des EVA-Ansatzes dürfte insgesamt nützlicher sein.

Eine groteske Logik des Ansatzes wird offenbar, wenn man sich anschaut, was passiert, wenn ein Mitarbeiter freigesetzt wird: Eine solche Verringerung des Personalbestandes bedeutet eine Reduktion von FTE, die sich (bei positivem Economic Value Added) im Ergebnis HC-wertsteigernd auswirkt. Die Entlassung von Humankapitalträgern erhöht also den HEVA-Wert.

Human Economic Value Added (HEVA)		
Postulat		**Erfüllung**
1	… mehr als eine Umbenennung von Personalmanagement!	●○○○
2	… Bekenntnis zum Mitarbeiter als Vermögenswert!	●●●○
3	… Kernaufgabe von Personalexperten!	●●○○
4	… Ausrichtung auf Arbeitsmarkt!	○○○○
5	… Bewertung und Optimierung!	●●●○
6	… gemäß ganzheitlichem Ansatz!	●●○○
7	… mit einer expliziten Zukunftsorientierung!	●○○○
8	… gruppenbezogen und unternehmensbezogen!	●●●●
9	… zentrales Personalmanagement-Aktivitätsfeld!	●●○○
10	… Wettbewerb und Chancenvielfalt!	●○○○

4.6 Workonomics

Value Added-Ansätze

Der von der Unternehmensberatung Boston Consulting Group (BCG) entwickelte Workonomics-Ansatz[159] basiert auf den Shareholder Value-Konzepten Cash Value Added (CVA) beziehungsweise Economic Value Added (EVA). Der Cash Value Added der Boston Consulting Group stellt eine Cash-Flow-orientierte Variante von EVA dar, wobei der CVA den Wertbeitrag einer Investition abbildet, der über die dafür notwendigen Kapitalkosten hinausgeht. Durch verschiedene Anpassungen lassen sich die beiden Kennzahlenkonzepte EVA und CVA einander annähern.[160]

O-Ton (*Barber/Zimmermann* 2001)
„Die heutigen technologiebasierten Unternehmen werden durch das intellektuelle Format ihrer Mitarbeiter, die Qualität ihrer Dienstleistungen und die Fähigkeit, die produktivsten Mitarbeiter anzuziehen und zu binden, geprägt. Führungskräfte, die sich auf intuitive Methoden zur Bewertung der Beiträge des Human Capitals verlassen, verursachen für ihre Unternehmen einen Wettbewerbsnachteil.“[161]

O-Ton (*Barber/Mei-Pochtler/Strack* o.J.)
„Ziel ist es, einen vergleichbaren Grad von Transparenz und Struktur in den Faktor ‚Mensch' zu bringen, wie dies den kapitalbasierten Systemen gelingt, und so beide Systeme zu verbinden."[162]

Grundüberlegung des Workonomics-Konzeptes ist, dass Kontroll-, Mess- und Steuerungssysteme, die in kapitalintensiven Geschäftsbereichen beziehungsweise Unternehmen Anwendung finden, analog auch in personalintensiven Geschäftsfeldern (gerade in der zur Entstehungszeit des Ansatzes noch boomenden New Economy) eingesetzt werden können. Dabei sollten allerdings nicht das eingesetzte Kapital, sondern Menschen im Mittelpunkt der Betrachtung stehen.

Legende	
CVA	Cash Value Added (Übergewinn) [€]: Differenz aus der Wertschöpfung pro Mitarbeiter und den durchschnittlichen Mitarbeiterkosten multipliziert mit der Anzahl der Mitarbeiter
CVA / P	Cash Value Added per Person (Übergewinn pro Mitarbeiter) [€]
VAP	Value Added per Person (Wertschöpfung pro Mitarbeiter) [€]: drückt die Produktivität, das heißt die durchschnittliche Wertschöpfung der Mitarbeiter nach Abzug der Kapitalkosten, aus, indem vom Umsatz die Kosten (ohne Personal-, inklusive Kapitalkosten) abgezogen werden und das Ergebnis durch die Anzahl der Mitarbeiter geteilt wird
ACP	Average Cost per Person (durchschnittliche Personalkosten pro Mitarbeiter) [€]
P	Anzahl Mitarbeiter
VA	Value Added (Wertschöpfung) [€]
U	Umsatzerlöse [€]
MC	Material Costs (Materialaufwand plus sonstige Aufwendungen und Anpassungen) [€]
ÖA	Ökonomische Abschreibungen [€]
KK	Kapitalkosten [%]
IK	Investiertes Kapital (zu historischen Anschaffungs- und Herstellkosten) [€]
PC	Personnel Costs (Personalaufwand) [€]

Value Added-Ansätze

Die Ermittlung des als individuumsbezogener HC-Wert zu interpretierenden Cash Value Added per Person mit Hilfe von Workonomics beruht auf drei Kennzahlen:

- $VAP\left(=\frac{VA}{P}=\frac{U-MC-ÖA-KK*IK}{P}\right)$,
- $ACP\left(=\frac{PC}{P}\right)$ und
- P.

Die zur Übergewinn-Berechnung benötigten Daten sind dem Geschäftsbericht zu entnehmen beziehungsweise müssen unternehmensintern bereitgestellt werden.

Der als „Übergewinn pro Mitarbeiter" bezeichnete durchschnittliche CVA pro Mitarbeiter (CVA / P) repräsentiert dann das (durchschnittliche) individuelle Human Capital.

$$HC := \text{Übergewinn pro Mitarbeiter} = \frac{CVA}{P} = \left(\frac{VA}{P} - \frac{PC}{P}\right)$$

Value Added-Ansätze

Insgesamt gilt der Übergewinn CVA als zentrale Steuerungskennzahl für Unternehmen. Der Ansatz zeige folglich „einen neuen Weg zur quantitativen und wertorientierten Steuerung des Human Capitals auf".[163]

Im Rahmen der Implementierung des Ansatzes (Abbildung 24) wird die Konzipierung von „Werthebelbäumen", Scorecards und Cockpitdarstellungen empfohlen; mit ihrer Hilfe sollen die den einzelnen Einflussfaktoren des Übergewinns pro Mitarbeiter zugrunde liegenden Ursache-Wirkungs-Zusammenhänge grafisch aufbereitet und transparent gemacht werden. Im Sinne einer HC-Optimierung werden dann verschiedene Maßnahmen zur Wertschaffung beziehungsweise Wertsteigerung vorgeschlagen:

- Verbesserung des VAP (etwa durch Training oder Recruiting),
- Ausbau der Mitarbeiterbasis durch profitables Wachstum der Beschäftigten P (wenn der potenzielle VAP neu einzustellender Mitarbeiter höher als ihre ACP ist) oder
- Senkung der Personalkosten ACP (beispielsweise durch Einführung variabler Vergütungsmodelle).

Unternehmen	Wertschöpfung pro Mitarbeiter (VAP) [€]	Kosten pro Mitarbeiter (ACP) [€]	HC = Übergewinn pro Mitarbeiter (CVA / P) [€]
SAP	136.000	89.000	**47.000**
Volkswagen	75.000	45.000	**30.000**
Deutsche Telekom	77.000	57.000	**20.000**
Henkel	59.000	42.000	**17.000**
Schering	62.000	53.000	**9.000**
Deutsche Lufthansa	63.000	55.000	**8.000**
Adidas-Salomon	53.000	46.000	**7.000**
RWE	62.000	57.000	**5.000**
Metro	29.000	24.000	**5.000**
Linde	54.000	51.000	**3.000**
Siemens	52.000	52.000	**0**
BMW	53.000	53.000	**0**
MAN	48.000	50.000	**–2.000**
Bayer	59.000	63.000	**–4.000**
BASF	50.000	62.000	**–12.000**

Value Added-Ansätze

Abb. 24: Workonomics für ausgewählte DAX30-Unternehmen (1998) (modifiziert nach Nölting 2000)[164]

Die ursprüngliche Idee des Workonomics-Ansatzes ist der Ausweis einer pro-Kopf-bezogenen Mitarbeiter-Wertschöpfungskennzahl, die als Human Capital interpretiert werden kann. Dieser Cash Value Added per Person kann als monetäre Größe positive und negative Werte annehmen. Ein negativer Übergewinn pro Mitarbeiter deutet dabei auf ein HC-Defizit hin, während ein positiver individueller Übergewinn den Wert vorhandenen Human Capitals quantifiziert. So resultiert beispielsweise im Vergleich zu BMW die höhere Produktivität der Volkswagen-Mitarbeiter bei niedrigeren durchschnittlichen Personalkosten in einem deutlich höheren Übergewinn pro Mitarbeiter.

Da es sich bei dieser individuumsbezogenen HC-Kennzahl „Übergewinn pro Mitarbeiter" lediglich um einen über die Gesamtbelegschaft der betrachteten Untersuchungseinheit gebildeten einfachen Durchschnittswert handelt, nimmt dieser für alle Mitarbeiter der jeweiligen Untersuchungseinheit die gleiche Höhe an (zum Beispiel wird für jeden Mitarbeiter von Schering ein Cash Value

Added per Person in Höhe von 9.000 Euro berechnet). Folglich führt eine Multiplikation mit der gesamten Mitarbeiteranzahl zu einem gesamtunternehmensbezogenen HC-Wert, dem CVA (beziehungsweise EVA). In seiner Funktionsweise ist Workonomics damit letztlich identisch mit diesen beiden klassischen Übergewinnverfahren.

Da Workonomics wahlweise entweder mit der Finanzkennzahl CVA oder mit Hilfe des EVA zu berechnen ist, ähnelt die HC-Kennzahl „Übergewinn pro Mitarbeiter" aus Workonomics auch dem von *Fitz-enz* vorgeschlagenen „Human Economic Value Added" (HEVA)[165], der allerdings anstatt einer Division durch die (absolute) Mitarbeiterzahl den Economic Value Added durch die Größe „Full-Time Equivalent" (FTE) dividiert.

Die Stärke von Workonomics liegt in der Betonung des wertschöpfenden Charakters der Mitarbeiter eines Unternehmens. Durch die Verwendung finanzwirtschaftlich etablierter Kennzahlen und deren Übertragung auf den Personalbereich wird eine breite, abteilungsübergreifende Akzeptanz des Ansatzes in der Praxis angestrebt. Im Sinne der Schaffung einer gemeinsamen Sprache sollen letztlich finanz- und personalwirtschaftliche Herausforderungen unternehmensintern besser koordinierbar sein.

Value Added-Ansätze

Das notwendige Zahlenmaterial zur Berechnung des VAP (etwa Umsatz- und Materialkostenzahlen, Abschreibungsbeträge) lässt sich in der Regel nur auf Gesamtunternehmensebene, bestenfalls auf der Ebene einzelner Filialen oder Geschäftsstellen erfassen. Folglich können „EVA- und CVA-Werte nur für solche Segmente errechnet werden, für die auch (rudimentäre) Jahresabschlüsse aufstellbar sind".[166] Daher „disaggregiert" das Workonomics-Konzept vom unternehmensbezogenen HC-Wert CVA zum mitarbeiterbezogenen HC-Wert CVA / P durch eine bloße Durchschnittswertbildung (Division durch die Mitarbeiterzahl). Der Value Added per Person lässt somit keine Rückschlüsse auf die tatsächliche individuelle Pro-Kopf-Wertschöpfung eines einzelnen Mitarbeiters zu – der VAP des Vorstandsvorsitzenden muss darum mit dem seines Chauffeurs identisch sein.

Auch die grundsätzliche Relevanz des menschlichen Produktionsfaktors in Workonomics ist fragwürdig, da der Bezug zu der Kennzahl „Anzahl Mitarbeiter" (P) nur künstlich hergestellt wird, indem durch eine mathematische Äquivalenzumformung der CVA-Gleichung der Faktor P überhaupt erst in die Grundformel des CVA eingebracht wird. Die Formel

$$CVA = VA - PC \text{ wird erweitert zu } CVA = \left(\frac{VA}{P} - \frac{PC}{P}\right) * P.$$

Dieses Aufblähen der CVA-Formel wirkt beliebig und P wird dadurch nicht zu einer HC-Stellschraube: Denn egal, ob P steigt oder fällt, ob Mitarbeiter eingestellt oder entlassen werden oder ob P = 1 oder P = 100.000, der CVA bleibt immer gleich: Die Zahl der Mitarbeiter (P) besitzt in Workonomics somit keine Steuerungsrelevanz.

Workonomics		
Postulat		**Erfüllung**
1	... mehr als eine Umbenennung von Personalmanagement!	●○○○
2	... Bekenntnis zum Mitarbeiter als Vermögenswert!	●●●●
3	... Kernaufgabe von Personalexperten!	●●○○
4	... Ausrichtung auf Arbeitsmarkt!	○○○○
5	... Bewertung und Optimierung!	●●●○
6	... gemäß ganzheitlichem Ansatz!	●●○○
7	... mit einer expliziten Zukunftsorientierung!	●○○○
8	... gruppenbezogen und unternehmensbezogen!	●●●●
9	... zentrales Personalmanagement-Aktivitätsfeld!	●●○○
10	... Wettbewerb und Chancenvielfalt!	●●○○

4.7 Knowledge Capital

●

Der Knowledge Capital-Ansatz wurde Ende der 90er Jahre von *Strassmann* – teilweise inspiriert[167] durch *Levs* Arbeiten zum Knowledge Capital Scoreboard[168] – entwickelt, um den Wert der Mitarbeiter einer Organisation zu bestimmen, da sie die Träger des Wissenskapitals sind und die Kenntnis ihrer Fähigkeiten die Voraussetzung für deren Nutzung ist.[169] Der Wert des (Corporate) Knowledge Capitals (CKC) bildet die Obergrenze für den Wert des Human Capitals eines Unternehmens.

Der für die HC-Ermittlung relevante Knowledge Value Added stellt den jährlichen Ertrag eines Unternehmens aus seinen Knowledge Capital Assets dar. Der Knowledge Value Added wird hierbei auch als Management Value Added (Wertschöpfung des Managements) bezeichnet und mit dem Economic Value Added (dem ökonomischen Mehrwert) gleichgesetzt.

Legende	
EVA	Economic Value Added
$NOPAT_t$	Net Operating Profit After Taxes (in t): Netto-Betriebsergebnis nach Steuern (in t)
k	Kapitalkostensatz
iV_{t-1}	(in t–1) investiertes Vermögen

O-Ton (*Strassmann* 1998)

„Die Berechnung des Management Value Added ermöglicht es, den Wert derjenigen Leute zu bestimmen, die das akkumulierte Wissen über ein Unternehmen besitzen. Diese sind die Träger des Knowledge Capitals. Das sind die Leute, die ihren Arbeitsplatz jeden Abend verlassen (und vielleicht nie zurückkehren) und zugleich Wissen in ihren Köpfen abspeichern, das sie sich bei voller Bezahlung angeeignet haben."[170]

Value Added-Ansätze

Dem Ansatz liegt die Annahme zugrunde, dass zwischen den Kosten, die für bestimmte Maßnahmen anfallen (zum Beispiel für Weiterbildung zur Steigerung des Human Capitals), und dem grundsätzlichen Gewinnsteigerungspotenzial dieser Maßnahmen kein linearer Zusammenhang besteht: So werden zwei identische Personalentwicklungsmaßnahmen mit identischen Budgets trotzdem in der Regel unterschiedliche Nutzwerte für die Zielgruppe haben. Daher wird der in seinem Nutzen liegende Wert des Wissenskapitals nicht mit Hilfe von Kosten gemessen, sondern mit Hilfe des Preises (Price of Capital), den ein Kunde dafür zu zahlen bereit ist.

$$HC := CKC = \frac{\text{Geschäftsergebnis} - \text{Kapitalkosten}}{\text{Price of Capital}} = \frac{\text{EVA}}{\text{Price of Capital}}$$

- Der Economic Value Added (EVA) ist unternehmensintern durch Subtraktion der Kapitalkosten vom Geschäftsergebnis (Net Operating Profit After Taxes: NOPAT) ermittelbar. Dabei werden die Kapitalkosten durch Multiplikation des Kapitalkostensatzes (k) mit dem investierten Vermögen (iV) berechnet.

- Zur Bestimmung des Price of Capital können verschiedene Kapitalmarktmodelle herangezogen werden, wie zum Beispiel das Capital Asset Pricing Model (CAPM), das die Kapitalkosten einer Anlage unter Berücksichtigung des systematischen Risikos ermittelt.[171] *Strassmann* argumentiert jedoch, dass im Rahmen seines Knowledge Capital-Ansatzes der Marktpreis die geeignetere Bestimmungsgröße sei, und setzt diesen in Höhe der Zinsaufwendungen an, die bei einem Unternehmen für dessen langfristige Verbindlichkeiten tatsächlich anfallen. Daher wird der Zinssatz für langfristige Verbindlichkeiten im Nenner der Formel eingesetzt (zum Beispiel 0,1 für einen Langfristzinssatz von 10 %).

Nach Division der monetären EVA-Größe durch einen als Dezimalzahl dargestellten Zinssatz (= Price of Capital) wird das CKC als monetäre unternehmensbezogene HC-Kennzahl ausgewiesen (Abbildung 25).

Beispiel Abbott Laboratories			
Jahr	EVA [Tsd. US-$]	Price of Capital	**HC = CKC [Tsd. US-$]**
1991	783.180	9,54 % = 0,0954	**8.209.434**
1992	1.066.319	5,16 % = 0,0516	**20.665.097**
1993	1.225.669	4,72 % = 0,0472	**25.967.564**
1994	1.326.766	4,69 % = 0,0469	**28.289.254**
1995	1.482.928	4,68 % = 0,0468	**31.686.496**
1996	1.683.442	4,12 % = 0,0412	**40.860.243**
1997	1.847.028	4,95 % = 0,0495	**37.313.697**
1998	2.038.406	5,16 % = 0,0516	**39.503.992**

Abb. 25: Das Corporate Knowledge Capital von Abbott Laboratories (modifiziert nach Strassmann 1999)[172]

Der CKC kann Werte „größer als 0“ (wenn EVA > 0) oder „kleiner als 0“ (wenn EVA < 0) annehmen. Dieser unternehmensbezogene HC-Wert wird umso größer sein, je höher der EVA-Wert ist und (im Fall „größer als 0“) je niedriger der angesetzte Zinssatz für den Price of Capital ist.

Neben dieser Ermittlung des CKCs für das Gesamtunternehmen schlägt *Strassmann* außerdem die Berechnung des individuumsbezogenen Personal Knowledge Capitals (PKC) vor. Hierbei geht es um die Kalkulation von je nach konkreter Arbeitsmarktlage unterschiedlich riskanten Investitionen in die Beschaffung neuer Mitarbeiter. Die diesbezüglichen Vorschläge befinden sich allerdings noch in der Konzeptionsphase.

Strassmann unterbreitet mit seinem Knowledge Capital einen Vorschlag zur monetären Bewertung des gesamtunternehmensbezogenen Human Capitals, dessen Berechnung auf unternehmensintern in der Regel gut verfügbarem Datenmaterial beruht. Dabei fällt besonders die explizite Marktorientierung durch Verwendung von Marktpreisen in Form des Price of Capital (als Zinssatz beim CKC) positiv auf.

Da der unternehmensbezogene CKC-Wert auf der EVA-Kennzahl beruht, teilt er deren Unzulänglichkeiten: So bedingt die Buchwertorientierung dieses Performance-Maßes eine Betonung von Vergangenheitsdaten, die auch durch Verwendung des Price of Capital nicht ausgeglichen werden kann.

Knowledge Capital		
Postulat		**Erfüllung**
1	… mehr als eine Umbenennung von Personalmanagement!	●○○○
2	… Bekenntnis zum Mitarbeiter als Vermögenswert!	●●●○
3	… Kernaufgabe von Personalexperten!	●●○○
4	… Ausrichtung auf Arbeitsmarkt!	●●○○
5	… Bewertung und Optimierung!	●●○○
6	… gemäß ganzheitlichem Ansatz!	●●○○
7	… mit einer expliziten Zukunftsorientierung!	●●○○
8	… gruppenbezogen und unternehmensbezogen!	●●●●
9	… zentrales Personalmanagement-Aktivitätsfeld!	●○○○
10	… Wettbewerb und Chancenvielfalt!	●○○○

4.8 Total Value Creation (TVC)

Der von *Anderson* und *McLean* vom Canadian Institute of Chartered Accountants entwickelte Ansatz Total Value Creation (TVC) befindet sich noch in der Entstehungsphase.[173] Er ist als System zur Messung und Abbildung der Wertschaffungsperformance einer Organisation zwecks Unterstützung der Entscheidungsfindung des Managements konzipiert worden. Folgende Überlegungen bilden Grundlagen des Ansatzes:

- Es ist zu unterscheiden zwischen Value Realization im Sinne von in der Vergangenheit durch Transaktionen mit Dritten realisierter Wertschöpfung, die in der traditionellen Rechnungslegung abgebildet wird, und „Value Creation" als dem neuen, parallel zu herkömmlichen Rechnungslegungsaktivitäten zu berücksichtigenden Konzept, das neben der vergangenheitsorientierten, an den Shareholdern ausgerichteten Wertschöpfung auch jegliche weitere Wertschaffung durch beziehungsweise für sonstige Stakeholder gegenwarts- und zukunftsbezogen berücksichtigt.
- „Total" bedeutet in diesem Kontext die Einbindung sowohl finanzieller als auch nicht-finanzieller Werte sowie die Betrachtung von geschaffenem Wert aus Sicht sämtlicher Stakeholder, zusätzlich zu der Shareholder-Perspektive.

Der Ansatz betont somit explizit die Bedeutung der unterschiedlichen Stakeholder einer Organisation (Kunden, Zulieferer, Gesellschaft, Shareholder sowie Mitarbeiter) als „Wertschaffer". Daher erfolgt die Ermittlung des Human Capitals durch die Bestimmung der Mitarbeiter-Wertschöpfung (Employee Value Creation).

Die Operationalisierung des Ansatzes beruht auf einer Discounted Cash-Flow-Methode, die zukünftige Cash-Flows um störende Einflüsse (Zeit, Zinssatz, Risiko) korrigiert. Eine weitere Konkretisierung dieser Überlegungen steht derzeit allerdings noch aus.

Der Ansatz beansprucht für sich, zusätzlich zu der (in der Vergangenheit erfolgten) Value Realization auch die (zukünftig erwartete) Value Creation in der Rechnungslegung zu berücksichtigen: Dazu wird die bisweilen vorgeschlagene Aktivierung und Abschreibung immaterieller Vermögensgegenstände als richtige, weiter auszubauende Maßnahme angesehen. Allerdings wird diese allein für nicht ausreichend gehalten, weil durch die bilanzielle Erfassung nur die Value Realization, nicht die Value Creation dokumentiert und erfasst werde. So sind Kosten für Forschung und Entwicklung der Vergangenheit Sunk Costs, die nicht notwendigerweise in Zusammenhang mit der hierdurch verursachten Value Creation stehen.

Trotz des geringen Reifegrades des TVC-Ansatzes und der damit einhergehenden Schwierigkeit einer kritischen Beurteilung ist die beabsichtigte Integration in die klassischen Rechnungslegungssysteme positiv zu beurteilen.

Die Überlegungen zur Implementierung des TVC-Ansatzes sind recht allgemein gehalten: Es wird lediglich die Notwendigkeit erläutert, im Unterschied zu anderen aktuellen Ansätzen wie Economic Value Added oder Balanced Scorecard, die sich überwiegend außerhalb des Systems der klassischen Rechnungslegung bewegen, eine Vorgehensweise im Einklang damit zu wählen. Die im TVC-Ansatz vorgesehene Discounted Cash-Flow-Methode stellt dabei methodisch keine bemerkenswerte Neuerung dar.

Total Value Creation (TVC)		
Postulat		**Erfüllung**
1	... mehr als eine Umbenennung von Personalmanagement!	●○○○
2	... Bekenntnis zum Mitarbeiter als Vermögenswert!	●●●●
3	... Kernaufgabe von Personalexperten!	●○○○
4	... Ausrichtung auf Arbeitsmarkt!	●○○○
5	... Bewertung und Optimierung!	●○○○
6	... gemäß ganzheitlichem Ansatz!	●●○○
7	... mit einer expliziten Zukunftsorientierung!	●●○○
8	... gruppenbezogen und unternehmensbezogen!	●●○○
9	... zentrales Personalmanagement-Aktivitätsfeld!	○○○○
10	... Wettbewerb und Chancenvielfalt!	○○○○

Value Added-Ansätze

4.9 Kosten-Nutzen-Analyse (KNA)

Die Kosten-Nutzen-Analyse (KNA) im weitesten Sinne umfasst Methoden zur Wirtschaftlichkeitsanalyse. Im Einzelnen unterscheidet man

- die rein auf monetären Größen beruhende Kosten-Nutzen-Analyse (KNA im engeren Sinne),
- die Kostenwirksamkeitsanalyse, deren Wirkungen nicht monetär bewertbar sind, und
- die Nutzwertanalyse, die statt eines Nettonutzens die Zielerreichungsgrade hierarchisierter und gewichteter Ziele addiert.[174]

Bei der KNA im engeren Sinne handelt es sich ursprünglich um ein makroökonomisches Evaluationsverfahren zur Beurteilung der Wirtschaftlichkeit bestimmter Handlungsmethoden, Maßnahmen, Aktivitäten oder Projekte. Statt eines Marktpreises, der gegebenenfalls gar nicht ermittelbar ist, werden Schattenpreise (Verrechnungspreise) in zielentsprechende Kosten- und Nutzenwerte transformiert.[175] Diese Betrachtung ist – je nach verfügbarem Datenmaterial – grundsätzlich auf Gesamtunternehmensebene sowie auf Gruppenebene, aber auch für den einzelnen Mitarbeiter möglich.

HC := Nutzen – Kosten

- Dabei wird der etwa durch eine betrachtete Gruppe von Mitarbeitern generierte Nutzen (beispielsweise in Höhe des durch sie geschaffenen Umsatzes)
- den für diese Gruppe anfallenden Kosten (etwa durch Beschaffung und Entwicklung dieser Mitarbeiter) gegenübergestellt.

Zur Operationalisierung der KNA werden sämtliche positiven und negativen Wirkungen in Geldgrößen ausgedrückt. Übersteigt der Nutzen die Kosten, so wird ein positiver HC-Wert errechnet; sind die Kosten höher als der Nutzen, dann ist die ausgewiesene monetäre HC-Kennzahl negativ.

Die Nähe zur Investitionsrechnung zeigt sich bei der Interpretation der in einer KNA zu berücksichtigenden Fluktuation als „Desinvestition von Human Capital". Für solche Vorgänge, für die es keine Marktpreise gibt und die deshalb auch keinen unmittelbaren Niederschlag im betrieblichen Rechnungswesen finden, werden die mittelbaren, mit Zahlungen verbundenen Folgen (hier: Fluktuationskosten) angesetzt.[176] Betrachtet man die als Human Capital interpretierbare Differenz aus Nutzen und Kosten, so wirkt sich ein Anstieg der Fluktuation und der damit verbundenen Kosten folglich HC-mindernd aus. Als zentrales personalwirtschaftliches Handlungsfeld für eine HC-Optimierung ergibt sich bei der KNA daher das Personalkostenmanagement.

Die Implementierung der KNA erfolgt im Rahmen des Personalcontrollings[177] als nutzenorientiertes Rentabilitätscontrolling, mit Hilfe dessen die Wirtschaftlichkeit von konkreten Bildungsmaßnahmen oder spezifischen Wissensmanagement-Aktivitäten des Personalbereichs überprüft und dadurch indirekt das Human Capital einer Organisation quantitativ ermittelt wird.

O-Ton (*Rühle* 1999)

„Die Bewertung erfolgt aus Sicht der Kosten und (monetären) Nutzen für das Unternehmen. Mitarbeiterinteressen werden dabei dann als positiv durch die Investition betroffen betrachtet, wenn sie sich in erwarteten monetären Vorteilen für das Unternehmen niederschlagen wie beispielsweise bereitgestellte Möglichkeiten der Selbstverwirklichung der Mitarbeiter, die in reduzierten Fluktuationskosten und/oder in geringeren Ausschusskosten münden.“[178]

Die KNA ist somit streng am unternehmerischen Gewinninteresse ausgerichtet.[179] Die notwendigerweise langfristige Durchführung der KNA stellt keinen reinen Bewertungsansatz dar und erhebt auch nicht den Anspruch, Kosten und Nutzen völlig objektiv zu erfassen; vielmehr wird versucht, diese grob abzuschätzen und so zugleich zur Steuerung zu verwenden.[180]

Die KNA kann im Rahmen eines Personalcontrollings indirekt Aufschluss über das Human Capital eines Unternehmens oder einer Abteilung geben. Dabei ist es sowohl für die Implementierung als auch für die zu erwartende Akzeptanz dieses HC-Bewertungsansatzes vorteilhaft, dass die grundsätzliche Vorgehensweise der KNA aus anderen Managementbereichen bekannt ist und man letztlich monetäre HC-Kennzahlen erhält.

Value Added-Ansätze

Die Quantifizierung emotionaler Nutzenwirkungen im Rahmen einer KNA stößt schnell an ihre Grenzen, da hier eine Erfolgsmessung in Geldeinheiten kaum möglich ist.[181] Analog dürfte die Nutzenmessung nicht manuell tätiger Arbeitskräfte, gerade im Dienstleistungssektor, problematisch sein, da beispielsweise Werte wie der „Umsatz pro Mitarbeiter“ höchstens Näherungslösungen für deren tatsächlichen Nutzen darstellen.

Die grundsätzlichere Frage ist, welche Kosten überhaupt berücksichtigt werden sollen und welche Wirkungen den entsprechenden Nutzen repräsentieren.[182] Somit dürfte die Aufrechnung von Kosten und Nutzen in der Praxis sehr schwierig sein. Zwar wird der KNA-Ansatz in der Literatur als Möglichkeit zur Quantifizierung des Wissens diskutiert;[183] nichtsdestotrotz wird er nur sehr bedingt eine adäquate Grundlage für die Messung des Human Capitals sein.

Kosten-Nutzen-Analyse (KNA)		
Postulat		**Erfüllung**
1	… mehr als eine Umbenennung von Personalmanagement!	●○○○
2	… Bekenntnis zum Mitarbeiter als Vermögenswert!	●●●○
3	… Kernaufgabe von Personalexperten!	●●○○
4	… Ausrichtung auf Arbeitsmarkt!	●●○○
5	… Bewertung und Optimierung!	●●○○
6	… gemäß ganzheitlichem Ansatz!	●●○○
7	… mit einer expliziten Zukunftsorientierung!	●●○○
8	… gruppenbezogen und unternehmensbezogen!	●●●●
9	… zentrales Personalmanagement-Aktivitätsfeld!	●●○○
10	… Wettbewerb und Chancenvielfalt!	●○○○

5. Ertragsorientierte Ansätze

Die ertragsorientierten Ansätze basieren auf der Ermittlung von Rückflüssen für einen festgelegten Zeitraum, die auf den Netto-Gegenwartswert abgezinst werden. Im Ergebnis sollen sie dann monetäre HC-Kennzahlen ausweisen.

Den ertragsorientierten Ansätzen liegt im Wesentlichen folgende **Basisformel** zugrunde:

$$\mathbf{HC := \frac{Ertragsgröße}{Kapitalkostensatz}}$$

5.1 Calculated Intangible Value (CIV)

Der Calculated Intangible Value (CIV)-Ansatz ermittelt das immaterielle Vermögen von Unternehmen.[184] Da das Human Capital als wesentlicher Bestandteil dieses immateriellen Vermögens gilt, bildet der mit Hilfe des CIV ermittelte Wert die Obergrenze des Human Capitals. Das Verfahren wurde von NCI Research an der Kellogg School of Business der Northwestern University, Illinois, entwickelt, um wissensintensive Unternehmen durch die Berechnung und Monetarisierung ihrer immateriellen Vermögenswerte bei dem Bemühen um eine Kreditgewährung zu unterstützen.

Ertrags-
orientierte
Ansätze

Analog zu Top-Marken, deren tatsächlicher Markenwert nicht nur auf der rein materiell-stofflichen Ausstattung des Produktes, sondern zu einem großen Teil auf nicht greifbaren Eigenschaften wie etwa dem Image der Marke beruht (Brand Equity), gilt auch beim CIV-Ansatz der Grundsatz: „Calculate the premium, and you can infer the value of the brand."[185] Wenn man die Überschusserträge kennt, kann man daher Rückschlüsse auf den Markenwert – oder hier das ebenfalls immaterielle Human Capital – ziehen.

$$HC := CIV = \frac{\text{Überschussertrag} - \text{Ertragssteuer}}{\text{Kapitalkostensatz}}$$

Die Operationalisierung erfolgt in sieben Schritten (Abbildung 26):

1. Berechnung des durchschnittlichen Gewinns vor Steuern für drei Jahre.
2. Ermittlung des durchschnittlichen Wertes des materiellen Anlagevermögens am Jahresende (gemäß der Bilanz) für drei Jahre.

Beispiel Merck
1. durchschnittlicher Gewinn vor Steuern: 3,694 Mrd. US-$
2. durchschnittlicher Wert des materiellen Anlagevermögens: 12,953 Mrd. US-$
3. ROA: 3,694 Mrd. US-$ / 12,953 Mrd. US-$ = 0,29 = 29 %
4. Branchendurchschnitts-ROA: 10 % = 0,10 [< 0,29]
5. Überschussertrag: 3,694 Mrd. US-$ – (0,10 * 12,953 Mrd. US-$) = 3,694 Mrd. US-$ – 1,2953 Mrd. US-$ ≈ 2,39 Mrd. US-$
6. [durchschnittlicher Ertragssteuersatz: 31 % = 0,31] Prämie (Überschussertrag nach Steuern): 2,39 Mrd. US-$ – (0,31 * 2,39 Mrd. US-$) = 2,39 Mrd. US-$ – 0,7409 Mrd. US-$ ≈ 1,65 Mrd. US-$
7. [Kapitalkostensatz: 15 % = 0,15] Netto-Gegenwartswert der Prämie: 1,65 Mrd. US-$ / 0,15 = 11 Mrd. US-$ = CIV
HC = 11 Mrd. US-$

Abb. 26: Der CIV-Ansatz am Beispiel des US-amerikanischen Unternehmens Merck & Co., Inc. (Stewart 1997)[186]

3. Division des Gewinns (1.) durch den Wert des Anlagevermögens (2.) zur Ermittlung der Gesamtkapitalrendite (ROA: Return on Assets).

4. Ermittlung des Branchendurchschnitts-ROA (für denselben Dreijahreszeitraum) und Abgleich mit dem ROA des eigenen Unternehmens [falls der Unternehmens-ROA unter dem Branchendurchschnitt liegt, ist der CIV-Ansatz – so *Stewart*[187] – nicht anwendbar].

5. Berechnung des „Überschussertrags" (Excess Return): Nach Multiplikation des Branchendurchschnitts-ROA (4.) mit dem Durchschnittswert des materiellen Anlagevermögens (2.) entspricht das Ergebnis dem bei einer solchen Vermögensausstattung durchschnittlichen Gewinn in dieser Branche. Die Subtraktion dieses Betrages vom Gewinn vor Steuern des untersuchten Unternehmens (1.) führt zum Überschussertrag. Dieser Wert zeigt, wie viel mehr das eigene Unternehmen aus seinem Vermögen „macht" als der durchschnittliche Wettbewerber.

6. Der Abzug der Ertragssteuer erfolgt durch Berechnung des durchschnittlichen Steuersatzes für die drei Jahre und Multiplikation mit dem Überschussertrag (5.) und die daran anschließende Subtraktion des Ergebnisses von dem Überschussertrag. Der so ermittelte Überschussertrag nach Steuern wird als „Prämie" des immateriellen Vermögens interpretiert.

7. Berechnung des immateriellen Vermögens als Netto-Gegenwartswert der Prämie durch Division der Prämie (6.) durch einen geeigneten Prozentsatz, zum Beispiel Diskontierung zu den Kapitalkosten des Unternehmens.

Sieht man einmal von *Stewarts* Vorbehalten gegenüber einer Anwendung des CIV-Ansatzes bei Unterschreiten des eigenen ROA in Relation zum Branchendurchschnitts-ROA ab, so erstreckt sich der Wertebereich des Human Capitals grundsätzlich von HC-Werten „kleiner als 0“ bis „größer als 0“.

Ein hoher oder steigender CIV-Wert wird dann als Indiz für einen im Human Capital begründeten Wettbewerbsvorteil gesehen. Denn insgesamt gibt der CIV Auskunft über die Fähigkeit eines Unternehmens, sein immaterielles Vermögen zu benutzen, um Branchenwettbewerber zu übertreffen. Wie bei einer Top-Marke, deren wahrer Wert über den reinen Materialwert hinausgeht, da er zusätzlich noch eine immaterielle Wertkomponente enthält, unterstellt auch der CIV-Ansatz, dass materiellen Ressourcen beispielsweise durch richtige Nutzung, optimalen Einsatz oder passende Vermarktung zusätzlich noch ein immaterieller Wert zukommt. Dementsprechend werden Unternehmen, die ihr Human Capital bewusst ermitteln, entwickeln und nutzen, ihren Wettbewerbern mit vergleichbarer materieller Ausstattung überlegen sein.

Ertrags-
orientierte
Ansätze

In dem Beispiel ist der mit Hilfe des CIV-Ansatzes ermittelte HC-Wert (11 Mrd. US-$) niedriger als die Markt-/Buchwert-Differenz des Unternehmens (Mercks Marktkapitalisierung abzüglich des Anlagevermögens beträgt im Beispiel 45,6 Mrd. US-$), was im Vergleich auf eine vorsichtigere HC-Bewertung hindeutet. Der CIV kann daher als Werkzeug zur Beurteilung und Entscheidungsunterstützung in Ergänzung zur Markt-/Buchwert-Relation eingesetzt werden, da er Aufschluss darüber gibt, ob eine niedrige Markt-/Buchwert-Relation einen abnehmenden Geschäftserfolg zum Ausdruck bringt oder vielmehr signalisiert, dass der Marktwert etwa „versteckte“ Vermögenswerte noch gar nicht realisiert hat.

Eine vergleichende Zusammenstellung der HC-Kennzahlen Markt-/Buchwert-Relation, Tobin’s q und CIV für verschiedene Unternehmen führte zu dem Ergebnis, dass die Werte der drei Ansätze ungefähr parallel verlaufen.[188] Etwaige Abweichungen werden – je nach Verlauf der Entwicklung – als Wachstumsschübe oder Degenerierung des Human Capitals interpretiert.

Für den CIV-Ansatz spricht seine „Rechenbarkeit“ sowie der letztliche Ausweis eines monetären Ergebnisses: Unternehmensintern generierbares Zahlenmaterial wird nach einer einfachen und plausiblen Rechenvorschrift zusammengeführt, so dass man einen – auch mit anderen HC-Kennzahlen vergleichbaren – Wert für das Human Capital erhält.

Schwierig dürfte die Analyse tatsächlicher Ursache-Wirkungs-Zusammenhänge zwischen möglichen Interventionen und Veränderungen der ausgewiesenen Werte sein, da Stellgrößen der ermittelten „Prämie" nicht unmittelbar identifizierbar sind.

Nicht nachvollziehbar ist die von *Stewart* betonte Einschränkung, dass der CIV-Ansatz nur anwendbar sei, wenn der Unternehmensdurchschnitts-ROA größer ist als der Branchendurchschnitts-ROA. Rein rechnerisch wäre eine CIV-Berechnung auch im umgekehrten Fall möglich, würde allerdings zu „negativen" Ergebnissen führen. Diese könnten aber durchaus eine eigene Aussagequalität besitzen.

Calculated Intangible Value (CIV)		
Postulat		**Erfüllung**
1	… mehr als eine Umbenennung von Personalmanagement!	●○○○
2	… Bekenntnis zum Mitarbeiter als Vermögenswert!	●●●○
3	… Kernaufgabe von Personalexperten!	●○○○
4	… Ausrichtung auf Arbeitsmarkt!	○○○○
5	… Bewertung und Optimierung!	●●○○
6	… gemäß ganzheitlichem Ansatz!	●●○○
7	… mit einer expliziten Zukunftsorientierung!	○○○○
8	… gruppenbezogen und unternehmensbezogen!	●●○○
9	… zentrales Personalmanagement-Aktivitätsfeld!	○○○○
10	… Wettbewerb und Chancenvielfalt!	●○○○

5.2 ICM Model

Das amerikanische Beratungsunternehmen Intellectual Capital Management Group, Inc. (ICMG) will die immateriellen Vermögenswerte von Unternehmen jeweils in Abhängigkeit von dem letztlichen Verwendungszweck der ermittelten Ergebniszahlen bewerten.[189] So werden beispielsweise für die Situation des Going-Concern (Annahme einer Fortführung der Unternehmenstätigkeit auf unbestimmte Zeit) und für eine Merger- oder Akquisitionssituation des Unternehmens unterschiedliche Kalkulationsmethoden vorgeschlagen. Dadurch erfolgt eine kontextspezifische Ermittlung des tatsächlichen, gerade auch auf immateriellen Vermögenswerten einschließlich des Human Capitals gründenden Unternehmenswertes.

Legende	
V_M	Stock Market Value: Marktwert
V_{SC}	Wert des Strukturkapitals (mit den Bestandteilen q, …, z)
V_{IC}	Wert des Intellectual Capitals (mit den Bestandteilen a, …, n): Erwartungswert über zukünftige Einkünfte aus der Vermarktung der Innovationen mittels CBAs
VTA	Value of the Firm's Tangible Assets: Wert des materiellen Vermögens
DCF	Discounted Future Cash-Flows: Netto-Gegenwartswert der erwarteten zukünftigen Cash-Flows
NPV	Net Present Value: Netto-Gegenwartswert
CBAs	Complementary Business Assets (i, …, p): Einkauf, Produktion, Distribution und Verkauf als notwendige Funktionen zur Vermarktung der Ideen und Innovationen des Unternehmens zwecks Realisierung von Gewinnen

Ertrags-orientierte Ansätze

Zur Bewertung eines Unternehmens bei Fortführung der Geschäftstätigkeit werden

- der Wert des Strukturkapitals (V_{SC}) mit dem Wert des materiellen Vermögens (VTA gemäß der Bilanz)
- und der Wert des Intellectual Capitals (V_{IC}) mit den Discounted Cash-Flows (DCF auf Basis der in der Kapitalflussrechnung ausgewiesenen Cash-Flows) gleichgesetzt.

Das Intellectual Capital gilt als Treiber des Cash-Flows:

$$V_M = V_{SC} + V_{IC} = VTA + DCF =$$
$$VTA + NPV\ (\text{Einkünfte aus } IC_a + \ldots + \text{Einkünfte aus } IC_n) +$$
$$NPV\ (\text{Einkünfte aus } CBA_i + \ldots + \text{Einkünfte aus } CBA_p) +$$
$$NPV\ (\text{Einkünfte aus } SC_q + \ldots + \text{Einkünfte aus } SC_z)$$

$$NPV\ (\text{Einkünfte aus } IC_a + \ldots + \text{Einkünfte aus } IC_n) =$$
$$V_M - [VTA + NPV\ (\text{Einkünfte aus } CBA_i + \ldots + \text{Einkünfte aus } CBA_p) +$$
$$NPV\ (\text{Einkünfte aus } SC_q + \ldots + \text{Einkünfte aus } SC_z)].$$

Diese Auflösung der Gleichung nach dem Netto-Gegenwartswert des Intellectual Capitals führt zu der HC-Berechnungsformel für Unternehmen unter der Annahme des Going-Concern.

$$HC := \text{Netto-Gegenwartswert der Einkünfte aus dem Intellectual Capital} = NPV(\text{Einkünfte aus } IC_a + \ldots + \text{Einkünfte aus } IC_n)$$

Ein Spezialfall dieser Methode ist die HC-Bewertung eines (neuen) Unternehmens, das durch einen Merger oder eine Akquisition entstanden ist. Hierbei wird unterstellt, dass das übernehmende Unternehmen (A) in der Regel eigentlich nur an einem ganz bestimmten Teil des Intellectual Capitals des Übernahmekandidaten (B) interessiert sein wird (IC_B), um diesen unter Verwendung der eigenen CBAs (CBA_A) wertschöpfend einsetzen zu können. Es werden vier Kombinationen der möglichen Nutzung des nach einem Unternehmenszusammenschluss insgesamt verfügbaren Intellectual Capitals identifiziert:

- Intellectual Capital von Unternehmen A (IC_A), genutzt mit den CBAs von A (CBA_A).
- Intellectual Capital von Unternehmen A (IC_A), genutzt mit den CBAs von B (CBA_B).
- Intellectual Capital von Unternehmen B (IC_B), genutzt mit den CBAs von A (CBA_A).
- Intellectual Capital von Unternehmen B (IC_B), genutzt mit den CBAs von B (CBA_B).

Folglich ergibt sich der Wert des neu zusammengeschlossenen Unternehmens (V_{neu}) als Summe aus den materiellen Vermögenswerten und vier verschiedenen Funktionen (f) des Zusammenwirkens von IC und CBAs der beiden sich zusammenschließenden Unternehmen:

$$V_{neu} = VTA + DCF = (VTA_A + VTA_B) + DCF =$$
$$(VTA_A + VTA_B) + [f(V(IC_A), CBA_A) + f(V(IC_A), CBA_B) +$$
$$f(V(IC_B), CBA_A) + f(V(IC_B), CBA_B)].$$

In Abhängigkeit vom konkreten Übernahmeziel sind dann bestimmte Cash-Flow-Terme aus dieser Gleichung unterschiedlich relevant. Hat A beispielsweise B nur übernommen, um – mittels der eigenen CBAs – das Intellectual Capital von B nutzen zu können, so gilt stark vereinfachend:

$$V_{neu} = (VTA_A + VTA_B) + [f(V(IC_A), CBA_A) + f(V(IC_B), CBA_A)].$$

Zur Monetarisierung der auf diesem Weg zu ermittelnden Werte für das Intellectual Capital beziehungsweise das Human Capital ist es notwendig, die Fähigkeit zur Wertschöpfungsgenerierung der einzelnen Vermögenswerte zu beurteilen. Zur Annäherung an dieses Problem werden drei Schritte definiert:

1. Identifikation der im Zuge eines M&A-Prozesses für das übernehmende Unternehmen interessanten Vermögenswerte,

2. Festlegung der Art und Weise der Nutzung dieser Vermögenswerte in der Zukunft und

3. Kalkulation ihrer resultierenden Wertschöpfung.

Der Gedanke einer situationsabhängigen Quantifizierung des Human Capitals, die – in Abhängigkeit von dem konkreten Bewertungszweck – unterschiedliche Vorgehensweisen wählt und zu unterschiedlichen Ergebnissen kommen kann, ist grundsätzlich nicht uninteressant: Hier können sich in unterschiedlichen Marktsituationen durchaus unterschiedliche Preise einstellen. Zwar muss an dieser Stelle noch offen bleiben, ob fallweise unterschiedliche HC-Kennzahlen tatsächlich nützlich sind, doch grenzt sich das ICM Model zumindest durch die dahinter stehende Argumentation von anderen Ansätzen ab.

Die zentrale Schwäche des Ansatzes liegt in der fehlenden Bereitstellung einer Berechnungsgrundlage: Das entwickelte Formelwerk veranschaulicht allenfalls theoretische und konzeptionelle Überlegungen, doch geht die ICMG nicht über abstrakte Formelvariationen hinaus. Der eigentlich entscheidende Schritt, die exakte Bezifferung und Monetarisierung einer aussagekräftigen Kennzahl, bleibt aus. Dies wird besonders deutlich, wenn der Wert eines neu zusammengeschlossenen Unternehmens lediglich als Funktion verschiedener Variablen dargestellt wird. Dabei ist nicht nur diese Funktion selbst, sondern sind auch die zu einer Berechnung der Funktion benötigten Variablen nicht exakt bestimmbar – eine HC-Bewertung bleibt somit unmöglich.

ICM Model		
Postulat		**Erfüllung**
1	… mehr als eine Umbenennung von Personalmanagement!	●○○○
2	… Bekenntnis zum Mitarbeiter als Vermögenswert!	●●○○
3	… Kernaufgabe von Personalexperten!	●○○○
4	… Ausrichtung auf Arbeitsmarkt!	○○○○
5	… Bewertung und Optimierung!	●●○○
6	… gemäß ganzheitlichem Ansatz!	●●●●
7	… mit einer expliziten Zukunftsorientierung!	●●○○
8	… gruppenbezogen und unternehmensbezogen!	●●○○
9	… zentrales Personalmanagement-Aktivitätsfeld!	○○○○
10	… Wettbewerb und Chancenvielfalt!	●○○○

5.3 Human Capital Pricing Model (HCPM)

Das von *Bender* und *Röhling* entwickelte Human Capital Pricing Model (HCPM) nimmt eine risikoadjustierte Bewertung des Human Capitals vor, indem es auf kapitalmarkttheoretische Modelle (Capital Asset Pricing Model (CAPM) und Arbitrage Pricing Theory (APT)) zurückgreift, die ursprünglich zur Bewertung von Wertpapierportfolios entwickelt worden sind.[190]

O-Ton (*Bender/Röhling* 2001)
„Durch eine näherungsweise Quantifizierung der Renditen von Humankapitalinvestitionen kann eine optimale Allokation der vorhandenen Mittel erreicht werden, um im Sinne des ‚Shareholder Value‘ den Unternehmenswert zu maximieren.“[191]

Der HCPM-Ansatz unterscheidet zwischen unqualifizierten und qualifizierten wertschöpfenden Tätigkeiten beziehungsweise zwischen unqualifiziertem und qualifiziertem Human Capital:

- Die Wertschöpfung unqualifizierten Human Capitals besteht in der Ausführung einer bestimmten Menge an Verrichtungsteilleistungen (zum Beispiel „Maschine rüsten“ oder „Werkstück fräsen“). Die genauen Mengen, also die entsprechenden Arbeitspläne, können beispielsweise über REFA oder über eine Methods-Time-Measurement-Analyse erfasst werden.

- Die wertschöpfende Tätigkeit qualifizierten Human Capitals besteht hingegen in der Vernetzung einer bestimmten Menge an Verrichtungsteilleistungen (zum Beispiel „Koordination von Maschinenrüsten und Fräsen"). Diese Tätigkeiten zeichnen sich durch komplexere Strukturen aus und erfordern daher abstraktere Qualifikationen sowie die Fähigkeit zu vernetztem Denken. Aufgrund des höheren Abstraktionsgrades dieser Tätigkeiten ist die eindeutige Festlegung von Aufgaben und Arbeitsplänen hier nur noch schwer beziehungsweise gar nicht möglich.

Daraus resultiert, dass die Rendite des qualifizierten Human Capitals definitionsgemäß größer ist als die des unqualifizierten Human Capitals.

Legende	
R_i	Humankapitalrendite [%] als Funktion der Wertschöpfung pro Mitarbeiter
i	Mitarbeiter
μ_i	Erwartungswert der Rendite des Wertpapiers i [E (R_i)], hier des Humankapitalträgers i
r_f	Risikoloser Zinssatz, der als die Rendite interpretiert wird, die durch das unqualifizierte Human Capital des Unternehmens erwirtschaftet wird. Da diese unqualifizierten Tätigkeiten theoretisch automatisierbar wären, wird hierfür die rein maschinelle Produktivität angesetzt. Eine Leistungserstellung ausschließlich mit Hilfe unqualifizierter Humankapitalträger würde in dieser Logik eine Humankapitalrendite in Höhe des risikolosen Zinssatzes (= maschinelle Produktivität) generieren
μ_m	Erwartungswert der Rendite des Marktportfolios [E (R_m)], was im HCPM der Rendite von Unternehmen mit ihrer Gesamtheit an qualifizierten und unqualifizierten Mitarbeitern entspricht und beispielsweise durch den internen Return on Investment (ROI) gemessen wird
$\frac{\sigma_{im}}{\sigma_m^2}$	$= \beta_i = \frac{cov(R_i; R_m)}{var(R_m)}$: β-Faktor, der den Risikoaufschlag für einen qualifizierten, risikobehafteten Humankapitalträger quantifiziert

Ertrags-orientierte Ansätze

Da in der vorgenommenen Einperiodenbetrachtung Risiken wie Fluktuation und Unternehmensaustritt nicht berücksichtigt werden (diese zeichnen sich durch eine langfristige Wirksamkeit aus), wird das Risiko im HCPM nur als „Nicht-" beziehungsweise „Schlecht-Ausführungsrisiko" (einschließlich des Motivationsrisikos) berücksichtigt.

Diese Risikokomponente wird nur für das qualifizierte Human Capital als relevant erachtet; unqualifiziertes Human Capital gilt annahmegemäß als nicht risikobehaftet. Durch den Einsatz qualifizierten, also risikobehafteten Human

Capitals in Höhe der Differenz zwischen dem internen Return on Investment (μ_m) und der maschinellen Produktivität (r_f) ist folglich ein Risikoaufschlag mit zu berücksichtigen.

Die Rendite für Human Capital wird als Funktion der Wertschöpfung pro Mitarbeiter interpretiert:

Humankapitalrendite = R_i = f (Wertschöpfung pro Mitarbeiter i).

Analog zu der Ermittlung des Erwartungswertes der Rendite eines Wertpapiers erfolgt die HC-Berechnung hier als Ermittlung des Erwartungswertes der Rendite des qualifizierten und damit risikobehafteten Humankapitalträgers i.

HC := E (R_i) = Erwartungswert der Rendite des Humankapitalträgers i

$$= r_f + (\mu_m - r_f)\,\beta_i$$

Als mögliche Stellschrauben für die Optimierung des Human Capitals erschließen sich dann die Felder Personalentwicklung und Motivation. Dadurch werden „unqualifiziertes" Human Capital in „qualifiziertes" Human Capital umgewandelt und das Risiko mangelhafter Leistungserstellung gemindert.

Das HCPM versteht sich als konzeptioneller Analyserahmen, der von der Analogie zwischen Finanz- und Humankapital ausgeht. Die daraus resultierende im HCPM vorgeschlagene Anwendung kapitalmarkttheoretischer Modelle kann wertvolle Anregungen liefern. So ist als zentrale Stärke des Ansatzes die ausdrückliche Berücksichtigung einer Risikokomponente besonders hervorzuheben.

Die einperiodige Betrachtung ist zwar modelltheoretisch korrekt begründet, für die Unternehmenspraxis jedoch gerade in Bezug auf die daraus resultierenden Implikationen für die Risikokomponente nicht zufrieden stellend. Die empirische Überprüfung sowie theoretische Vertiefung insbesondere hinsichtlich der weiteren Ausgestaltung der Operationalisierung einzelner Größen stehen derzeit noch aus; damit sind also sowohl das HC-Risiko (β_i) als auch der unternehmensbezogene HC-Wert (μ_m) rein theoretische Konstrukte. Eine konkrete praktische Anwendbarkeit des Ansatzes zur HC-Bewertung in Unternehmen ist daher momentan noch nicht erkennbar.

Human Capital Pricing Model (HCPM)		
Postulat		**Erfüllung**
1	… mehr als eine Umbenennung von Personalmanagement!	●●●○
2	… Bekenntnis zum Mitarbeiter als Vermögenswert!	●●●●
3	… Kernaufgabe von Personalexperten!	●●○○
4	… Ausrichtung auf Arbeitsmarkt!	●●○○
5	… Bewertung und Optimierung!	●●●○
6	… gemäß ganzheitlichem Ansatz!	●●●○
7	… mit einer expliziten Zukunftsorientierung!	●●○○
8	… gruppenbezogen und unternehmensbezogen!	●●○○
9	… zentrales Personalmanagement-Aktivitätsfeld!	●●○○
10	… Wettbewerb und Chancenvielfalt!	●●○○

5.4 ROI of Human Capital (HCROI)

●

Der von *Fitz-enz* vorgestellte Ansatz des Return on Investment (ROI) of Human Capital (HCROI) basiert auf Ideen zur wertschöpfungsorientierten Ausgestaltung des Personalmanagements.[192] Der HCROI-Ansatz wird auf der Ebene des Gesamtunternehmens angewendet und greift dazu auf vorhandene finanzwirtschaftliche Kennzahlen des Unternehmens zurück.

Ertragsorientierte Ansätze

Legende	
HCROI	Return on Investment of Human Capital
FTE	Full-Time Equivalent: Vollzeitkraft
HCCF	Human Capital Cost Factor
HCVA	Human Capital Value Added

Ausgangspunkt des HCROI-Ansatzes ist die Bestimmung der Zahl an Humankapitalträgern in der Kenngröße „Full-Time Equivalent". Bei ihrer Ermittlung gibt es grundsätzlich zwei Möglichkeiten: Entweder werden nur die dauerhaft vertraglich an ein Unternehmen gebundenen Mitarbeiter gemäß ihrer individuellen Arbeitszeiten (Teilzeit, Vollzeit) als Vollzeitkräfte berücksichtigt (engerer FTE-Begriff). Alternativ zu dieser Stammbelegschaft können darüber hinaus auch Leih- und Zeitarbeitsverhältnisse mit berücksichtigt werden, wodurch man einen größeren FTE-Wert erhält (weiterer FTE-Begriff).

Als personalbezogene Kosten können entweder nur die Löhne und Gehälter in die Rechnungen mit einbezogen werden; es können darüber hinaus aber auch Leih- und Zeitarbeits-, Absentismus- sowie Fluktuationskosten eingerechnet werden. Dabei ergibt sich die Berücksichtigung von Leih- und Zeitarbeitskosten zwingend dann, wenn der weiter gefasste FTE-Begriff zugrunde gelegt wird, also explizit der Einsatz auch nicht unmittelbar arbeitsvertraglich an das Unternehmen gebundener Arbeitnehmer unterstellt wird.

In Abhängigkeit davon, welche Humankapitalträger man für relevant hält (engerer oder weiterer FTE-Begriff), und je nach berücksichtigten Kosten (nur Löhne und Gehälter oder auch sonstige personalbezogene Kosten) ergeben sich dann unterschiedliche Kombinationsmöglichkeiten zur HC-Berechnung. *Fitz-enz* nähert sich dem Kern seiner HCROI-Berechnung über die Herleitung verschiedener HC-Kennzahlen an, indem er den weiteren (engeren) FTE-Begriff mit dem weiteren (engeren) Kostenbegriff verbindet:

1. Berechnung des HCCF:

   HCCF = Löhne und Gehälter + Leih- und Zeitarbeitskosten + Absentismuskosten + Fluktuationskosten.

   Die hier mit berücksichtigten direkten und indirekten Kosten übersteigen den Aufwand für Löhne und Gehälter.

2. Der HCVA repräsentiert die durchschnittliche Produktivität pro FTE. Für seine Berechnung ergeben sich grundsätzlich zwei Möglichkeiten in Abhängigkeit davon, ob man die engere oder die weitere FTE-Definition anwendet. Entweder werden die Leih- und Zeitarbeitskosten, die Absentismuskosten und die Fluktuationskosten ignoriert und die engere FTE-Definition angewendet, dann gilt:

   HCVA = [Ertrag – (Aufwand – Löhne und Gehälter)] / FTE;

   oder die genannten Kosten werden mit berücksichtigt und es wird dem weiter gefassten Verständnis von Humankapitalträgern gemäß die größere FTE-Kennzahl verwendet:

   HCVA = [Ertrag – (Aufwand – Löhne und Gehälter – Leih- und Zeitarbeitskosten – Absentismuskosten – Fluktuationskosten)] / FTE

   HCVA = [Ertrag – (Aufwand – HCCF)] / FTE.

3. Der HCROI als eigentliche HC-Kennzahl kann wiederum unter Zugrundelegung einer enger beziehungsweise weiter gefassten Definition der berücksichtigten Humankapitalträger zu zwei unterschiedlichen Ergebnissen kommen. Dabei ist der Zähler der HCROI-Formeln jeweils identisch mit dem Zähler des HCVA. Die konkrete FTE-Anzahl geht nicht unmittelbar in die HCROI-Berechnung ein, allerdings die aus der zugrunde gelegten Zahl resultierenden, dem Personalbereich zurechenbaren Kosten.

$$HC := HCROI = \frac{\text{Ertrag} - (\text{Aufwand} - \text{Löhne und Gehälter})}{\text{Löhne und Gehälter}}$$

oder

$$HC := HCROI = \frac{\text{Ertrag} - (\text{Aufwand} - \text{HCCF})}{\text{HCCF}}$$

Die zur HC-Berechnung nötigen Daten können unternehmensintern ermittelt werden; teilweise kann auch auf publizierte Zahlen (zum Beispiel zum Personalaufwand) zurückgegriffen werden.

Mit Hilfe des HCROI können somit zwei unterschiedliche Werte für das Human Capital eines Unternehmens berechnet werden. Diese nicht-monetären HC-Kennzahlen nehmen dabei Werte „größer als 0“ („kleiner als 0“) an, wenn der Ertrag den um die Personalkosten reduzierten Aufwand übersteigt (der um die Personalkosten reduzierte Aufwand den Ertrag übersteigt).

Ertrags-orientierte Ansätze

Potenziale zur Steigerung des Human Capitals erstrecken sich auf die Bereiche Personalvergütung und Personalkostenmanagement, Personaleinsatzmanagement, Personalbindung und Motivation. Erfolgreiche Maßnahmen in diesen Aufgabenfeldern wirken sich kostenmindernd und damit HC-steigernd aus: So führt beispielsweise eine wirksame Bekämpfung von hoher Fluktuation und Absentismus zur Reduktion der dadurch verursachten Kosten; diese Einsparungen lassen sich im Zuge der HC-Bewertung exakt monetär quantifizieren.

Rechenbeispiel (*Fitz-enz* 2000)[193]

Für das fiktive Unternehmen SamCo. gelten folgende Angaben:

Ertrag [US-$]:	100.000.000
Aufwand [US-$]:	80.000.000
Löhne und Gehälter [US-$]:	24.000.000
Leih- und Zeitarbeitskosten [US-$]:	3.750.000
Absentismuskosten [US-$]:	200.000
Fluktuationskosten [US-$]:	3.600.000
(fest angestellte) Mitarbeiter:	500
Leih- und Zeitarbeitnehmer:	100

1. HCCF = 24.000.000 US-$ + 3.750.000 US-$ + 200.000 US-$ + 3.600.000 US-$ = 31.550.000 US-$
2. FTE (gemäß der weiter gefassten Definition) = 500 + 100 = 600
   (gemäß der engeren Definition gilt: FTE = 500)

   HCVA = [100.000.000 US-$ – (80.000.000 US-$ – 24.000.000 US-$)] / 500 = 44.000.000 US-$ / 500 = 88.000 US-$

   oder

   HCVA = [100.000.000 US-$ – (80.000.000 US-$ – 31.550.000 US-$)] / 600 = 51.550.000 US-$ / 600 = 85.917 US-$
3. HCROI = [100.000.000 US-$ – (80.000.000 US-$ – 24.000.000 US-$)] / 24.000.000 US-$ = 44.000.000 US-$ / 24.000.000 US-$ = 1,83

   oder

   HCROI = [100.000.000 US-$ – (80.000.000 US-$ – 31.550.000 US-$)] / 31.550.000 US-$ = 44.000.000 US-$ / 31.550.000 US-$ = 1,63

HC = 1,83 oder HC = 1,63

Positiv fällt an dem Ansatz auf, dass *Fitz-enz* im Zuge der Präsentation seines HCROI konkrete Optimierungsmaßnahmen als Handlungsimplikation für das Personalmanagement vorschlägt. Dabei rekurriert er auf spezifische Personalmanagement-Aktivitäten und unterzieht auch das Managen des Human Capitals, das HCM selbst, einer Evaluation. Auch die explizite Betonung des HC-Risikos in Form von Fluktuation und Fernbleiben vom Arbeitsplatz ist positiv zu bewerten.

Der HCROI reicht nicht über im Wesentlichen bereits bekannte Möglichkeiten zur Ermittlung personalaufwandsbezogener Kennzahlen hinaus und macht außerdem rein vergangenheitsorientierte Daten zur Grundlage der HC-Berechnung. Unklar bleibt, wie genau die einzelnen Komponenten der HC-Formel zu operationalisieren sind (zum Beispiel Quantifizierung der Fluktuationskosten).

ROI of Human Capital (HCROI)		
Postulat		**Erfüllung**
1	… mehr als eine Umbenennung von Personalmanagement!	●●○○
2	… Bekenntnis zum Mitarbeiter als Vermögenswert!	●●○○
3	… Kernaufgabe von Personalexperten!	●●●●
4	… Ausrichtung auf Arbeitsmarkt!	●●○○
5	… Bewertung und Optimierung!	●●●●
6	… gemäß ganzheitlichem Ansatz!	●●●●
7	… mit einer expliziten Zukunftsorientierung!	●●○○
8	… gruppenbezogen und unternehmensbezogen!	●●●●
9	… zentrales Personalmanagement-Aktivitätsfeld!	●●●●
10	… Wettbewerb und Chancenvielfalt!	●●○○

5.5 Knowledge Capital Scoreboard

Das von *Lev* in Zusammenarbeit mit *Bothwell* entwickelte Knowledge Capital Scoreboard (auch Knowledge Capital Earnings (KCE), Knowledge Capital Valuation oder Knowledge Capital Scorecard) dient der Berechnung des Wissenskapitals.[194] Es berücksichtigt dabei das Human Capital – neben anderen immateriellen, auf der Ressource Wissen basierenden Vermögenswerten wie Patenten oder Rechten – als einen Teil dieses Wissenskapitals.

Die Methode erweitert die konventionelle Rechnungslegung, indem sie versucht, durch die Evaluation von Wissenskapital eine wesentliche, bislang nicht erfasste Wertgröße zu ermitteln.

Die Operationalisierung des Ansatzes beruht auf zwei Teilen:

- Zuerst erfolgt eine klassische Finanzanalyse gemäß der bekannten Rechnungslegungsmethoden, indem Renditeerwartungen für alle materiellen und finanziellen Vermögenswerte analysiert werden.
- Anschließend werden die langfristig erwarteten Rückflüsse für das Wissenskapital ermittelt, wodurch die Rechnungslegung um einen spezifischen Wissensteil erweitert wird.

HC := Wissenskapital = (Normalisierter Jahresgewinn – Gewinn aus materiellem Anlagevermögen und Zinserträgen) / Wissenskapitalzinsfuß

Dabei werden die einzelnen Terme wie folgt ermittelt:

1. Der normalisierte Jahresgewinn des Unternehmens wird mit Hilfe der entsprechenden Werte der letzten drei sowie – als projektierte Gewinne – mit Vorhersagen für die kommenden drei Jahre als gewichteter Durchschnittswert ermittelt. Die Gewinne der vergangenen Jahre werden im Geschäftsbericht ausgewiesen, Schätzwerte für zukünftige Gewinne müssen unternehmensintern gebildet werden. Die Normalisierung der Gewinne über mehrere Jahre hinweg durch Durchschnittsbildung dient zur Glättung ungewöhnlicher oder einmaliger Gewinnschwankungen.
2. Für die Bilanzposten des materiellen Anlagevermögens und der Finanzmittel sind die entsprechenden Gewinne zu ermitteln; im vorliegenden Modell werden dazu als erwartete Gewinne nach Steuern stets 7 % für materielle und 4,5 % für finanzielle Vermögenswerte angesetzt. Die Gewinne werden auf diese Weise unabhängig von unternehmensspezifischen Risikoprofilen oder Kapitalkosten berechnet. Bei Bedarf können diese Prozentsätze unternehmensindividuell angepasst werden.
3. Die Subtraktion des Gewinns aus materiellem Anlagevermögen und Zinserträgen von dem normalisierten Jahresgewinn führt zu einem verbleibenden Anteil des normalisierten Jahresgewinns, der den vom Wissenskapital geschaffenen Wissenskapitalgewinn (KCE: Knowledge Capital Earnings) repräsentiert.
4. Schließlich wird der Wissenskapitalgewinn durch den „Wissenskapitalzinsfuß" dividiert. Der Wissenskapitalzinsfuß ist die durchschnittliche, nach Steuern erwartete Rendite für die so genannten Knowledge Assets,

wobei für die erwartete Rendite der Knowledge Assets in Ermangelung verlässlicherer Angaben ein Näherungswert festgelegt worden ist: So wird die durchschnittliche, nachsteuerlich erwartete Rendite dreier Branchen, die als sehr wissensintensiv gelten, da sie fast ausschließlich auf Wissensvermögen beruhen – Computer-/Software-, Biotechnologie- und Pharmaindustrie –, ein Wissenskapitalzinsfuß in Höhe von 10,5 % angesetzt. Als Ergebnis der Division erhält man das Wissenskapital.

Der so errechnete Wissenskapitalwert (Abbildung 27) stellt damit zugleich die Obergrenze für das Human Capital eines Unternehmens dar, da das Human Capital nach *Levs* Definition eine Teilmenge des Wissenskapitals bildet.

Die Anwendung des Knowledge Capital Scoreboards bei verschiedenen Unternehmen führt – verglichen mit der Bewertung des Intellectual Capitals durch den Markt mittels der Markt-/Buchwert-Differenz – häufig zum Ausweis (teilweise wesentlich) niedrigerer Wissenskapitalwerte.

Der Buchwert des Pharmakonzerns Merck & Co. betrug am 31.05.1998 12,614 Mrd. US-$, sein Marktwert 139,910 Mrd. US-$. Nach der Markt-/Buchwert-Differenz ergibt sich ein Intellectual Capital – und damit eine Obergrenze für das Human Capital – in Höhe von 127,296 Mrd. US-$ (entspricht einer Markt-/Buchwert-Relation von 11,09), wohingegen der Knowledge Capital Scoreboard-Ansatz lediglich ein Wissenskapital in Höhe von 48,038 Mrd. US-$ ausweist.

Ertrags-orientierte Ansätze

Betrachtet man *Levs* Berechnungen für die Folgejahre, so betrug Mercks Wissenskapital – ermittelt mit Hilfe des Knowledge Capital Scoreboards – im September 1999 109,794 Mrd. US-$ (Markt-/Buchwert-Relation: 11,8); im August 2000 waren es 109,217 Mrd. US-$ (Markt-/Buchwert-Relation: 12,6).

Durch diese Zahlen wird deutlich, dass der Knowledge Capital Scoreboard-Ansatz das Human Capital deutlich niedriger bewertet als die Markt-/Buchwert-Differenz; Schwankungen des HC-Wertes im Zeitverlauf werden in dem Ansatz stärker reflektiert als in der Markt-/Buchwert-Differenz beziehungsweise in der Markt-/Buchwert-Relation.

Neben dem Wissenskapital können außerdem verschiedene weitere Kennzahlen berechnet werden, die ebenfalls indirekt Aufschluss über das Human Capital geben sollen, wie etwa

- die Wissenskapitalspanne (= Wissenskapitalgewinn / Umsatz) oder
- das Verhältnis Wissens-/Buchkapital als Indikator für die Wissensbasierung eines Unternehmens.

Beispiel Merck	
Es liegen folgende Kennzahlen vor:	
Geschätzter normalisierter Jahresgewinn:	5,5 Mrd. US-$
Materielles Anlagevermögen:	4,9 Mrd. US-$
→ erwarteter Gewinn aus Anlagevermögen:	7 % = 0,07
Finanzmittel:	0,624 Mrd. US-$
→ erwarteter Gewinn aus Finanzmitteln:	4,5 % = 0,045
Wissenskapitalzinsfuß:	10,5 % = 0,105

1. Normalisierter Jahresgewinn:
   5,5 Mrd. US-$
2. Gewinn aus materiellem Anlagevermögen nach Steuern:
   4,9 Mrd. US-$ * 0,07 = 0,343 Mrd. US-$

   Zinserträge:
   0,624 Mrd. US-$ * 0,045 ≈ 0,028 Mrd. US-$
3. Wissenskapitalgewinn:
   5,5 Mrd. US-$ – (0,343 Mrd. US-$ + 0,028 Mrd. US-$) ≈
   5,5 Mrd. US-$ – 0,371 Mrd. US-$ ≈ 5,1 Mrd. US-$
4. Wissenskapital:
   5,1 Mrd. US-$ / 0,105 ≈ 48 Mrd. US-$

HC = 48 Mrd. US-$

Abb. 27: Der Knowledge Capital Scoreboard-Ansatz am Beispiel des US-amerikanischen Unternehmens Merck & Co., Inc. (Mintz 1999)[195]

Der Knowledge Capital Scoreboard-Ansatz ist mit Hilfe unternehmensintern verfügbarer Daten relativ leicht berechenbar. Dabei sind Vergleiche der gewonnenen monetären HC-Kennzahlen etwa mit den Ergebnissen der HC-Bewertung mittels Markt-/Buchwert-Differenz auf Unternehmensebene möglich. *Lev* selbst hat derartige Vergleichsrechnungen für eine Vielzahl US-amerikanischer Unternehmen durchgeführt und seine Ergebnisse veröffentlicht.

Die Zukunftsorientierung durch die Einbeziehung auch projektierter Jahresgewinne in der HC-Berechnungsformel steigert die Aussagekraft der ausgewiesenen monetären HC-Werte.

Die für die Bewertung des Anlagevermögens und der Finanzmittel angesetzten Renditen sowie der Wissenskapitalzinsfuß wirken beliebig. Auch ist die Kritik von *Strassmann* am Knowledge Capital Scoreboard plausibel, wenn er feststellt, dass der Ansatz ein extremes und anhaltendes Marktversagen signalisiere, wenn er mit seinen HC-Kennzahlen die Ergebniswerte der Markt-/Buchwert-Differenz bei weitem unterschreite. Dies impliziere eine nachhaltige Irrationalität der marktseitigen Unternehmensbewertung, die kritisch hinterfragt werden müsse.[196]

Knowledge Capital Scoreboard		
Postulat		**Erfüllung**
1	... mehr als eine Umbenennung von Personalmanagement!	●○○○
2	... Bekenntnis zum Mitarbeiter als Vermögenswert!	●●●○
3	... Kernaufgabe von Personalexperten!	●○○○
4	... Ausrichtung auf Arbeitsmarkt!	○○○○
5	... Bewertung und Optimierung!	●●○○
6	... gemäß ganzheitlichem Ansatz!	●●○○
7	... mit einer expliziten Zukunftsorientierung!	●●○○
8	... gruppenbezogen und unternehmensbezogen!	●●○○
9	... zentrales Personalmanagement-Aktivitätsfeld!	○○○○
10	... Wettbewerb und Chancenvielfalt!	●○○○

Ertrags-
orientierte
Ansätze

D Entscheidungshilfe für die Praxis

1. Entscheidungsumfeld

Kapitel C hat eine breite Palette an Möglichkeiten zur Bewertung des Human Capitals aufgezeigt. Doch die Auseinandersetzung mit diesen 43 verschiedenen HC-Bewertungsansätzen ist nicht Selbstzweck: Auch wenn die lexikonartige Zusammenstellung der existierenden HCM-Ansätze unter wissenschaftlichen Gesichtspunkten ihren eigenen Reiz hat, liegt ihr Mehrwert vor allem darin, eine unmittelbare Hilfestellung für die Praxis vorzubereiten. Dies wäre ein konkreter Leitfaden, der das Unternehmen dabei unterstützt, unter seinen spezifischen Rahmenbedingungen und Herausforderungen die „richtige" Wahl zu treffen.

Für welchen HC-Bewertungsansatz sollte man sich entscheiden?

Eine rationale Durchdringung dieses Entscheidungsproblems orientiert sich sinnvollerweise an genau spezifizierten Kriterien. Die Auswahl geeigneter Kriterien ist zwar grundsätzlich frei gestaltbar. Generell sollte aber beachtet werden, dass sie stimmig sind zu den übergeordneten strategischen Zielen des Unternehmens.

Letztlich bleibt es natürlich dem Leser selbst überlassen, für sich und sein Unternehmen die adäquaten Ansätze herauszufiltern. Als Hilfestellung haben wir jedoch einen relativ allgemein gültigen Katalog solcher Kriterien definiert, die für jeden Interessierten von Bedeutung sein dürften: also solche Entscheidungskriterien, an denen die Implementierung einer HC-Bewertung im Unternehmen in der Regel zwingend ausgerichtet sein wird.

Diese Kriterien werden in Form von fünf Leitfragen abgebildet: Sie erlauben es, sich recht einfach durch den Dschungel an Bewertungsansätzen hindurchzuhangeln.

Als Ausgangspunkt stellt sich die grundsätzliche ja/nein-Entscheidungsfrage, *ob* überhaupt eine HC-Bewertung im Unternehmen eingeführt werden soll.

Leitfrage 1: Soll das Human Capital unseres Unternehmens bewertet werden?

Logischerweise führt die Antwort „nein" hier zu einem raschen „Spielende": HCM ist kein Thema für die Personalverantwortlichen – über die Bewertung des Human Capitals braucht man sich dann erst gar keine Gedanken zu machen. „Ja" führt unmittelbar tiefer hinein in den Entscheidungsdschungel und damit zugleich zur zweiten Frage.

Leitfrage 2: Wie soll die HC-Bewertung erfolgen?

Mit der Beantwortung dieser Grundsatzfrage befindet man sich dann schon sofort mitten in der komplexen Entscheidungssituation. Es bietet sich hier ein Rückgriff auf die Symbole an, die bereits in Kapitel C zur Orientierung dienten:

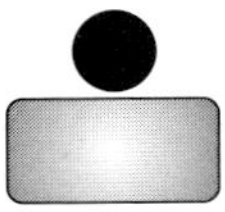

a ... mit jedermann frei zugänglichem Datenmaterial? Dies bedeutet dann etwa, dass auch die Wettbewerber das Human Capital des eigenen Unternehmens berechnen können, da sie beispielsweise nur bestimmte Kennzahlen aus dem aktuellen Geschäftsbericht entnehmen und gemäß dem durch den ausgewählten Bewertungsansatz bereitgestellten Algorithmus verrechnen müssen. Doch wenn die HC-Bewertung sogar „Unternehmensexternen" möglich ist, so deutet dies zugleich auf die relativ einfache Bewertbarkeit des Human Capitals hin.

b ... ausschließlich unternehmensintern? Dann beruht das HCM auf innerhalb des Unternehmens verfügbaren Daten, die zum größten Teil unmittelbar bereitgestellt werden können. Bei dieser Zielsetzung verzichtet man auf umfangreiche Erhebungen und Auswertungen. Vielmehr stützt man sich auf solche Kennzahlen, die der Personalabteilung in der Regel ohnehin vorliegen beziehungsweise ohne allzu großen administrativen Aufwand aus bestehenden EDV-Systemen herausgezogen werden können. Dies bedeutet dann auch, dass man ohne die Hilfe von externen Beratern auskommt – ein Entscheidungsaspekt, der gerade unter finanzpolitischen Gesichtspunkten schwer wiegen dürfte.

c ... auf Basis umfangreicher Datenerhebungen oder durch Berater? Dies impliziert ein tendenziell zeit-, kosten- und aufwandsintensives Vorgehen. Entweder man bewältigt die intensiven Implementierungsprozesse selbst oder man sucht die Hilfe einer Unternehmensberatung. Mit der Vergabe eines Beratungsauftrages wird im Idealfall Expertise eingekauft – und zugleich auch Verantwortung delegiert. Dies impliziert ein Outsourcing von strategisch wichtigen Personalaufgaben, wenn man denn HCM als eine solche Aufgabe und nicht nur als ein auf Kurzfristigkeit angelegtes, vorübergehendes Projekt wahrnimmt. Doch auch bei einer „Eigenerstellung" der HC-Bewertung ist mit einer gewissen Vorlaufzeit zu rechnen. Dafür passen ihre Ergebnisse aber – über das spezifische HCM-Anliegen hinaus – womöglich zu den sonstigen, ohnehin personalstrategisch intendierten Maßnahmen.

d … rein verbal ohne exakte HC-Quantifizierung? In diesem Fall verzichtet man auf die numerische Bestimmung des Human Capitals – sei es, weil man hierfür keinen Bedarf sieht, oder weil man mit einer allzu niedrigen Akzeptanz auf Seiten der Mitarbeiter rechnet. Die bei dieser Zielsetzung zu verwendenden Bewertungsansätze beinhalten überhaupt keine Berechnungsformeln und -vorschriften, sondern beschränken sich auf rein deskriptive Aspekte.

Egal, welchen Weg man einschlägt (a,b, c oder d), also welche grundsätzliche Entscheidung man darüber trifft, *wie* die Bewertung des Human Capitals vonstatten gehen soll, kann man von der nächsten Entscheidungsstation aus den Blick weiter nach vorne richten und sich mit der Frage beschäftigen, was denn letztlich bei der HC-Bewertung herauskommen soll.

Leitfrage 3: Sollen als Ergebnis Geldbeträge ausgewiesen werden?

Diese dritte Entscheidungsfrage zwingt zur Beschäftigung mit den Zielen der Bewertung. Die Überlegung, wozu der – in welcher Form auch immer – ermittelte Wert des Human Capitals dienen soll, wird die Entscheidungsfindung leiten. Will eine Personalabteilung beispielsweise den (Geld-)Wert der Belegschaft dokumentieren und – im Sinne einer Beweisführung – auch für die Kollegen des Finanzressorts glaubwürdig belegen, etwa um drohende Einsparmaßnahmen zu verhindern, so wird der Ausweis einer Kennzahl „in Euro" eher angestrebt werden, als wenn es primär darum geht, den Lagebericht um allgemein-umgangssprachliche Informationen zur Attraktivität der HC-Ausstattung des Unternehmens anzureichern.

Doch sind dies eher der Anschaulichkeit wegen gewählte, recht plakative Beispiele; in Anbetracht der Langfristigkeit „richtigen" HCMs wird die hier zu treffende Entscheidung daher nicht auf tagesaktuelle Bewertungsanlässe fokussieren, sondern Nachhaltigkeit anstreben. Die Frage, ob „in Euro" oder nicht, beantwortet man deshalb am besten unter Berücksichtigung aller denkbaren HC-Bewertungsanlässe und aller möglichen Verwendungszusammenhänge für die gewonnenen Ergebnisse.

Auf dem Weg durch den HCM-Dschungel besteht weiterhin die Gefahr des Orientierungsverlustes. Um sicher hindurchzukommen, empfiehlt sich daher weiter die Ausrichtung am Gestaltungsinteresse, das mit der Ermittlung eines Wertes für das Human Capital verbunden ist.

Leitfrage 4: Sollen konkrete Stellschrauben zur HC-Optimierung herauskommen?

Wenig überraschend: Irgend etwas will man tun mit den HC-Werten. Nun gibt es grundsätzlich zwei denkbare Absichten:

- Entweder man begnügt sich damit, einen allgemeinen Wertnachweis des Human Capitals zu führen. Dieses Anliegen steht etwa im Mittelpunkt, wenn unternehmensexternen Adressaten die Botschaft vermittelt werden soll, dass das Human Capital des Unternehmens einen eigenen Wert hat (interessant für Investoren am Finanzmarkt), dem auch die verdiente Wertschätzung entgegengebracht wird (interessant für potenzielle Bewerber am Arbeitsmarkt).

- Oder man ist bestrebt, möglichst konkrete Ansatzpunkte für eine Steigerung des Human Capitals offen zu legen. In diesem Fall sollen sowohl der HC-Wert wie auch die HC-Bewertung selbst aufzeigen, wo und welche Möglichkeiten bestehen, auf das Human Capital einzuwirken.

Mit welchem Anspruch auch immer man die HC-Bewertung angeht – relevant wird noch ein letzter Aspekt sein.

Leitfrage 5: Sollen für die Mitarbeiter individuelle Chancen erkennbar werden?

Mit dem Nachdenken über diese Frage kommt – wenigstens indirekt – das Kriterium der Akzeptanz ins Spiel: Mit der Entscheidung für einen spezifischen HC-Bewertungsansatz fällt nämlich zugleich die Entscheidung darüber, welchen Stellenwert die vom HCM „betroffenen“ Mitarbeiter haben. Dieser Aspekt empfiehlt sich zur Vervollständigung der hier mittels eines Fragenkataloges strukturierten Entscheidungssituation; denn schließlich stehen bei einem HCM die Mitarbeiter des Unternehmens im Rampenlicht. (Und genau das ist ja auch der Grund dafür, dass in diesem Buch bereits mehrfach die Kompetenz von Personalexperten für die Durchführung eines HCMs eingefordert wurde.)

„Individuelle Chancen“ impliziert dabei, dass der einzelne Mitarbeiter letzten Endes auch persönlich etwas „davon hat“, wenn ein HCM durchgeführt wird. Führt etwa ein HC-Bewertungsansatz zum Nachweis des Wertes konkreter Fähigkeitsmerkmale eines Mitarbeiters, so lässt dies verstärkte Investitionstätigkeiten des Unternehmens in die individuelle Personalentwicklung erwarten. Abgesehen davon, dass dies in Zeiten der Rechtfertigungsnot von Weiterbildungsmaßnahmen und der verzweifelten Versuche von ROI-Nachweisen schon einen eigenen Reiz hätte, wird eine positive Beantwortung der Frage nach spezifischen Chancen sicherlich auch zur Akzeptanzsteigerung dieses HCMs führen.

Nach Beantwortung dieser fünf Fragen ist ein Weg aus dem Entscheidungsdschungel zu sehen: Differenziert bleiben jeweils einige wenige konkrete Ansätze zur Gestaltung der HC-Bewertung im eigenen Unternehmen übrig, aus denen man noch spezifischer auswählen kann.

2. Entscheidungsbaum

Welche HC-Bewertungsansätze unter Berücksichtigung der erläuterten Kriterien für ein Unternehmen geeignet sind, ist aus einem grafisch dargestellten Entscheidungsbaum ersichtlich (Abbildung 28).

Um den Entscheidungsbaum richtig zu „lesen“, sind an fünf Entscheidungspunkten fünf Leitfragen zu beantworten, wodurch zugleich die HCM-Intention des Unternehmens widergespiegelt wird.

Im Zuge der Beantwortung der Fragen werden sukzessive die Äste des Entscheidungsbaumes abgearbeitet, bis man schließlich zu einer Lösung kommt, also sozusagen den Ausweg aus dem Dschungel-Dickicht findet. Hier gibt es – je nach beschrittenem Lösungsweg – eindeutige Lösungen, die genau einen einzigen Ansatz zur Bewertung des Human Capitals empfehlen; aber es besteht auch die Möglichkeit, in einem breiteren Lösungsraum anzugelangen, der die Anwendung verschiedener Bewertungsansätze zur Auswahl stellt, indem eine kleinere Auswahl infrage kommender Methoden ausgewiesen wird.

Schließlich ist es auch möglich, in einer „Sackgasse“ zu landen: Dies ist dann der Fall, wenn einzelne Antworten den Weg in eine Richtung aufzeigen, an deren Ende kein HC-Bewertungsansatz steht. Dies kann zwei Gründe haben:

- Entweder *kann* es logischerweise überhaupt *keinen geben*, der bestimmte Kriterienkombinationen erfüllt (ohne konkrete Kennzahlen operierende HCM-Ansätze können beispielsweise keine Euro-Werte ausweisen; Ansätze ohne Optimierungsstellschrauben dürften kaum unmittelbares Chancenpotenzial für die Mitarbeiter bieten).
- Oder es *gibt noch keinen*, der dem gewünschten Kriterienbündel gerecht wird.

Hier bieten sich zwei mögliche Auswege:

- entweder ein Stück zurück zu einem früheren Entscheidungsknotenpunkt zu „wandern“ und zu prüfen, ob nicht auch andere Wege einschlagbar sind,
- oder einen eigenen HCM-Ansatz zu entwickeln, der den eigenen Anforderungen gerecht wird.

Jeder Pfad führt am Ende zu anderen HC-Bewertungsansätzen.

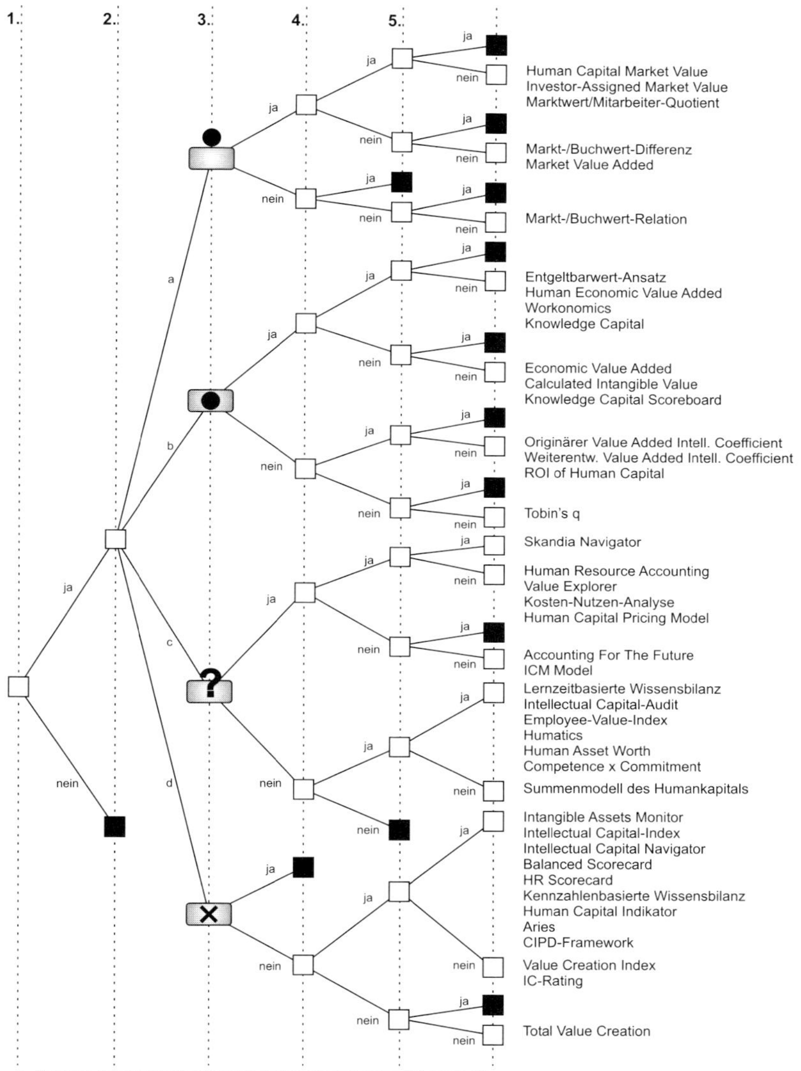

1. Soll das Human Capital unseres Unternehmens bewertet werden?
2. Wie soll die HC-Bewertung erfolgen?
a ... mit jedermann frei zugänglichem Datenmaterial?
b ... ausschließlich unternehmensintern?
c ... auf Basis umfangreicher Datenerhebungen oder durch Berater?
d ... rein verbal ohne exakte HC-Quantifizierung?
3. Sollen als Ergebnis Geldbeträge ausgewiesen werden?
4. Sollen konkrete Stellschrauben zur HC-Optimierung herauskommen?
5. Sollen für die Mitarbeiter individuelle Chancen erkennbar werden?

Abb. 28: Entscheidungsbaum für die Auswahl des geeigneten HC-Bewertungsansatzes

3. Entscheidungsprozess

Was heißt es nun, sich mit Hilfe des vorgestellten Entscheidungsbaumes durch den HCM-Dschungel zu arbeiten?

An einem fiktiven Beispiel soll kurz vorgestellt werden, wie der Ursache-Wirkungs-Zusammenhang zwischen den Entscheidungskriterien der fünf Fragen und der letztlichen Entscheidung für einen HCM-Ansatz aussieht.

Angenommen, ich möchte das Human Capital meines Unternehmens bewerten. Dies ist nicht nur eine an sich schon spannende Herausforderung, sondern soll auch zugleich ein wichtiger Bestandteil für ein umfassendes HCM in „meinem" Unternehmen werden. Ich entscheide mich also in Frage 1 für die Antwort „ja" – und los geht die Reise durch den Dschungel.

Auf jeden Fall brauche ich eine Berechnungsformel, die am Ende eine Zahl ausgibt; denn mit den ausschließlich „verbal operierenden" Ansätzen komme ich nicht sehr weit – mit denen könnte ich allenfalls das Image meiner Personalarbeit aufbessern. HCM ist eine sehr komplexe Aufgabe, die ich im Kontext meiner übrigen Personalarbeit verankern will. Das heißt, dass ich auch bereits bestehende Instrumente des Personal-Tagesgeschäftes in die HCM-Prozesse integrieren muss. Das ist ein langwieriger Prozess, bei dem ich vielleicht sogar auf die Hilfe von Unternehmensberatern angewiesen sein könnte. Möglicherweise schaffen wir das auch alleine, aber auf alle Fälle sollten nach meiner Idealvorstellung zuerst einmal alle bestehenden Systeme an die neuen HCM-Herausforderungen angepasst werden und gegebenenfalls neue Instrumente entwickelt werden: von der Umstellung der üblichen Mitarbeiterbefragungen über die Neueinführung von Exit-Interviews, die Festlegung von Zielkriterien und die Anpassung von EDV-Systemen bis hin zur konkreten Identifikation HC-relevanter Werttreiber sollen umfassende Prozesse initiiert werden. Darum wähle ich bei Frage 2 das Symbol für diejenigen Ansätze, die – eventuell mit fremder Hilfe – umfangreiche Vorlauf-Prozesse erfordern (Weg „c").

Nächste Frage: Will ich einen monetären HC-Wert ermitteln? Ja, unbedingt. Numerische Größen müssen es mindestens sein, und ein Ausweis in Euro ist umso besser. Wie sonst soll mich denn jemand ernst nehmen, wenn ich am Ende der Prozedur anstelle von „Unser Human Capital ist uns wichtig!" nun einen HC-Wert von „42" proklamiere? Das ist doch genauso unverbindlich. Am besten wäre es, ganz konkrete Euro-Werte zu haben, die belegen, was unser Human Capital wirklich wert ist. Meine Antwort auf Frage 3 lautet daher klar „ja".

Angekommen bei Frage 4 ist zu klären, ob konkrete Stellschrauben zur Optimierung des Human Capitals aufgezeigt werden sollen. Man könnte ja theoretisch darauf verzichten – allein der Ausweis einer realistischen HC-Kennzahl in Euro wird alle beeindrucken. Aber HCM kann mehr. Warum sollte man sich damit begnügen, den HC-Wert auszuweisen, ohne nachher auch an den kleinen Rädchen drehen zu können, die die Steigerung dieses Vermögenswertes ermöglichen? Also: Unbedingt „ja" – mein HCM-Ansatz soll mir auch diese Stellschrauben aufzeigen.

Schließlich die letzte Frage, ob nämlich für den einzelnen Mitarbeiter die dem Bewertungsansatz innewohnenden Chancen transparent werden sollen. Ein „nein" wäre hier vermutlich nicht nur arrogant und rücksichtslos, sondern auch töricht – würde es doch ignorieren, dass es beim HCM gerade um die Mitarbeiter geht. Ich möchte mit HCM die Mitarbeiter besser stellen und entscheide mich daher für „ja".

Zu welchem Ergebnis komme ich? Der Skandia Navigator wird mir angeboten. Vielleicht sollte ich noch einmal nachlesen, wie genau der funktioniert. Kapitel C ist hierfür mein kompaktes „Lexikon der HC-Bewertung". Und bei Bedarf kann ich über die Quellen, auf die mich die Fußnoten verweisen, ganz tief in die Geheimnisse dieses Bewertungsansatzes einsteigen. Jedenfalls habe ich nun meinen Ausweg aus dem scheinbar undurchdringlichen HCM-Dschungel gefunden und kann anfangen: Los geht's mit HCM!

Jetzt wissen wir also, wie eine mögliche Entscheidungsfindung aussehen kann. Doch wem dies noch immer zu undurchdringlich wirkt oder wem der Weg einfach nur zu mühsam ist, der mag vielleicht unserem Angebot folgen, gemeinsam mit uns einen Ausweg zu beschreiten: Wer sich nämlich im Dschungel ein bisschen auskennt (die HC-Bewertungsansätze aus Kapitel C) und zugleich die ganzen sonstigen Umwelteinflüsse nicht aus den Augen verliert (die HCM-Postulate aus Kapitel B), dem erschließt sich im folgenden Kapitel E die Möglichkeit, das Wissen um Dschungel und Umwelt zu kombinieren und bei einem weiteren HCM-Ansatz anzugelangen: der „Saarbrücker Formel". Dieser versteht sich selbst als ein Vorschlag, der Komponenten anderer Bewertungsansätze stimmig zu einem eigenständigen neuen HC-Bewertungsvorschlag zusammenführen will.

E Versuch einer Synthese: Die Saarbrücker Formel

1. Hintergrund

In den vorangegangenen Kapiteln dieses Buches hat der Leser Allgemeines und Konkretes zum HCM erfahren. Es wurde deutlich, dass es immens viele und immens vielfältige Bewertungsinstrumente gibt. Wir haben die wichtigsten Verfahren vorgestellt und gezeigt, wie sie funktionieren und was gut und weniger gut an ihnen ist. Zudem können die Unternehmen mit Hilfe des Entscheidungsbaumes nun ein für ihre spezifischen Ziele passendes Verfahren auswählen.

Warum stellen wir dann an dieser Stelle einen neuen HCM-Ansatz vor? Die Antwort: Sicherlich nicht als Konkurrenz, allenfalls als Denkanstoß – und zwar in eine ganz bestimmte Richtung. Sie ergibt sich als Antwort auf die Frage nach dem eigentlichen Sinn des HCMs:

HCM soll sicherstellen, dass der Wert der Belegschaft – also das Human Capital – im Zeitablauf zumindest erhalten bleibt.

Dies bedeutet, dass die Belegschaft, die sich durch eine spezifische Mischung aus Wissen, Qualifikationen und Fähigkeiten auszeichnet, längerfristig in der Lage sein soll, Wertschöpfung zu erbringen. In diesem Sinne bildet die bewertete Gesamtheit der Mitarbeiter eines Unternehmens die HC-Wertbasis ab.

Aber: Das Wertschöpfungsziel ist eingebettet in eine Umwelt, in der sich Wissen permanent fortentwickelt und in der ausgebildete Mitarbeiter – wenn man sie nicht weiterentwickelt – trotz des Aufbaus an zusätzlichem Erfahrungswissen allmählich immer weniger wertschöpfungsrelevantes Wissen besitzen.

Zwar vergessen die Mitarbeiter insgesamt nur relativ langsam einmal Erlerntes, was über eine – hier zu vernachlässigende – Abschreibung von Wissen zum Ausdruck käme. Aber ihr in der kurzfristigen Betrachtung weniger Jahre in etwa konstant bleibendes Wissen „nutzt" Unternehmen im Laufe der Zeit immer weniger, wenn es um die mitarbeiterseitigen Beiträge zum Unternehmenserfolg geht. Es verliert an Aktualität und wird allmählich irrelevant. Der Zeitraum, für den bestimmtem Wissen eine (Wertschöpfungs-)Relevanz zugeschrieben werden kann, variiert in Abhängigkeit von dem spezifischen Wissen und einer Vielzahl von Kontextfaktoren wie beispielsweise der technologischen Entwicklung. Die Forschung liefert heute noch keine absolut sicheren Zahlen bezüglich der Relevanzzeit von beruflichem, letztlich für Unternehmen wertschöpfungsrelevantem Wissen. Daher mag an dieser Stelle als Annäherung für die Darstellung der abnehmenden Wertschöpfungsrelevanz vorhandenen Wissens ein linearer Verlauf unterstellt werden. Hierbei wird davon ausgegangen, dass der totale Relevanzverlust bestimmter Wissensbausteine und spezifischer Qualifikationen möglich ist. Dies bedeutet einen stets drohenden HC-Wertverlust.

Zum Beispiel ist ein Programmierer, der im Jahr 2000 auf dem aktuellsten Wissensstand war, sich seitdem aber nicht fortgebildet hat, 2004 kaum noch dort einsetzbar, wo man bereits diverse Programmgenerationen weiter ist. Trotz des Aufbaus von Erfahrungswissen (in der veraltenden Technologie) ist er dann weitaus weniger wertschöpfungsfähig als ein Programmierer, den man in 2004 neu einstellen würde. Sein Wissen unterliegt also einer äußerst kurzen Gültigkeit, man kann von einer kurzen „Haltbarkeitszeit" des Wissens sprechen.

Ein Unternehmen, das auf Personalentwicklung verzichtet und zugleich niemanden neu einstellt, verliert allmählich seine Wissenssubstanz – obwohl die Mitarbeiter nach wie vor im Unternehmen sind. Das Human Capital würde sich dann allmählich dem Wert „0" annähern. Wie schnell dies geschieht, ist von Branche zu Branche unterschiedlich: In der IT-Branche geschieht dies sicherlich schneller als etwa im öffentlichen Dienst.

Nun heißt dies natürlich nicht, dass Unternehmen ausschließlich die Möglichkeit bleibt, Mitarbeiter nach Verlust ihres Wissens durch neue Mitarbeiter zu ergänzen oder sie zu ersetzen, um ihr Human Capital zu erhalten. Dass dies durchaus eine Option ist, zeigen gerade Beratungsunternehmen mit ihrer „Up-or-Out"-Philosophie. Trotzdem: Unternehmen können ihre Humankapitalträger auch durch Personalentwicklung qualifizieren und damit die Geschwindigkeit des Wissensverlusts abbremsen (Abbildung 29). Dies würde dann eine HC-Wertkompensation darstellen.

Für das Human Capital kommt hinzu, dass alle Mitarbeiter, ob sie auf dem aktuellsten Wissensstand sind oder nicht, zum Wert des Human Capitals beitragen können, wenn sich ihre Arbeit im Unternehmen positiv-motivierend auf andere Mitarbeiter auswirkt und dadurch das vorhandene Human Capital insgesamt besser genutzt wird. In diesem Fall würde sich eine positive HC-Wertveränderung ergeben; umgekehrt bei einer vorherrschenden Demotivation eine negative HC-Wertveränderung.

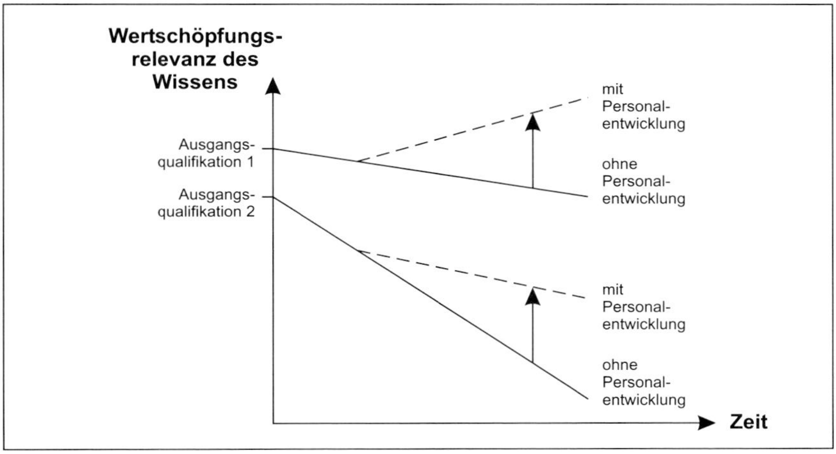

Abb. 29: Exemplarische Verläufe für den zeitabhängigen Rückgang der Wertschöpfungsrelevanz von Wissen

Aus diesen grundlegenden Überlegungen heraus lassen sich bereits an dieser Stelle die vier Komponenten der „Saarbrücker Formel" ableiten (Abbildung 30).

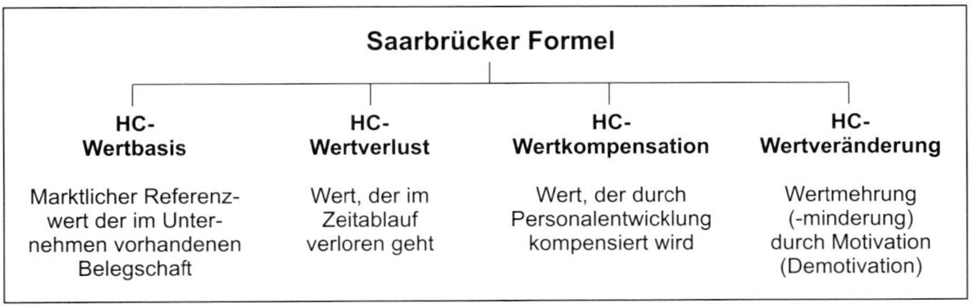

Abb. 30: Die Komponenten der Saarbrücker Formel

Die Berechnung des auf diesen vier Komponenten beruhenden HC-Wertes soll in unserem Ansatz auf Basis von Daten möglich sein, die den Unternehmen in der Periode zur Verfügung stehen, für die das Human Capital gemessen werden soll. Zudem soll sie den zehn Postulaten aus Kapitel B weitgehend gerecht werden.

Die Saarbrücker Formel kombiniert systematisch die Vorteile der vorliegenden HC-Bewertungsvorschläge. Diese Elemente waren in Kapitel C mit dem Symbol „Einkaufswagen" versehen worden, um darauf hinzuweisen, dass es sich hier um wichtige Aspekte handelte, die für einen neuen Bewertungsansatz nicht verloren gehen durften. Im Einzelnen haben wir Aspekte aus drei Klassen von Ansätzen „eingekauft“:

Von den marktwertorientierten Ansätzen haben wir die Idee der Marktmechanismen abgeleitet, indem wir Wirkungszusammenhänge des Arbeitsmarktes in unserer HC-Bewertung berücksichtigen: Dazu greifen wir zum einen auf branchenübliche Löhne und Gehälter (nicht aber die tatsächlich gezahlten!) als Referenzgröße zurück. Zum anderen wird die arbeitsvertraglich spezifizierte Rolle des einzelnen Mitarbeiters als Akteur in diesem Markt thematisiert, indem wir die Kenngröße „Vollzeitkräfte“ (FTE) benutzen, die unter anderem im Human Capital Market Value-Ansatz verwendet wird. Im Ergebnis können wir eine monetäre HC-Kennzahl ausweisen, die recht leicht verständlich ist und unternehmensintern wie unternehmensextern kommuniziert werden kann. Bewusst haben wir hier die Orientierung am Börsenkurs vermieden.

Wie einige Accounting-orientierte Ansätze auch verwenden wir in unserem Ansatz personalbezogene Kosten: Hier werden (neben der Lohnsumme) gerade die Personalentwicklungskosten wichtig. Sie müssten sich als Erhaltungsinvestitionen in das Human Capital in der Bewertung niederschlagen. Derartige Bewertungsvorschläge stammen insbesondere aus dem Human Resource Accounting und dem Entgeltbarwert-Ansatz. Hinzu kommt der Gedanke, dass die Nutzungsdauer wertschöpfungsrelevanten Wissens begrenzt ist und dass dem Wissen ein Wert erst durch einen starken Kontextbezug zukommt. Anregungen hierzu fanden sich etwa bei der lernzeitbasierten Wissensbilanz.

Eine von uns aufgegriffene Idee der indikatorenbasierten HC-Bewertungsansätze ist es, explizit auch „weiche“ Komponenten in die Berechnung aufzunehmen: Unser Motivationsindex gibt Aufschluss über HC-beeinflussendes Mitarbeiterverhalten. Wir wollen dabei keine beliebig zusammengestellte Indikatorensammlung, deren Ergebnisse dann nicht unternehmensübergreifend verglichen werden könnten: Aus diesem Grund entwerfen wir ein Standardverfahren, das durch erfahrene Personalmanager bewältigt werden kann. Anregungen zur Berücksichtigung der Motivation stammen aus unterschiedlichen Bewertungsansätzen – hervorzuheben ist darunter der als „Competence x Commitment“ bezeichnete Ansatz, der den Stellenwert der Motivation besonders deutlich betont, indem er sie multiplikativ mit den restlichen Formelbestandteilen verknüpft. Konzeptionelle Anregungen zu Aspekten der Stabilität, Retention und Fluktuation als Hinweis auf die Dauer der Betriebszugehörigkeit der Mitarbeiter haben wir unter anderem bei dem Intangible Assets Monitor gefunden.

Wir haben bewusst darauf verzichtet, zentrale Ideen der Value Added- und der ertragsorientierten Ansätze in unsere HC-Bewertung zu integrieren: Dadurch wollen wir stringent Bezüge zur *Nutzung* des Human Capitals (Wertschöpfungs- und Ertragsgrößen) aus der *Bestimmung* des Human Capitals heraushalten.

2. Rechenlogik

Folgt man dieser Argumentation, so beinhaltet unsere Saarbrücker Formel vier Komponenten:

1. Zunächst die HC-Wertbasis, die angibt, was für einen Wert die Mitarbeiter grundlegend für das Unternehmen bilden. Sie wird über die Referenzentlohnung auf dem Arbeitsmarkt erfasst.

2. Dann den HC-Wertverlust, der den natürlichen Relevanzverfall des Wissens der Belegschaft abbildet.

3. Zudem die HC-Wertkompensation, die dokumentiert, wie durch Personalentwicklung die abnehmende Wissensrelevanz aufgefangen wird.

4. Schließlich die HC-Wertveränderung, die bei der Bewertung mögliche Motivations- oder Demotivationseffekte der Mitarbeiter erfasst. Sie bilden unterschiedlich effiziente Interaktions- und Kommunikationsstrukturen im Unternehmen ab und lassen sich über Mitarbeiterbefragungen ermitteln.

Die Grundlogik der Saarbrücker Formel besagt, dass eine fähige, hoch motivierte Belegschaft, die über möglichst aktuelles wertschöpfungsrelevantes Wissen verfügt und durch Personalentwicklung weitgehend auf diesem Wissensstand gehalten wird, zu hohen HC-Werten führt.

Im Folgenden wird erläutert, wie die einzelnen Komponenten ermittelt werden.

2.1 HC-Wertbasis

Die HC-Wertbasis spiegelt als Bestandsgröße (in Euro) die Mitarbeiterfähigkeiten wider, die zur Leistungserstellung beitragen. Ihre Berechnung basiert auf Beschäftigtenzahlen und Arbeitsmarktreferenzgehältern.

- Die Beschäftigten des betrachteten Unternehmens werden in Vollzeitkräfte (Full-Time Equivalent, FTE) umgerechnet und in sinnvolle Beschäftigtengruppen (i) unterteilt. Dies sind zum Beispiel bei dem Kriterium „höchster erreichter Ausbildungsabschluss" Gruppen wie Hauptschulabschluss, Mittlere Reife, Abitur, Lehre, Berufsakademieabschluss, Fachhochschulabschluss, Universitätsabschluss, MBA und Promotion. Die Unterteilung resultiert in der Größe FTE_i („Vollzeitbeschäftigte der Gruppe i").

- Als Arbeitsmarktreferenzpreise für das Human Capital der Mitarbeiter in diesen Beschäftigtengruppen werden die branchenüblichen Durchschnittsgehälter und -löhne (l_i) angesetzt. Der Wert der Belegschaft – verstanden als Wiederbeschaffungswert am Arbeitsmarkt – richtet sich also danach, was die Mitarbeiter marktüblich verdienen würden.

Die Produkte aus Vollzeitkräften FTE_i und deren Durchschnittsreferenzgehältern l_i ergeben die Gehaltssummen, die ein Unternehmen branchenüblicherweise für die einzelnen Beschäftigtengruppen seiner Belegschaft zahlen müsste. Dies ist die Formel für die HC-Wertbasis:

$$\text{HC-Wertbasis} = FTE_i * l_i$$

Dieser Betrag repräsentiert somit den „Marktwert" der Beschäftigtengruppen des Unternehmens.

2.2 HC-Wertverlust

Der HC-Wertverlust wird ermittelt, indem die Zeitspanne, über die Wissen zur Erzielung von Wertschöpfung im Unternehmen relevant ist, und der Zeitraum der durchschnittlichen Betriebszugehörigkeit der Mitarbeiter zueinander in Relation gesetzt werden. Dabei stellt die Ermittlung des Verlusts an Human Capital zugleich die Querverbindung zum Wissensmanagement dar – eine Verknüpfung, die im Zeitalter der so genannten „Wissensgesellschaft" unerlässlich scheint.

- Die Quantifizierung der Wissensrelevanzzeit (w_i) stützt sich auf allgemeine Erkenntnisse zur Halbwertszeit des Wissens[197] (als dem Zeitraum, in dem die Hälfte der Wissensinhalte obsolet geworden sind), ergänzt durch die zusätzliche Berücksichtigung branchenspezifischer Besonderheiten. Sie gibt an, in wie viel Jahren aktuelles Fachwissen ohne weitere Auffrischung nicht mehr für die Wertschöpfung brauchbar ist. Unserer Konvention gemäß gehen wir von einer linearen Wissensveraltung in diesem Zeitraum aus.

- Die durchschnittliche Betriebszugehörigkeit (b_i) kann ebenfalls auf der Ebene der unterschiedlichen Beschäftigtengruppen ermittelt werden. Sie repräsentiert die unternehmensseitige Verfügbarkeitsdauer und gleichsam die „Nutzungsdauer" des Human Capitals. Der Wert sinkt, wenn neue

Mitarbeiter beschafft werden. Konstanz im Zeitverlauf unterstellt, gibt die Betriebszugehörigkeit Aufschluss darüber, wie lange der Komplettaustausch der Belegschaft dauern würde: So impliziert etwa eine durchschnittliche Betriebszugehörigkeit von zehn Jahren einen kompletten „Turnover" der Belegschaft nach zehn Jahren.

Durch die Berücksichtigung des Wissensrelevanzaspektes in Verbindung mit der (durchschnittlichen) Zugehörigkeit der Mitarbeiter zum Unternehmen wird die „Verbleibedauer" des Wissens repräsentiert. Dadurch erhält man Aufschluss über den Erhalt beziehungsweise den Verlust an Wissenssubstanz in dem Unternehmen.

Die Division der Wissensrelevanzzeit (w_i) durch die durchschnittliche Betriebszugehörigkeit (b_i) führt zu dem Quotienten für den HC-Wertverlust:

$$\text{HC-Wertverlust} = \frac{w_i}{b_i}$$

Für die Komponente des HC-Wertverlustes, die als Faktor in die HC-Berechnung eingeht, sind dann verschiedene Ausprägungen möglich.

Fall 1: Ist die Wissensrelevanzzeit größer als die durchschnittliche Betriebszugehörigkeitsdauer der Mitarbeiter ($w / b > 1$), so impliziert dies, dass das dem Unternehmen durch seine Mitarbeiter zur Verfügung stehende Wissen sehr „frisch", also auf einem relativ aktuellen Stand ist. In diesem Fall ist das Wissen länger relevant, als die Mitarbeiter im Unternehmen sind; infolge einer im Durchschnitt recht niedrigen Betriebszugehörigkeitsdauer kommt ständig neues Wissen hinzu. Ist Wissen beispielsweise zehn Jahre lang relevant und ist die Belegschaft im Mittel erst fünf Jahre da ($w / b = 2$), dann ist das vorhandene Wissen noch ziemlich aktuell und brauchbar.

Fall 2: Wenn die Wissensrelevanzzeit und die durchschnittliche Betriebszugehörigkeit gleich groß sind ($w / b = 1$), dann ist der Zeitpunkt erreicht, bei dem der Bestand aktuellen Wissens gerade verloren ist und ersetzt werden müsste. Würde sich der Quotient 1 langfristig einpendeln, so stünden der Relevanzverlust des Wissens und der Zufluss neuer Mitarbeiter mit aktuellem Wissen im Fließgleichgewicht, und auch ohne Personalentwicklung würde der Wissensbestand zumindest nicht abnehmen.

Fall 3: Im (wahrscheinlich häufigeren) Fall ($w / b < 1$) ist die Wissensrelevanzzeit niedriger als die durchschnittliche Betriebszugehörigkeit der Humankapitalträger. So bleibt ein bestimmtes Branchenwissen der Medienbranche nur drei Jahre lang relevant, aber die Mitarbeiter im Schnitt zum Beispiel 15 Jahre lang bei einem bestimmten Unternehmen (w / b = 0,2). Dann ist trotzdem nach drei Jahren kein wertschöpfungsrelevantes Wissen mehr vorhanden gewesen, so dass es seitdem zu einer Minderung des Human Capitals kommt.

Wenn ein Unternehmen ohne jegliche Personalbeschaffungsaktivitäten „vor sich hindümpelt", dann wird das Human Capital im Zeitverlauf ceteris paribus abnehmen, da das (unveränderte) Wissen der Mitarbeiter im Laufe der Jahre immer weniger von Nutzen ist, also immer weniger zur Wertschöpfung beitragen kann. Dies stellt einen HC-Wertverlust dar.

Aber Achtung! Zwischen den verschiedenen Komponenten des Human Capitals bestehen Interdependenzen: So führt eine hohe Fluktuation zu niedrigen durchschnittlichen Betriebszugehörigkeiten und reduziert so den HC-Wertverlust. Die generelle Handlungsempfehlung lautet jetzt aber nicht: „Sorge für eine hohe Fluktuation!" Denn eine hohe Fluktuation kann unter den Mitarbeitern Angst auslösen. So wird eine gezielte Reduktion des Nenners b_i durch regelmäßige Personalfreisetzungen (wie etwa bei Unternehmensberatungen häufig nicht unüblich, um „frisches Wissen" in das Unternehmen zu bringen) zwar den HC-Wertverlust reduzieren, zugleich aber auch die (ebenfalls HC-wertrelevante) Motivation mindern.

Wer also das von uns konzipierte Modell zur Bewertung von Human Capital in seiner Vielschichtigkeit begreift, dem ist klar, dass eine hohe Fluktuation nur unter ganz bestimmten Umständen zur Steigerung des Human Capitals führen wird: nämlich dann, wenn dadurch nicht zugleich Motivation, Leistungswille und Commitment der Mitarbeiter nachhaltig beschädigt werden. Und dass Personalfreisetzungen zuerst einmal eine Reduktion der HC-Wertbasis nach sich ziehen, liegt ebenfalls auf der Hand. Vor diesem Hintergrund wäre es sicherlich lohnenswert einmal darüber nachzudenken, ob nicht der Wert des Human Capitals die zentrale Erfolgsgröße sein sollte, an der sich Personalchefs messen lassen sollten. So hätte ein Personalvorstand, der (etwa durch massenhafte Entlassungen) Human Capital zerstört, die negative Entwicklung dieser Erfolgskenngröße seines Geschäftsbereichs zu verantworten.

Personalwirtschaftliche Maßnahmen sind also stets in ihrer vielschichtigen Wirkungsweise zu prüfen, um tatsächlich im Ergebnis eine Steigerung des gesamten Human Capitals herbeiführen zu können.

2.3 HC-Wertkompensation

Die Steigerung des Human Capitals ist nicht nur durch Personalbeschaffung oder das Austauschen von Mitarbeitern, sondern auch durch Personalentwicklung im Sinne einer HC-Wertkompensation möglich: Sie wird durch die im Erhebungszeitraum (zum Beispiel in den letzten vier Quartalen) investierte Personalentwicklungssumme (in Euro) abgebildet.

- Aufgrund unterschiedlicher Anforderungen und Tätigkeiten wird es im Zuge der Quantifizierung der HC-Wertkompensation nützlich sein, einen differenzierten Ausweis der Personalentwicklungskosten (PE) pro Beschäftigtengruppe (PE_i) vorzunehmen. Dabei sei als Konvention an dieser Stelle – wie auch schon bei der zugrunde gelegten Gehaltssumme – der Basiszeitraum von einem Jahr festgelegt, da sich sämtliche HC-Daten auf ein einziges Jahr beziehen und entsprechend zu interpretieren sind.

Das hier implizit dahinterstehende Stichwort ist „lebenslanges Lernen": Vorhandene Mitarbeiter bleiben nur dann wertvolle Humankapitalträger, wenn sie ihr Wissen laufend aktualisieren und auf dem neuesten Stand halten. Programmierer etwa müssen ständig die neuesten Entwicklungen ihrer Programmiersprachen, Programmversionen oder Hardwarekomponenten kennen lernen.

Dabei gilt als implizite Prämisse für die Berücksichtigung von Personalentwicklungskosten in der HC-Bewertungsformel, dass die entsprechenden Weiterbildungs- und Schulungsmaßnahmen „sinnvoll", das heißt der Arbeitsaufgabe beziehungsweise dem Geschäftszweck dienlich sein müssen. Einfach gesagt: Ein an der Steigerung seines Human Capitals interessiertes IT-Unternehmen wird seinen Softwareentwicklern keinen Unterricht in Altgriechisch finanzieren.

Dann ergibt sich zur Berechnung der HC-Wertkompensation:

$$\text{HC-Wertkompensation} = PE_i$$

Durch diesen Euro-Betrag erhöht sich das Human Capital in dem Maße, wie in die Belegschaft in Form von Fort- und Weiterbildung investiert wird. Die HC-Wertkompensationskomponente repräsentiert indirekt zugleich den Wirksamkeitsfaktor „Qualität der Personalarbeit", wenn man davon ausgeht, dass eine Steigerung des Human Capitals letztlich das Ergebnis erfolgreichen Personalmanagements ist.

2.4 HC-Wertveränderung

Die HC-Wertveränderung basiert auf der Idee, dass mit steigender Mitarbeitermotivation das Human Capital höher zu bewerten ist, mit sinkender Motivation dagegen niedriger. Motivation beruht auf funktionierenden sozialen Interaktions- und Kommunikationsstrukturen, die den Mitarbeitern effizientes Arbeiten ermöglichen. Je schlechter die Qualität der Zusammenarbeit ist, umso mehr wird das „theoretisch" verfügbare Human Capital reduziert. An dieser Stelle ist zu betonen, dass der Begriff „Motivation" hier nur als „pars pro toto" steht: Diese Stellgröße des Human Capitals bildet insgesamt ab, wie groß Wille und Bereitschaft der Mitarbeiter sind, sich für den Erfolg ihres Unternehmens einzusetzen. Damit wird – stark vereinfacht – ein ganzes Bündel kommunikativer Strukturen, interaktiver Prozesse und individuellen Commitments abgebildet. Zur Quantifizierung der HC-Wertveränderung wird daher ein Motivationsindex gebildet.

- Im Zuge einer Mitarbeiterbefragung[198] werden dazu mitarbeiterbezogene Durchschnittswerte über diverse Motivationsindikatoren gebildet und zu einem Motivationsindex (M_i) aggregiert. Dieser Motivationsindex, der als Multiplikator in die HC-Berechnung eingeht, wird so gestaltet, dass er Werte „zwischen 0 und 2" annimmt. Je stärker er zu „0" tendiert, desto größer ist die HC-wertmindernde Demotivation der Mitarbeiter; je stärker sich der Wert an „2" annähert, desto besser motiviert sind die Mitarbeiter und desto positiver schlägt sich dies auf den HC-Wert nieder. Ein Motivationsindex von „1" gilt hierbei als „normal" – er ist HC-wertneutral.

Dann repräsentiert der Motivationsindex die HC-Wertveränderung:

$$\text{HC-Wertveränderung} = M_i$$

Die so zu ermittelnden HC-Wertveränderungen führen somit zu beschäftigtengruppenspezifischen Wertmehrungen beziehungsweise Wertminderungen des Human Capitals.

2.5 Zusammenführung

Mit den vier Komponenten HC-Wertbasis, HC-Wertverlust, HC-Wertkompensation und HC-Wertveränderung kann das Human Capital von Unternehmen, Abteilungen oder Teams auf Basis der Saarbrücker Formel berechnet werden.

Legende	
i	Beschäftigtengruppen: hier nach dem Kriterium „höchster erreichter Ausbildungsabschluss" mit i = 9; nämlich: Beschäftigte mit Hauptschulabschluss, Mittlerer Reife, Abitur, Lehre, Berufsakademieabschluss, Fachhochschulabschluss, Universitätsabschluss, MBA oder Promotion
FTE_i	Full-Time Equivalent: in Vollzeitkräfte umgerechnete Beschäftigte des Unternehmens der Beschäftigtengruppe i
l_i	branchenübliche Durchschnittsgehälter und -löhne als Arbeitsmarktpreise pro Beschäftigtengruppe i gemäß aktueller Gehaltsstudien (hier: www.gehaltsstudie.de)
w_i	durchschnittliche Wissensrelevanzzeit für die Beschäftigtengruppe i
b_i	durchschnittliche Betriebszugehörigkeit der Beschäftigtengruppe i
PE_i	im letzten Einjahreszeitraum für die Beschäftigtengruppe i aufgewendete Personalentwicklungskosten
M_i	Motivationsindex der Beschäftigtengruppe i

Führt man die oben im Einzelnen vorgestellten Formelbestandteile jetzt zusammen, so ergibt sich folgende Formel zur Berechnung des HC-Wertes, der als zentrale Kennzahl des HCMs ausgewiesen wird:

$$HC := \sum_{i=1}^{g} \left[\left(FTE_i * l_i * \frac{w_i}{b_i} + PE_i \right) * M_i \right]$$

3. Umsetzung

3.1 Tendenzielle Konkretisierung

Nachdem der Hintergrund und die Operationalisierung der Saarbrücker Formel in den vorangegangenen Ausführungen aufgezeigt worden sind, steht nur noch die Bereitstellung konkreter Daten aus, die eine Berechnung des Human Capitals auf der Basis unseres Ansatzes ermöglichen.

Zur Berechnung der *HC-Wertbasis* sind die notwendigen Zahlen zur Belegschaftsstärke, die über die Kenngröße *„Vollzeitbeschäftigte" (FTE_i)* in die Berechnung einfließen, unternehmensintern ohne großen Aufwand zu generieren. Die Zuordnung der einzelnen Mitarbeiter auf Beschäftigtengruppen sollte mit Hilfe der Personalstammdaten (beispielsweise über das Merkmal „Schulabschluss") unproblematisch sein.

Die ebenfalls zur Berechnung der *HC-Wertbasis* benötigten *Durchschnittsgehälter und -löhne (l_i)* lassen sich aus Gehaltsstudien ableiten (zum Beispiel www.gehaltsstudie.de). Bereits wenn man die Gehaltsdaten für eine Branche hat (hier zum Beispiel für die IT-Branche) und gleichzeitig Informationen zu Gehaltsniveaus im Branchenvergleich (hier zum Beispiel Entlohnungsniveau in der Chemie- und Pharmabranche = 111,91 % der IT-Branche), lassen sich die benötigten Gehaltsangaben relativ einfach ermitteln. In Abbildung 31 haben wir eine solche Branchengehalts-Matrix für das Jahr 2003 aus den fett markierten Ausgangsdaten errechnet.

Nur um keine Missverständnisse aufkommen zu lassen, wenn wir hier auf Ausbildungsabschlüsse rekurrieren: Die insgesamt recht hohen Werte repräsentieren keine Einstiegsgehälter für Schulabgänger oder Universitätsabsolventen. Vielmehr handelt es sich hierbei um marktübliche Referenzgehälter für „den durchschnittlichen Mitarbeiter" in einer bestimmten Branche.

Bei den Daten zur Quantifizierung der *Wissensrelevanzzeit (w_i)* in der Komponente *HC-Wertverlust* beziehen wir uns auf *Giarini* und *Liedtke*, die sich in ihrem Bericht an den Club of Rome aus dem Jahr 1997 auf eine IBM-Studie stützen. Danach liegt die gegenwärtige Halbwertszeit spezifischen Fachwissens für die meisten Berufe bei etwa fünf Jahren, in technischen Berufen bei etwa drei Jahren und in der IT-Branche bei nur einem Jahr. Etwa in der doppelten Zeit wäre das nicht aufgefrischte Wissen überhaupt nicht mehr aktuell und daher für die betriebliche Wertschöpfung irrelevant. Dieser Wissensrelevanzverlust hat unmittelbare Konsequenzen für die Arbeits- und

Branche / Max. Abschluss	Branchen-gehalts-Relation	Haupt-schule	Mittlere Reife	Abitur	Lehre
Chemie/Pharma	**111,91**	50.986,20	57.001,36	55.554,36	48.030,65
Investitionsgüter	**107,47**	48.963,33	54.739,84	53.350,26	46.125,05
Elektrotechnik	**103,18**	47.008,81	52.554,73	51.220,61	44.283,82
IT	**100,00**	**45.560,00**	**50.935,00**	**49.642,00**	**42.919,00**
Transport und Verkehr	**93,29**	42.502,92	47.517,26	46.311,02	40.039,14
Finanzdienstleistung	**90,26**	41.122,46	45.973,93	44.806,87	38.738,69
Energie	**88,84**	40.475,50	45.250,65	44.101,95	38.129,24
Konsumgüter	**88,51**	40.325,16	45.082,57	43.938,13	37.987,61
Maschinenbau/Metallverarbeitung	**80,72**	36.776,03	41.114,73	40.071,02	34.644,22
Dienstleistung (allg.)	**79,42**	36.183,75	40.452,58	39.425,68	34.086,27
Medien/Telekommunikation	**78,16**	35.609,70	39.810,80	38.800,19	33.545,49
Handel (allg.)	**77,87**	35.477,57	39.663,08	38.656,23	33.421,03
Öffentlicher Dienst	**67,86**	30.917,02	34.564,49	33.687,06	29.124,83

Branche / Max. Abschluss	Berufs-akademie	Fach-hoch-schule	Uni-versität	MBA	Promo-tion
Chemie/Pharma	58.373,38	54.184,58	67.263,51	75.726,14	66.194,77
Investitionsgüter	56.057,43	52.034,82	64.594,84	72.721,72	63.568,51
Elektrotechnik	53.819,72	49.957,69	62.016,34	69.818,81	61.030,97
IT	**52.161,00**	**48.418,00**	**60.105,00**	**67.667,00**	**59.150,00**
Transport und Verkehr	48.661,00	45.169,15	56.071,95	63.126,54	55.181,04
Finanzdienstleistung	47.080,52	43.702,09	54.250,77	61.076,23	53.388,79
Energie	46.339,83	43.014,55	53.397,28	60.115,36	52.548,86
Konsumgüter	46.167,70	42.854,77	53.198,94	59.892,06	52.353,67
Maschinenbau/Metallverarbeitung	42.104,36	39.083,01	48.516,76	54.620,80	47.745,88
Dienstleistung (allg.)	41.426,27	38.453,58	47.735,39	53.741,13	46.976,93
Medien/Telekommunikation	40.769,04	37.843,51	46.978,07	52.888,53	46.231,64
Handel (allg.)	40.617,77	37.703,10	46.803,76	52.692,29	46.030,11
Öffentlicher Dienst	35.396,45	32.856,45	40.787,25	45.918,83	40.139,19

Abb. 31: Approximiertes Gehalt 2003 in Euro in Abhängigkeit von höchstem erreichtem Ausbildungsabschluss und Branche (www.gehaltsstudie.de)

Berufswelt: „Im Gegensatz zu früher, als ein Mensch ein bestimmtes Fachwissen erwerben konnte, das sich während seiner aktiven Zeit im Arbeitsmarkt kaum veränderte, sieht er sich heute mit einer Situation konfrontiert, in der er sich ständig weiterbilden muss, um mit den neueren Entwicklungen Schritt zu halten.“[199]

Aus den typischen Verläufen des Wissensrelevanzverlustes in drei Branchen haben wir dann plausibilitätsgestützt grobe Näherungswerte für weitere Branchen abgeleitet (Abbildung 32). Diese Approximationen erlauben bereits eine Quantifizierung des HC-Wertverlustes von Unternehmen, können in der praktischen Anwendung der Saarbrücker Formel jedoch weiter konkretisiert werden, wenn genauere Daten vorliegen.

Branche	**Wissensrelevanzzeit (w)**
Chemie/Pharma	5 Jahre
Investitionsgüter	8 Jahre
Elektrotechnik	6 Jahre
IT	2 Jahre
Transport und Verkehr	7 Jahre
Finanzdienstleistung	7 Jahre
Energie	8 Jahre
Konsumgüter	8 Jahre
Maschinenbau/Metallverarbeitung	6 Jahre
Dienstleistung (allg.)	7 Jahre
Medien/Telekommunikation	3 Jahre
Handel (allg.)	9 Jahre
Öffentlicher Dienst	10 Jahre

Abb. 32: Branchenspezifische Wissensrelevanzzeiten

Eine Aufschlüsselung der Wissensrelevanzzeit (w) nach einzelnen Beschäftigtengruppen (i) ist grundsätzlich möglich (w_i), wird sich jedoch nur im spezifischen Einzelfall sinnvoll generieren lassen. Danach würde also nicht eine generelle, für eine ganze Branche gültige Wissensrelevanzzeit unterstellt, sondern es würde eine weitere Detaillierung in die einzelnen Beschäftigtengruppen (eingeteilt nach Schulabschlüssen oder Tätigkeiten) erfolgen. Dies ist plausibel, wenn man bedenkt, dass die Relevanz von Wissen gerade von konkreten Qualifikations- und Tätigkeitsmerkmalen abhängt. Es ist nahe liegend, bei Tätigkeiten mit einem relativ niedrigen Anteil wissensbasierter Qualifikationserfordernisse tendenziell von eher hohen Wissensrelevanzzeiten auszugehen. Bei solchen überwiegend manuellen Tätigkeiten, die weniger intellektuelle und mehr körperliche Fähigkeiten erfordern, ist die Geschwindigkeit der eintretenden Wissensirrelevanz nämlich geringer.

So werden zum Beispiel in der Finanzdienstleistungsbranche (mit einer branchenbezogenen Wissensrelevanzzeit von 7 Jahren) die Wissensrelevanzzeiten etwa für Sachbearbeiter, Führungskräfte, Spezialisten und Entwickler durchaus voneinander abweichen: Auf Sachbearbeiterebene (Bankkaufleute im Schalterservice) könnte die Wissensrelevanzzeit 10 Jahre, bei Führungskräften (Filialleiter) 6 Jahre, bei Spezialisten (Investment Banker) nur 3 Jahre und bei Entwicklern (Produktentwickler für das Passivgeschäft) sogar nur 2 Jahre betragen.

Die ebenfalls zur Ermittlung des *HC-Wertverlustes* benötigten Informationen über die durchschnittliche *Betriebszugehörigkeit* (b_i) der Mitarbeiter sind in den meisten Management-Informationssystemen (etwa Personalmanagementmodule in der Unternehmenssoftware von SAP oder PeopleSoft) standardmäßig abrufbar.

Auch die Informationen über die *Personalentwicklungskosten* (PE_i) zur Berechnung der *HC-Wertkompensation*, die im letzten Einjahreszeitraum angefallen sind, also zum Beispiel im Vorjahr oder in den letzten zwölf Monaten, sind unternehmensintern verfügbar: Sie sollten unmittelbar aus Management-Informationssystemen oder aus dem Erfahrungswissen der mit HCM betrauten Personalexperten abrufbar sein. Und zwar entweder als aggregierte Zahl für das ganze Unternehmen oder sogar als Detailkennzahlen bezogen auf bestimmte Gruppen von Mitarbeitern. Dann lassen sich im Idealfall beschäftigtengruppenspezifische Personalentwicklungskosten ausweisen.

Die Ermittlung des *Motivationsindex* (M_i) zur Abbildung der *HC-Wertveränderung* basiert auf einer unternehmensinternen Mitarbeiterbefragung.[200] Dabei beurteilen alle Mitarbeiter Aussagen hinsichtlich ihrer Gültigkeit („2“ = trifft voll zu; „1“ = trifft teilweise zu; „0“ = trifft gar nicht zu). Dann werden die mitarbeiterbezogenen Durchschnittswerte über die Motivationsindikatoren über alle n Mitarbeiter (k) einer Beschäftigtengruppe zu jeweils einem Motivationsindex (M_i) aggregiert. Er kann als Gewichtungsfaktor Werte „zwischen 0 und 2“ annehmen.

Abbildung 33 zeigt zehn beispielhaft zusammengestellte Aussagen, die sich in empirischen Voruntersuchungen bereits als valide Motivationsindikatoren (j) herausgestellt haben. Es kann jedoch auch ein anderer Katalog plausibler Motivationsindikatoren (mit anderen Fragen und einer anderen Gesamtzahl an Motivationsindikatoren) zusammengestellt beziehungsweise ein alternatives Instrumentarium zur Erhebung der Mitarbeitermotivation angewendet werden, wenn man dabei mit einer Skala „von 0 bis 2" arbeitet.

	trifft gar nicht zu	**trifft teilweise zu**	**trifft voll zu**
„Die Führungskräfte und Kollegen sind stets gut erreichbar und aufgeschlossen." (Motivationsindikator$_1$)	0	1	2
„Das Verhältnis zu meinen Führungskräften und zu meinen Kollegen sowie die Kommunikation mit ihnen ist gut." (Motivationsindikator$_2$)	0	1	2
„Die Anzahl sowohl formeller als auch informeller Besprechungen ist ausreichend." (Motivationsindikator$_3$)	0	1	2
„Die Kommunikations- und Interaktionsstrukturen im Unternehmen sind transparent und durchschaubar." (Motivationsindikator$_4$)	0	1	2
„Es besteht selten die Notwendigkeit der Nachsteuerung aufgrund von Missverständnissen." (Motivationsindikator$_5$)	0	1	2
„Die Mitglieder der Unternehmensleitung haben eine klare Vorstellung von der Zukunft des Unternehmens." (Motivationsindikator$_6$)	0	1	2
„Die Mitglieder der Unternehmensleitung hatten Erfolg in der Vermittlung der Visionen in klar definierte Unternehmensziele." (Motivationsindikator$_7$)	0	1	2
„Die Mitarbeiter kennen die Dringlichkeit der Herausforderung zum permanenten Erfolg." (Motivationsindikator$_8$)	0	1	2
„Die Mitarbeiter wissen genau, inwiefern ihr eigener Beitrag mit dem Erfolg des Unternehmens verbunden ist." (Motivationsindikator$_9$)	0	1	2
„Wenn ein anderes Unternehmen mich abwerben wollte, würde ich dennoch hier bleiben." (Motivationsindikator$_{10}$)	0	1	2

Abb. 33: Beispielskala für den Motivationsindex

Der Motivationsindex wird dann mit Hilfe der folgenden Formel berechnet:

$$M_i = \frac{1}{n}\sum_{k=1}^{n}\left(\frac{1}{m}\sum_{j=1}^{m}\text{Motivationsindikator}_j\right)_{ki}$$

Mit den Komponenten des Human Capitals und den hier präsentierten Daten zur konkreten Berechnung hat man das Rüstzeug zur Anwendung der Saarbrücker Formel. In einem nächsten Schritt wird eine Interpretationshilfe gegeben, die Rückschlüsse auf die Qualität der HC-Ergebnisse zulässt.

3.2 Interpretation

Das Human Capital nimmt gemäß der Saarbrücker Formel stets Werte „größer oder gleich 0" an. Es wird dabei umso größer,

- je mehr Humankapitalträger (und zwar umgerechnet in Vollzeitkräfte) in einem Unternehmen arbeiten (FTE_i),
- je höher die marktüblichen Durchschnittsgehälter dieser (in Beschäftigtengruppen klassifizierten) Humankapitalträger sind (l_i),
- je aktueller und somit wertschöpfungsrelevanter das Wissen der Humankapitalträger in dem Unternehmen ist (w_i / b_i),
- je höher die Investitionen in Personalentwicklungsmaßnahmen (PE_i) sind und
- je höher die Motivation der Mitarbeiter (M_i) ist.

Der Extremfall HC = 0 tritt dabei nur dann ein, wenn der Motivationsindex in allen betrachteten Beschäftigtengruppen „gleich 0" ist, was bei vollkommener Demotivation im gesamten Unternehmen der Fall wäre, die – wie in der Literatur diskutiert[201] – durchaus denkbar ist.

Als Maximalwert des Human Capitals ist im Regelfall das Doppelte der Summe aus Marktjahresgehältern und Personalentwicklungskosten für die Belegschaft möglich, da der Motivationsindex als Faktor einen Wert von maximal 2 annehmen kann (der Motivationsindex liegt nämlich „zwischen 0 und 2"). Damit ist der Faktor Motivation in der HC-Berechnung eine entscheidende und in ihrer Wirkung nicht zu unterschätzende Stellschraube.

Noch höhere HC-Werte sind vor allem bei neu gegründeten Unternehmen möglich, bei denen der Faktor für den HC-Wertverlust (w_i / b_i) gegebenenfalls

Werte „größer als 1“ annehmen kann, da die durchschnittliche Betriebszugehörigkeit im Nenner hier ein recht kleiner Wert sein muss. Bei älteren Unternehmen würde der Wert „größer als 1“ bedeuten, dass es eine extrem hohe Fluktuation gibt, die zum Komplettaustausch der gesamten Belegschaft in kürzester Zeit führt. Im Regelfall wird der Faktor für den HC-Wertverlust jedoch Werte „kleiner oder gleich 1“ annehmen und sich so insgesamt HC-wertreduzierend auswirken.

Eine HC-Bewertung von einzelnen Abteilungen und Teams ist mit der Saarbrücker Formel ebenfalls möglich: Man verwendet dann Daten aus den entsprechenden Unternehmenseinheiten.

Die tiefere Logik der Saarbrücker Formel erschließt sich vor allem dann, wenn man sie aus der Perspektive der Rechnungslegung betrachtet.

- Kapital bedeutet Wirkpotenzial. Man investiert in der Hoffnung darauf, dass sich dieses Wirkpotenzial später realisieren lässt. So hat analog hierzu beispielsweise ein Grundstück einen Wert, der aus seiner potenziellen Nutzbarkeit resultiert. Die Saarbrücker Formel bezieht sich auf dieses Humankapital im Sinne eines Wirkpotenzials, das sowohl bei einer Erstbeschaffung als auch bei einer Wiederbeschaffung zu investieren wäre.
- Strikt zu trennen von dem Kapital sind die Kosten, die für dessen Beschaffung aufzubringen sind. Wenn also beispielsweise für ein Grundstück völlig überhöhte Maklergebühren gezahlt wurden, so hat dies wenig damit zu tun, welches Kapital – im Sinne von Wirkpotenzial – dieses Grundstück repräsentiert. Derartige Humankapitalbeschaffungskosten gehen deshalb nicht in die Saarbrücker Formel ein.
- Noch klarer auf der Hand liegt der Unterschied zur Kapitalnutzung. Ist ein Grundstücksbesitzer nach getätigter Investition nicht in der Lage, das Kapital – im Sinne von Wirkpotenzial, das in dem Grundstück steckt, – entsprechend in Einnahmen zu transformieren, so mindert dies zunächst einmal überhaupt nicht das ursprünglich investierte Kapital. Die Saarbrücker Formel berücksichtigt ebenfalls explizit nicht die tatsächliche Humankapitalnutzung.

Einer der Vorteile der Saarbrücker Formel liegt somit darin, dass sie die Aggregation von Humankapital, Humankapitalbeschaffungskosten und Humankapitalnutzung in eine Mischgröße nicht zulässt und stattdessen entscheidungstheoretisch ausschließlich auf den Bestand an Humankapital fokussiert.

Der ermittelte HC-Wert bezieht sich auf die Erhebungsperiode, also jeweils auf das aktuelle Erhebungsjahr. Durch die Interpretation von Wissensrelevanzzeiten und Betriebszugehörigkeiten in die Zukunft kommt dem Bewertungsansatz auch eine zukunftsprognostische Qualität zu.

Vor diesem Hintergrund gewinnt die Saarbrücker HC-Kennzahl einen Aussagewert insbesondere durch die vergleichende Betrachtung eigener HC-Werte im Zeitverlauf beziehungsweise zwischen verschiedenen Einheiten (unternehmensintern) oder mit Wettbewerbern der gleichen Branche (unternehmensextern).

Vor allem ist die mit diesem Ansatz vorgenommene Bewertung eher „vorsichtig". In der Terminologie der Bilanzfachleute ausgedrückt findet man hier einige Vorsichtsprinzipien der Bilanzierung wieder: Die Bewertung zu Wiederbeschaffungskosten (über den Rückgriff auf die Marktgehälter) sowie die Bewertung nach dem Niederstwertprinzip (über die starke Berücksichtigung von HC-Wertverlusten), was beides zum Bewertungsziel der Substanzerhaltung an wertschöpfungsrelevantem Wissen beiträgt.

Erste beispielhafte Berechnungen für reale Unternehmen haben gezeigt, dass es auf Basis der Saarbrücker Formel zu HC-Werten kommt, deren Größenordnungen sich gut mit den tatsächlichen Personalkosten vergleichen lassen.

3.3 Rechentableau

HC-Wertbasis					
Beschäftigtengruppe (i)	Anzahl Vollzeitkräfte (FTE_i)	*	Durchschnittsgehalt (l_i)	=	$FTE_i * l_i$
1		*		=	
...		*		=	
g		*		=	

HC-Wertverlust					
Beschäftigtengruppe (i)	Wissensrelevanzzeit (w_i)	/	durchschnittliche Betriebszugehörigkeit (b_i)	=	w_i / b_i
1		/		=	
...		/		=	
g		/		=	

HC-Wertkompensation	
Beschäftigtengruppe (i)	Personalentwicklungskosten (PE_i)
1	
...	
g	

HC-Wertveränderung	
Motivationsindikatoren (mit 0 = trifft gar nicht zu; 1 = trifft teilweise zu; 2 = trifft voll zu)	Mittelwert über alle Mitarbeiter der Beschäftigtengruppe i
1. „Die Führungskräfte und Kollegen sind stets gut erreichbar und aufgeschlossen."	
2. „Das Verhältnis zu meinen Führungskräften und zu meinen Kollegen sowie die Kommunikation mit ihnen ist gut."	
3. „Die Anzahl sowohl formeller als auch informeller Besprechungen ist ausreichend."	
4. „Die Kommunikations- und Interaktionsstrukturen im Unternehmen sind transparent und durchschaubar."	
5. „Es besteht selten die Notwendigkeit der Nachsteuerung aufgrund von Missverständnissen."	
6. „Die Mitglieder der Unternehmensleitung haben eine klare Vorstellung von der Zukunft des Unternehmens."	
7. „Die Mitglieder der Unternehmensleitung hatten Erfolg in der Vermittlung der Visionen in klar definierte Unternehmensziele."	
8. „Die Mitarbeiter kennen die Dringlichkeit der Herausforderung zum permanenten Erfolg."	
9. „Die Mitarbeiter wissen genau, inwiefern ihr eigener Beitrag mit dem Erfolg des Unternehmens verbunden ist."	
10. „Wenn ein anderes Unternehmen mich abwerben wollte, würde ich dennoch hier bleiben."	
Summe Mittelwerte:	
	: 10
= Motivationsindex (M_i) =	

Human Capital										
i	(HC-Wertbasis$_i$	*	HC-Wertverlust$_i$	+	HC-Wert kompensation$_i$)	*	HC-Wert veränderung$_i$	=	HC$_i$
1	(	*		+	)	*		=	
2	(	*		+	)	*		=	
...	(	*		+	)	*		=	
g	(	*		+	)	*		=	
								HC =	

3.4 Anwendungsbeispiel

Um die Ermittlung des Wertes der Belegschaft eines Unternehmens mit Hilfe der Saarbrücker Formel zu veranschaulichen, wählen wir ein fiktives Unternehmen als Anwendungsbeispiel aus.

Ein mittelständisches IT-Unternehmen besteht im Jahr 2004 aus 50 Mitarbeitern, die – gemäß ihres Schulabschlusses – in fünf Beschäftigtengruppen unterteilt werden können:

1. mit Hauptschulabschluss (4 Personen),
2. mit Lehre (12 Personen),
3. mit Abitur (24 Personen),
4. mit Universitätsabschluss (8 Personen) und
5. mit Promotion (2 Personen).

Die meisten Mitarbeiter des Unternehmens arbeiten in Vollzeit; lediglich vier der Verwaltungsangestellten (mit abgeschlossener Lehre) sowie zwei Programmierer (mit Abitur) arbeiten in Teilzeit (mit 50 % des normalen Wochenstunden-Umfangs).

HC-Wertbasis

Somit lassen sich die Beschäftigungsverhältnisse für die verschiedenen Beschäftigtengruppen in Vollzeitkräfte (FTE_i) umrechnen:

$FTE_1 = 4$,

$FTE_2 = 10$,

$FTE_3 = 23$,

$FTE_4 = 8$ und

$FTE_5 = 2$.

Einer aktuellen IT-Gehaltsstudie (www.gehaltsstudie.de) sind die branchenüblichen Durchschnittsgehälter für die fünf Beschäftigtengruppen (l_i) zu entnehmen, nämlich:

$l_1 = 45.560{,}00$ €,

$l_2 = 42.919{,}00$ €,

$l_3 = 49.642{,}00$ €,

$l_4 = 60.105{,}00$ € und

$l_5 = 59.150{,}00$ €.

Daraus lassen sich die branchenüblichen Referenzgehaltssummen der fünf Beschäftigtengruppen als HC-Wertbasis folgendermaßen berechnen:

$FTE_1 * l_1 = 4 * 45.560{,}00$ € = 182.240 €,

$FTE_2 * l_2 = 10 * 42.919{,}00$ € = 429.190 €,

$FTE_3 * l_3 = 23 * 49.642{,}00$ € = 1.141.766 €,

$FTE_4 * l_4 = 8 * 60.105{,}00$ € = 480.840 € und

$FTE_5 * l_5 = 2 * 59.150{,}00$ € = 118.300 €.

HC-Wertverlust

Die Wissensrelevanzzeit (w) beträgt in der IT-Branche etwa 2 Jahre. Allerdings ist der Geschäftsleitung eine detailliertere Aufschlüsselung der Wissensrelevanzzeit in beschäftigtengruppenspezifische Werte auf der Grundlage ihrer Erfahrungen möglich. Daher werden für die Beschäftigtengruppen differenzierte Wissensrelevanzzeiten angesetzt, um zu aussagekräftigeren Größen für den HC-Wertverlust zu gelangen: So wird für die (überwiegend mit manuellen Tätigkeiten betrauten) Mitarbeiter der Beschäftigtengruppe 1 eine Wissensrelevanzzeit von 10 Jahren, für die im Verwaltungsbereich tätigen Mitarbeiter der Beschäftigtengruppe 2 eine Wissensrelevanzzeit von 6 Jahren und nur für die mit IT-spezifischen Aufgabenstellungen konfrontierten Mitarbeiter der Beschäftigtengruppen 3, 4 und 5 die branchendurchschnittliche Relevanzzeit von 2 Jahren angesetzt. Dann gelten folgende Daten:

$w_1 = 10$ Jahre,

$w_2 = 6$ Jahre,

w_3 = 2 Jahre,

w_4 = 2 Jahre und

w_5 = 2 Jahre.

Die durchschnittliche Betriebszugehörigkeit (b_i) in dem IT-Unternehmen – aufgeschlüsselt nach Beschäftigtengruppen – beträgt:

b_1 = 12 Jahre,

b_2 = 7 Jahre,

b_3 = 6 Jahre,

b_4 = 2 Jahre und

b_5 = 7 Jahre.

Damit können die beschäftigtengruppenspezifischen Größen zur Abbildung des HC-Wertverlustes berechnet werden:

$w_1 / b_1 = 10 / 12 = 0{,}83$,

$w_2 / b_2 = 6 / 7 = 0{,}86$,

$w_3 / b_3 = 2 / 6 = 0{,}33$,

$w_4 / b_4 = 2 / 2 = 1{,}00$ und

$w_5 / b_5 = 2 / 7 = 0{,}29$.

HC-Wertkompensation

Das Unternehmen hat für die unterschiedlichen Beschäftigtengruppen im vergangenen Jahr 2003 Personalentwicklungsmaßnahmen durchgeführt, die folgende Kosten verursacht haben:

PE_1 = 5.000 €,

PE_2 = 23.000 €,

PE_3 = 51.000 €,

PE_4 = 6.000 € und

PE_5 = 4.000 €.

HC-Wertveränderung

In dem IT-Unternehmen wurde eine Mitarbeiterbefragung durchgeführt, bei der zu den zehn motivationsbezogenen Aussagen Stellung bezogen wurde.

Für jeden der 50 Mitarbeiter wird über seine zehn Aussagen (= Motivationsindikatoren) der Mittelwert gebildet. Kreuzt beispielsweise einer der Befragten die Werte 1, 2, 1, 0, 1, 1, 2, 2, 2, 2 als seine persönliche Einschätzung an, so erhält man für diesen Mitarbeiter einen Mittelwert von

$$1/10 * \sum_{j=1}^{10} \text{Motivationsindikator}_j =$$

$$1/10 * (1 + 2 + 1 + \ldots + 2) = 1/10 * 14 = 1{,}4.$$

Dies entspricht dem persönlichen Motivationsindex dieses einzelnen Mitarbeiters.

Dadurch ist es möglich, die beschäftigtengruppenspezifischen Motivationsindizes (M_i) zu berechnen. So ergibt beispielsweise der Mittelwert über die vier persönlichen Motivationsindizes der Mitarbeiter der Beschäftigtengruppe 1 dann deren Motivationsindex (M_1) als HC-Wertveränderung:

$$M_1 = \frac{1}{4} \sum_{k=1}^{4} \left(\frac{1}{10} \sum_{j=1}^{10} \text{Motivationsindikator}_j \right)_{k1}$$

$$= 1/4 * (1{,}4 + 0{,}3 + 1{,}9 + 1{,}2)$$

$$= 1/4 * 4{,}8$$

$$= 1{,}2.$$

Analog können die anderen beschäftigtengruppenspezifischen Motivationsindizes berechnet werden, so dass sich folgende Werte ergeben:

$M_2 = 0{,}8$,

$M_3 = 1{,}1$,

$M_4 = 1{,}9$ und

$M_5 = 0{,}7$.

HC-Wert

Die Saarbrücker Formel führt im Anwendungsbeispiel zu folgendem Ergebnis:

$$HC = \sum_{i=1}^{5}\left[\left(FTE_i * l_i * \frac{w_i}{b_i} + PE_i\right) * M_i\right]$$

= (HC-Wertbasis ∗ HC-Wertverlust + HC-Wertkompensation) ∗ HC-Wertveränderung

= [(182.240 € ∗ 0,83 + 5.000 €) ∗ 1,2 + (429.190 € ∗ 0,86 + 23.000 €) ∗ 0,8 + (1.141.766 € ∗ 0,33 + 51.000 €) ∗ 1,1 + (480.840 € ∗ 1,00 + 6.000 €) ∗ 1,9 + (118.300 € ∗ 0,29 + 4.000 €) ∗ 0,7]

= [156.259,20 € ∗ 1,2 + 392.103,40 € ∗ 0,8 + 427.782,78 € ∗ 1,1 + 486.840 € ∗ 1,9 + 38.307 € ∗ 0,7]

= [187.511,04 € + 313.682,72 € + 470.561,06 € + 924.996 € + 26.814,90 €]

HC = 1.923.565,70 €.

Interpretation

Im fiktiven Beispiel ist die Referenzgehaltssumme aller Beschäftigten knapp 2,4 Millionen Euro, der HC-Wert hingegen „nur“ gut 1,9 Millionen Euro – und dies, obwohl die Mitarbeiter sich insgesamt überdurchschnittlich motiviert fühlen. Der Knackpunkt ist, dass das Unternehmen überwiegend über solche Mitarbeiter verfügt, deren Wissen schon weitgehend veraltet ist, und dass die Personalentwicklung diesen HC-Wertverlust offensichtlich nicht kompensiert.

Handlungsempfehlungen

Dem Unternehmen ist zu einer Auffrischung seiner Wissensbasis zu raten – entweder über die Beschaffung aktuell qualifizierter Mitarbeiter oder aber über eine Verstärkung der Personalentwicklungsaktivitäten. Außerdem empfiehlt sich ein weiteres Drehen an der Stellschraube „Motivation“, da sich diese Größe als Multiplikator unmittelbar auf den Wert des Human Capitals auswirkt. Konkrete Maßnahmen sind dabei jeweils unmittelbar auf der Ebene der einzelnen Beschäftigtengruppen möglich.

4. Relativierung

Der Saarbrücker HCM-Ansatz versucht bewusst, die wichtigsten Aspekte einer zeitgemäßen HC-Bewertung zu berücksichtigen und Schwachpunkte anderer Ansätze zu umgehen. Er ist aber – wie viele andere Bewertungsverfahren auch, die Unternehmen selber zur Berechnung heranziehen können – nicht ohne Einsatz an Arbeit und Bemühen zu haben: Die Ermittlung des Motivationsindex und die dazu erforderlichen Mitarbeiterbefragungen verursachen den Unternehmen Kosten und zeitlichen Aufwand.

Dennoch kann sich dieser Aufwand lohnen: nämlich dann, wenn ein Unternehmen die Ergebnisse der HC-Bewertung in eine bessere Wertschöpfung transformiert und die Input-Output-Relation des Human Capitals optimiert.

Es ist völlig klar, dass auch unser Saarbrücker HCM-Ansatz nicht alle Postulate des Kapitels B vollständig erfüllen kann. Im Folgenden zeigen wir kurz, wo wir hinsichtlich der Erfüllung der Postulate den Ansatz relativieren.

Postulat 1: Es ist ausdrücklich nicht Zweck des Saarbrücker HCM-Ansatzes, die (auch spannende) Frage zu beantworten „Was ist die *Personalarbeit* eines Unternehmens wert?“. Ziel unserer HCM-Formel ist es vielmehr, eine sinnvolle Antwort auf die Frage „Was ist die *Belegschaft* eines Unternehmens wert?“ zu geben. Vor dem Hintergrund eines solchen Begriffsverständnisses ist HCM nach dem Saarbrücker Ansatz kein neuer Name für das Personalmanagement generell, sondern ein zunehmend wichtiger Bestandteil.

1	... mehr als eine Umbenennung von Personalmanagement!	●●●●

Postulat 2: Obwohl in Zeiten von allgegenwärtiger Rationalisierung und Personalabbau der Wert einer Belegschaft nicht von allen Unternehmen gleich intensiv als Vermögen betrachtet wird, befasst sich die Saarbrücker Formel mit dem Mitarbeiter als Vermögenswert. Er basiert auf einer Wertbasis, die sich aus den wertschöpfungsrelevanten Fähigkeiten der vorhandenen Mitarbeiter ergibt. Über je mehr Mitarbeiter auf dem aktuellem Wissensstand ein Unternehmen verfügt, desto höher ist der ausweisbare HC-Wert.

2	... Bekenntnis zum Mitarbeiter als Vermögenswert!	●●●●

Postulat 3: Bei der Bewertung des Human Capitals mit der Saarbrücker Formel sind die Personalmanager gefragt, wenn es um die Ermittlung der HC-Wertbasis, des HC-Wertverlustes, der HC-Wertkompensation sowie der HC-Wert-

veränderung geht. Die Bewertung erfolgt auch nicht „nur nebenbei“ im Zuge der Bewertung des gesamten immateriellen Vermögens. Sie fokussiert als personalwirtschaftliches Instrument vielmehr bewusst auf das Personal als Bewertungsobjekt und die Personalexperten als Akteure.

3	… Kernaufgabe von Personalexperten!	●●●●

Postulat 4: Die Saarbrücker Formel verdeutlicht, dass es einen Markt für Human Capital gibt, an dem dieses wertvolle Gut gehandelt wird, wodurch ihm dann auch ein spezifischer Preis zukommt. Hierbei ist der Aktienkurs vollkommen irrelevant. Vielmehr wird auf branchenübliche Referenzgehälter als „Marktpreise“ für Humankapitalträger zurückgegriffen. Im Unterschied zu manchen HC-Bewertungsansätzen wird daher bewusst nicht der tatsächliche Personalaufwand aus der GuV-Rechnung zur Grundlage der Berechnung gemacht: Denn dieser repräsentiert in der Regel nicht Marktpreise; vielmehr ist er beispielsweise das Ergebnis individuellen Verhandlungsgeschicks beim Abschluss von Arbeitsverträgen, oder er ist von Unternehmensseite überhöht, um Mitarbeiter stärker zu binden oder zu motivieren. Unsere Berücksichtigung der durchschnittlichen Betriebszugehörigkeit trägt der marktbasierten Sichtweise ebenfalls insofern Rechnung, als sie zum Teil die Attraktivität des Arbeitsmarktes widerspiegelt.

4	… Ausrichtung auf Arbeitsmarkt!	●●●○

Postulat 5: Die Saarbrücker Formel bietet einen detaillierten Vorschlag zur Bewertung des Human Capitals von Unternehmen. Aus diesem Vorschlag lassen sich Handlungsimplikationen für eine HC-Optimierung ableiten:[202] besonders auf den Feldern der Personalbeschaffung, Personalentwicklung und Motivation von Mitarbeitern. Allerdings werden diese Optimierungsaktivitäten, die möglich wären, im Rahmen dieses Buches nicht explizit ausgeführt.

5	… Bewertung und Optimierung!	●●●○

Postulat 6: „Wert“ wird letztlich durch das spezifische Umfeld und den situativen Kontext mitbestimmt. Gemäß der Saarbrücker Formel bildet – konsistent zum Resource-Based View des Unternehmens – die situationsabhängige Motivationslage der Mitarbeiter einen HC-wertrelevanten Einflussfaktor aus dem internen Unternehmenskontext. Der externe Unternehmenskontext findet Eingang durch die Ermittlung der HC-Wertbasis auf Basis branchenüblicher

Gehälter sowie insbesondere durch die Einbettung in den Branchenkontext über die Berücksichtigung spezifischer Wissensrelevanzzeiten.

6	… gemäß ganzheitlichem Ansatz!	●●●●

Postulat 7: Die Nachhaltigkeit der HC-Bewertung zielt auf den Nutzen ab, den ein Unternehmen in der Zukunft aus seinen Vermögenswerten ziehen kann. Die vorgeschlagene Bewertungsmethode ist hierauf ausgerichtet: So wirkt es sich direkt negativ auf den HC-Wert aus, wenn das Wissen und die Fähigkeiten der Mitarbeiter, das sie für den Wettbewerb des Unternehmens auf den externen Märkten benötigen, sukzessive an Aktualität und damit an Relevanz verlieren. Die Saarbrücker Formel ermittelt somit gegenwartsbezogene und zugleich zukunftsrelevante HC-Kennzahlen, um eine effektive zukunftsgerichtete Entscheidungsunterstützungsfunktion wahrzunehmen.

7	… mit einer expliziten Zukunftsorientierung!	●●●○

Postulat 8: Mit der Saarbrücker Formel, die primär für die Anwendung auf Gesamtunternehmensebene konzipiert ist, ist auch die Ermittlung der HC-Kennzahlen für Abteilungen oder Teams möglich, wenn man nur die dortigen Mitarbeiter berücksichtigt.

8	… gruppenbezogen und unternehmensbezogen!	●●●●

Postulat 9: Erfolgt eine Konzentration auf mindestens eine konkrete Aktivität innerhalb des Personalmanagements, so kann auch ein Nachweis erfolgen, welche isolierte Aktivität welchen tatsächlichen Beitrag zur Steigerung des Human Capitals leistet. Der Saarbrücker HCM-Ansatz konzentriert sich auf drei zentrale Aktivitätsfelder des Personalmanagements (Abbildung 34):

- Personalbeschaffungsmaßnahmen, die durch die Rekrutierung aktuell qualifizierter Mitarbeiter unmittelbar die Veraltung des Wissens im Unternehmen bremsen;
- Personalentwicklungsmaßnahmen, die das Human Capital des Unternehmens durch Investitionen in Weiterbildungsprogramme als HC-Wertkompensation unmittelbar steigern;
- Motivationsmaßnahmen, die eine möglichst positive HC-Wertveränderung anstreben, also mögliche HC-Wertminderungen infolge von Demo-

tivation abfangen beziehungsweise brachliegende Mitarbeiterpotenziale durch Motivation zur vollen Entfaltung bringen und sich so positiv auf den Wert des Human Capitals auswirken.

HC-Bewertung	HC-Wert-verlust	HC-Wert-kompensation	HC-Wert-veränderung
HC-Optimierung	Personal-beschaffung	Personal-entwicklung	Motivation

Abb. 34: Ausgewählte Felder der HC-Bewertung und HC-Optimierung

Daneben sind natürlich weitere personalwirtschaftliche Maßnahmen denkbar, indem beispielsweise besonders werttragende Mitarbeiter im Sinne einer (human-)kapitalerhaltenden Maßnahme an das Unternehmen gebunden werden und dadurch gezielt kontraproduktiver Personalabbau verhindert wird. Wichtig ist jedoch, dass für jedes Aktivitätsfeld der separate Ausweis von Kennzahlen möglich ist. Aus ihnen lassen sich dann unmittelbar konkrete Maßnahmen für die HC-Optimierung ableiten.

Die Identifikation von Stellschrauben, an denen man drehen kann, um das Human Capital zu steigern, ist gerade vor dem Hintergrund wichtig, dass verschiedene personalwirtschaftliche Maßnahmen gegenläufige Auswirkungen auf den HC-Wert haben können. So ist beispielsweise für ein sehr dynamisches Unternehmen, das ständig an neuem Wissen durch neue Mitarbeiter interessiert ist, der Fall denkbar, dass geringe Retentionsbemühungen zugleich demotivierende Impulse auf die Mitarbeiter ausstrahlen. Denn ein relativ gutes Wissensrelevanzzeit/Betriebszugehörigkeits-Verhältnis wirkt sich HC-wertsteigernd aus, während die Demotivation zu einer HC-Minderung führt. Solche mehrfachen Wirkungen werden dann in den Komponenten der Saarbrücker Formel unterschiedlich erfasst.

9	… zentrales Personalmanagement-Aktivitätsfeld!	●●●●

Postulat 10: Der Saarbrücker HCM-Ansatz hilft, sich auf die wettbewerbsintensive Arbeitswelt einzustellen, in der Mitarbeiter auch ihre eigenen Chancen verfolgen. Der Ansatz honoriert beispielsweise für Unternehmen, wenn Mitarbeiter sich um Personalentwicklungsmaßnahmen bemühen; hier besteht eine Zielkongruenz zwischen Unternehmen und Mitarbeitern. Zudem basiert der Ansatz auf der Berechnung der HC-Wertbasis über branchenübliche Referenzgehälter; diese sind Indikatoren auch für den Wettbewerb um das Human

Capital. Die Verwendung der Saarbrücker Formel spiegelt daher den Wettbewerb zwischen den Unternehmen wider, der sich bei gleichzeitiger Erhöhung der individuellen Chancen für die Mitarbeiter in die Unternehmen hinein fortsetzt.

Da die Saarbrücker Formel für Transparenz hinsichtlich des HC-Wertes sorgt, bedeutet dies zugleich die Chance, persönliche Verbesserungs- und Optimierungspotenziale für die Mitarbeiter offen zu legen. Ein wichtiger Andockpunkt ist hier die Unternehmenskultur als das implizit verhaltensprägende Normen- und Wertesystem von Unternehmen:[203] Wenn ein HCM gemäß dem Saarbrücker Ansatz offensiv als wettbewerbsoffen und opportunismustauglich kommuniziert wird, so wirkt dies bei den Mitarbeitern letztlich verhaltenssteuernd. Die kulturelle Verankerung von „HCM-Spielregeln" in Werten wie „Leistungs-" oder „Erfolgsorientierung" führt dann zu einem dauerhaften Wettbewerbsvorteil, durch den der im Human Capital repräsentierte Wert des Unternehmens nachhaltig gesichert und permanent ausgebaut werden kann.

10	… Wettbewerb und Chancenvielfalt!	●●●●

F Ergebnis: Die Auswirkungen ...

Was bedeutet es nun, wenn man sich wirklich in Richtung auf ein klar quantifiziertes HCM bewegt, also tatsächlich Human Capital bewertet? Damit soll in diesem Buch bekanntlich nicht das obligate und konsequenzenlose Bekenntnis zu den Mitarbeitern als wichtigstem Kapital gemeint sein, sondern tatsächlich die „echte" Bewertung, die zu einer eindeutigen Zahl führt. Allerdings – und auch dies kann nicht häufig genug betont werden – geht es hier nicht um die Forderung, ein derartiges HCM zwingend einführen zu *müssen*. Aber HCM-Systeme sind eine für alle Beteiligten zunehmend attraktive Option. Und es geht auch nicht um die Auseinandersetzung mit etwaigen Verfügungsrechten an diesem mitarbeitergebundenen Kapital (was ein Buch für sich selbst wäre). Was uns in diesem Buch zunächst interessierte, war

- die Auseinandersetzung mit grundsätzlichen Anforderungen an derartige Systeme (Kapitel B),
- die vergleichende und systematisierende Darstellung der relevanten Systeme (Kapitel C),
- eine kleine Entscheidungshilfe für die Wahl eines im Einzelfall sinnvollen Systems (Kapitel D) und
- eine betriebswirtschaftlich-fokussierte Synthese zentraler Bausteine („Saarbrücker Formel", Kapitel E).

Als Letztes soll jetzt geprüft werden, welche Konsequenzen sich aus einem derartigen HCM ergeben würden, wenn es tatsächlich zum Einsatz kommt.

- Wird sich etwas verändern?
- Was wird sich verändern?

Von den Antworten auf diese Fragen wird die Zukunft eines Human Capital Managements abhängen.

1. ... für das Unternehmen

Wenn Unternehmen ihr Human Capital bewerten, so entsteht eine Kenngröße, die ähnlich wie das Eigenkapital oder das Anlagevermögen eine spezifische und alles andere als „unverbindliche" Aussagekraft hat. So wird deutlich, ob im Zeitablauf das Human Capital gestiegen oder gesunken ist.

Damit erscheinen aber möglicherweise konkrete Maßnahmen des Managements in ganz neuem Licht: Werden zum Beispiel massiv Mitarbeiter entlassen, so senkt dies die Kosten, reduziert aber unter Umständen überproportional das Human Capital. Noch einmal zur Bekräftigung: Der letzte Satz ist nicht neu. Nur ist es ein gewaltiger Unterschied, ob man einmal eher beiläufig das „Human Capital" erwähnt, oder ob klar wird, dass die Entlassungswelle zwar 20 Millionen Euro pro Jahr an Einsparungen bringen wird, aber 500 Millionen Euro an Human Capital (inklusive der nicht-amortisierten Bildungsinvestitionen) gekostet hat. Ob unter diesen Umständen die Unternehmensleitungen bereit sein werden, in ein seriöses HCM einzusteigen?

Es ist zu erwarten, dass viele Unternehmensaktivitäten im Spiegel des HCMs eine ganz neue Bewertung erfahren – und gerade die Beraterzunft hat hier ihre Steckenpferde: So ist beispielsweise Outsourcing im Hinblick auf das Human Capital eine höchst gefährliche Aktivität, da mit den ausgelagerten Mitarbeitern sukzessive Know-how verloren geht. Dies kann bei Nichtberücksichtigung in der Outsourcing-Planung im schlimmsten Fall zu einer Deprofessionalisierung im Unternehmen führen („Ausverkauf des Human Capitals").[204] Auch das war umgangssprachlich bekannt, aber nicht in Rechenmodelle integrierbar, die die Effektivität von Outsourcing evaluieren wollten.

Überhaupt wäre der umfangreiche Einsatz von externen Beratungen durch eine kompetente HCM-Diskussion innerhalb der Unternehmen infrage gestellt und ein großer Teil der Beratungsaufträge würde richtigerweise nicht mehr erteilt (aber auch das wäre ein neues Buch).

Aus wettbewerbsstrategischer Sicht sind hohe HC-Werte zum einen eine Markteintrittsbarriere: Wenn weitere Konkurrenten den Markt des Unternehmens bearbeiten wollen, brauchen sie qualifizierte Mitarbeiter. Je höher das Human Capital der schon im Markt befindlichen Unternehmen ist, desto mehr Geld muss ein neuer Wettbewerber dafür aufwenden, eine eigene qualifizierte Belegschaft aufzubauen. Zum anderen stellt ein hoher HC-Wert zumindest teilweise eine Austrittsbarriere dar. Im Ergebnis muss die gesamte Wettbewerbsanalyse[205] eine substanzielle Erweiterung durch ein ausformuliertes HCM erfahren.

Den Unternehmen kann es durchaus nutzen, einen hohen HC-Wert in der externen Kommunikation einzusetzen und dadurch ganz gezielt am Ausbau der eigenen Wettbewerbsposition zu arbeiten:

- Im Sinne eines Signallings erfahren Konkurrenten die Höhe der Markteintrittsbarriere.
- Im Sinne eines Employer Branding erfahren potenzielle Bewerber etwas von der Qualität als Arbeitgeber.
- Im Sinne vernünftiger „Investor Relations" können sich zukünftige Arbeitnehmer ein realistisches Bild vom Unternehmen machen, das sich durch die Exaktheit des Rechnungswesens auszeichnet, aber über dessen bloße Rückspiegelfunktion weit hinausgeht.

Analoge Überlegungen gelten für die interne Kommunikation mit den gegenwärtigen Mitarbeitern als Zielgruppe.

In diesem Zusammenhang ist auch das Thema „Corporate Governance" zu erwähnen:[206] Bei dem Bemühen um allgemein anerkannte Standards guter und verantwortungsvoller Unternehmensführung, die in besonderem Maße den Rechten der Aktionäre als Eigenkapitalgebern und Risikoträgern sowie allen übrigen Stakeholdern Rechnung tragen wollen, geht es letztlich um die Gestaltung der gesamten Unternehmensordnung. Die Leitung von Unternehmen mit den unterschiedlichen Gremien (insbesondere Vorstand und Aufsichtsrat) bedarf unter anderem spezieller Steuerungsgrößen, die gegenwärtig jedoch überwiegend an Finanzkennzahlen und Bilanzgrößen gekoppelt sind. Mit HCM ist es möglich, auch das Human Capital als Corporate Governance-relevante Steuerungsgröße zu etablieren, die – im Interesse aller Stakeholder – nützlich sein dürfte, um eine ganzheitliche strategische Aufstellung und Ausrichtung von Unternehmen zu gewährleisten. Die Messung von Human Capital erschließt sich dann als Chance, neue und zusätzliche Erfolgskriterien in die Corporate Governance-Diskussion einzubringen.

Insgesamt wird deutlich, dass ein „echtes" HCM für Unternehmen weitreichende Konsequenzen mit sich bringt und nicht nur zu einer Bewertung des Human Capitals führt, sondern auch zu einer Neubewertung von Managemententscheidungen – also ein doppelter Weg heraus aus der Unverbindlichkeit.

2. ... für die Mitarbeiter

HCM und die Messung von Mitarbeiterfähigkeiten werden verstärkt das Thema innerbetrieblicher Auseinandersetzungen werden: Einige Interessengruppen halten die Ermittlung des menschlichen Kapitals durch Mess- und Rechenverfahren generell für verwerflich und lehnen sie grundsätzlich ab, um die Würde des Mitarbeiters zu wahren und ihn vor Diskriminierung zu schützen;[207] andere formulieren Bedenken hinsichtlich der Möglichkeiten und Grenzen einer „fairen" Ausgestaltung von HCM. Das Gegenargument lautet, lieber ein transparentes HCM zu verstehen, anzunehmen und zum eigenen Vorteil damit umzugehen, als es abzulehnen und es dann doch unter anderem Vorzeichen (zum Beispiel unter der Bezeichnung „Performance Measurement") akzeptieren zu müssen. Mitarbeiter sind in der Zukunft deshalb verstärkt gefragt, eine Position für oder gegen HCM zu beziehen.

Natürlich: Die Mitarbeiter sollten den HCM-Systemen gegenüber durchaus (konstruktiv) kritisch eingestellt sein. Sei es, um einem grenzenlosen Machbarkeitswahn entgegenzutreten, sei es, um im Hinterkopf zu behalten, dass ein HCM auch lediglich eine Abstraktion sehr komplexer Zusammenhänge darstellt.

Trotzdem: Die Mitarbeiter brauchen keine Angst davor zu haben, als Individuen herabgesetzt zu werden. Über den Wert einzelner Mitarbeiter ist in einem für Unternehmen sinnvollen HCM nichts ausgesagt! Dort wird das Human Capital der Gesamtbelegschaft eines Unternehmens bewertet.

Was aber haben Mitarbeiter von einem HCM? Mitarbeiter können die Ergebnisse eines HCMs im Unternehmen genau verfolgen und versuchen, für sich persönlich Chancen darin zu erkennen. Fokussiert die HC-Optimierung, die sich an die Bewertung anschließt, beispielsweise auf die Personalentwicklung, kann man als Mitarbeiter aktiv versuchen, von dem „Kuchen" etwas abzubekommen. Zudem dürften manche Managemententscheidungen (Entlassungen, Outsourcing) für Mitarbeiter günstiger ausfallen, wenn ein HCM zum Einsatz kommt.

Hier ist es geradezu paradox, wenn ein Betriebsrat (oder jemand anderes!) mit stolz geschwellter Brust und hohem moralischem Ethos die Einführung eines HCM-Systems blockiert, dann aber eine Massenentlassung akzeptieren muss, zu der es nicht gekommen wäre, wenn man sich auf ein HCM-System gestützt hätte (sei es, weil im Vorfeld anders gehandelt worden wäre, oder aber, weil in der konkreten Situation anders entschieden worden wäre).

Trotzdem ist HCM kein neuer Mechanismus zur Schaffung einer Stammplatzgarantie – besonders nicht für Mitarbeiter, deren wertschöpfungsrelevantes Wissen veraltet ist und die dagegen nichts unternommen haben! Aber es hilft gerade auch den Mitarbeitern, sinnvoll mit einer Berufswelt ohne Arbeitsplatzsicherheit umzugehen. HCM wird auf absehbare Zeit ein zentrales Thema bleiben. In dieser Hinsicht ist es sicherlich wichtig für das eigene Fortkommen im Unternehmen, HCM offen gegenüberzustehen und auch aktiv mitzuwirken: Hierdurch behalten Mitarbeiter ihren Gestaltungseinfluss und sind eher über aktuelle Änderungen informiert, als wenn sie sich der HCM-Thematik verweigern.

Dies leitet auch über zum HCM-bezogenen Lernen (was aber eigentlich auch schon wieder ein eigenes Buch wäre); denn: „Hier gibt es in der öffentlichen Diskussion große Probleme, weil das Fachvokabular der Wirtschaftswissenschaft, insbesondere der Betriebswirtschaftslehre, von Fachfremden nicht nur nicht verstanden, sondern immer wieder von Interessenvertretern aller Art bewusst missverstanden wird."[208] HCM zu verstehen, schützt vor ideologischer Vereinnahmung, und das Durchschauen der HCM-Spielregeln mindert das Risiko, für undifferenzierte Auseinandersetzungen mit der schwierigen Thematik anfällig zu sein.

Dass insbesondere Mitarbeiter als immaterielle Vermögensbestandteile einen Wert haben, ist schon seit vielen Jahrzehnten bekannt und unbestritten. Bisher setzte man sich jedoch mangels äußeren Zwangs über die Notwendigkeit einer exakten Quantifizierung hinweg. Die neue Arbeitswelt ohne Stammplatzgarantie zwingt hier auch Mitarbeiter zum Umdenken. Also: Ganz gleich, ob man dieses Szenario begrüßt oder fürchtet, man tut – gerade als Mitarbeiter – gut daran, es zu erkennen und sich darauf vorzubereiten.

3. ... für die Personalabteilung

Der Begriff „Human Capital Management“ versetzt gegenwärtig viele in einen geradezu magischen Bann. Denn das Hauptaugenmerk der Unternehmensleitung konzentriert sich auf messbare Kennzahlen, da nur diese Werte als wahrnehmbare Steuerungs- und Ergebnisgrößen gelten. Alle müssen sich daher darauf einstellen, dass an allen möglichen Ecken im Unternehmen gemessen wird: „The firm becomes what it measures.“[209]

Wer aber führt die Bewertung durch? Hier gibt es zwei Meinungen:

- Die eine belässt der Personalabteilung die pauschalisiert-verbale Bewertung der Mitarbeiter als „wichtigstem Wert“ und verlagert die Ermittlung „wirklicher“ Zahlen auf andere Aufgabenträger.
- Die andere positioniert auch das „numerische“ HCM in der Personalabteilung.

Auch wenn gegenwärtig Unternehmen, Verbände und Hochschullehrer (leider) überwiegend die erstgenannte Position vertreten, spricht vieles für die zweite Variante. Danach wird gerade wegen der Spezifität der Fragestellung die Bewertung des Human Capitals zunehmend zur Aufgabe der Personalabteilung und insbesondere dann zu einer echten Herausforderung, wenn die Personalabteilung von dem HC-Bekenntnis über die HC-Bewertung bis hin zur HC-Optimierung ein konsistentes HCM verfolgt. Die Personalabteilung profitiert damit von einem Professionalisierungsschub und verdeutlicht dadurch zugleich ihre strategische Relevanz.

Bereits die Existenz eines HC-Wertes ist ein Signal für das Vorhandensein eines modernen Personalmanagements. Die Einführung eines vernünftigen Messsystems kann der Personalabteilung Argumentationshilfen geben zum Nachweis ihres Wertschöpfungsbeitrages im Unternehmen.

HCM wird nicht betrieben, um eine Legitimation für die Entlassung von Mitarbeitern zu erhalten. Vielmehr ist die Durchführung eines HCMs ein Indiz dafür, dass ein Unternehmen sich der Erfolgsrelevanz seines Personals bewusst ist. Die infolge demographischer Veränderungen bevorstehenden dramatischen Umwälzungen und Strukturveränderungen in der Arbeitswelt werden den Nutzen von HCM in Zukunft noch deutlicher betonen. In diesem Sinne mag HCM (und der Saarbrücker HCM-Ansatz) weitsichtige Personalexperten schon heute unterstützen, um – im Interesse aller Stakeholder – frühzeitig den Herausforderungen der Zukunft wirksam zu begegnen.

Natürlich erfordert die HC-Bewertung professionelles Personal in der Personalabteilung. Die Realisierung eines entsprechenden Systems kann ein guter Anlass für einen Quantensprung in der Qualifizierung der Personalabteilungs-Mitarbeiter sein. Im Ergebnis kann die Personalabteilung damit ihre Rolle als (strategischer) Business Partner[210] der Unternehmensleitung stärken: Sie kann sich als strategische Denkerin und Gestalterin positionieren, und zwar durch die Betonung ihrer Kompetenz im Sinne von Befähigung und ihrer Kompetenz im Sinne von Befugnis – vor allem, indem sie (jenseits der Personalkosten) in ihrem Geschäftsfeld „Optimierung von Human Capital" aus der Unverbindlichkeit verbaler Worthülsen vom Typ „Wort zum Sonntag" heraustritt. Aber auch hier wieder die Frage: Wollen das alle Personalabteilungen? Die Antwort: Hoffentlich – im Interesse aller!

Quellen

1 *Deutsche Gesellschaft für Personalführung e.V.* (Hrsg.), Wertorientiertes Personalmanagement – ein Beitrag zum Unternehmenserfolg. Konzeption – Durchführung – Unternehmensbeispiele, Bielefeld (Bertelsmann) 2004.

2 *Becker, Gary S.*, Investment in Human Capital. A Theoretical Analysis, in: Journal of Political Economy 70 (Supplement October 1962), 9–49, hier: 9.

3 *Hayn, Sven/Graf Waldersee, Georg*, IFRS/US-GAAP/HGB im Vergleich. Synoptische Darstellung für den Einzel- und Konzernabschluss, Stuttgart (Schäffer-Poeschel) 4. Aufl. 2003.

4 *Picot, Arnold/Reichwald, Ralf/Wigand, Rolf T.*, Die grenzenlose Unternehmung. Information, Organisation und Management, Wiesbaden (Gabler) 5. Aufl. 2003.

5 *Hitt, Michael A./Bierman, Leonard/Shimizu, Katsuhiko/Kochhar, Rahul*, Direct and Moderating Effects of Human Capital on Strategy and Performance in Professional Service Firms: A Resource-Based Perspective, in: Academy of Management Journal 44 (2001), 13–28.

6 *Scholz, Christian*, Zur Konzeption einer strategischen Personalplanung, in: Zeitschrift für betriebswirtschaftliche Forschung 34 (1982), 979–994; *Ackermann, Karl-Friedrich*, Konzeptionen des Strategischen Personalmanagements für die Unternehmenspraxis, in: *Glaubrecht, Helmut/Wagner, Dieter* (Hrsg.), Humanität und Rationalität in Personalpolitik und Personalführung. Beiträge zum 60. Geburtstag von *Ernst Zander*, Freiburg/Brsg. (Haufe) 1987, 39–68.

7 ausführliche Darstellung in *Scholz, Christian*, Personalmanagement. Informationsorientierte und verhaltenstheoretische Grundlagen, München (Vahlen) 5. Aufl. 2000.

8 *Obermeier, Birgit*, Minus für Minderleister. US-Unternehmen entlassen regelmäßig ihre „Low Performer" – ein Vorbild für deutsche Firmen?, in: Süddeutsche Zeitung, Beilage Nr. 32, 08.02.2003, V1/15.

9 *Scholz, Christian*, Spieler ohne Stammplatzgarantie. Darwiportunismus in der neuen Arbeitswelt, Weinheim (Wiley-VCH) 2003.

10 *Drucker, Peter F.*, The New Society of Organizations, in: Harvard Business Review 70 (5/1992), 95–104, hier: 101.

11 *Vester, Frederic*, Der Wert eines Vogels. Ein Fensterbilderbuch, München (Kösel) 4. Aufl. 1987; *Vester, Frederic*, Was kostet die Welt?, Interview von *Willenbrock, Harald*, in: brandeins 5 (2/2003), 62–63.

12 *Nagel, Annette*, Personalarbeit in der Rezession: Zur Bedeutung der Mitarbeiterinteressen, München – Mering (Hampp) 1997; *Scholz, Christian*, Personalmanagement. Informationsorientierte und verhaltenstheoretische Grundlagen, München (Vahlen) 5. Aufl. 2000, 58–69.

13 *Scholz, Christian/Stein, Volker/Bechtel, Roman*, Zehn Postulate für das Human-Capital-Management, in: Personalwirtschaft 30 (5/2003), 50–54.

14 *Hentze, Joachim*, Personalwirtschaftslehre 2. Personalerhaltung und Leistungsstimulation, Personalfreistellung und Personalinformationswirtschaft, Bern – Stuttgart – Wien (Haupt) 6. Aufl. 1995, 334; *Mroß, Michael D.*, Risiken bei Investition in das Personalvermögen und Strategien zu deren Absicherung, München – Mering (Hampp) 2001, 84.

15 *AON Corporation*, Human Capital – Management Consulting, http://www.aon.com/hc_consulting/default.jsp, abgerufen am 05.11.2003.

16 *Friedman, Brian S./Hatch, James, A./Walker, David M.*, Mehr-Wert durch Mitarbeiter. Wie sich Human Capital gewinnen, steigern und halten lässt, Neuwied – Kriftel (Luchterhand) 1999.

17 *Deloitte & Touche*, Human Capital, http://www.deloitte.com/dtt/section_node/0,2332,sid%3D2038,00.html, abgerufen am 25.11.2003.

18 http://www.humancapitalmag.com/, abgerufen am 05.11.2003.

19 *Gartner, Inc.*, Human Capital Assessment & Strategies, http://www4.gartner.com/3_consulting_services/Solutions/hcaStrategies.jsp, abgerufen am 06.11.2003.

20 *PeopleSoft, Inc.*, Human Capital Management, http://www.peoplesoft.com/corp/en/products/line/hrms/index.jsp, abgerufen am 22.07.2003.

21 *PricewaterhouseCoopers*, Global Human Capital Survey 2002, http://www.pwcglobal.com/de/ger/about/press-rm/ger_150_Report-exec-briefing.pdf, abgerufen am 22.07.2003.

22 *SAS Institute, Inc.*, SAS® Human Capital Management, http://www.sas.com/solutions/hrmanagement/, abgerufen am 22.07.2003.

23 *Watson Wyatt GmbH*, Der Human Capital Index™. Europäische Studienergebnisse 2000, Düsseldorf – München 2001; *Watson Wyatt Partners*, Human Capital Index™. Fragebogen 2002, Düsseldorf – München 2002.

24 *Deutsche Gesellschaft für Personalführung e.V.* (Hrsg.), Wertorientiertes Personalmanagement – ein Beitrag zum Unternehmenserfolg. Konzeption – Durchführung – Unternehmensbeispiele, Bielefeld (Bertelsmann) 2004.

25 *Webber, Alan M.*, What's so New about the New Economy?, in: Harvard Business Review 71 (1/1993), 24–42, hier: 24–25.

26 *Ruf, Wolfgang, J.*, Mit geborgten Allüren. Kulturpolitiker in Not – Theaterintendanten in Panik, in: MUT. Forum für Kultur, Politik und Geschichte, Nr. 429 (5/2003), 72–77, hier: 75.

27 *Lanthaler, Werner/Zugmann, Johanna*, Die ICH-Aktie. Mit neuem Karrieredenken auf Erfolgskurs, Frankfurt/Main (Frankfurter Allgemeine Buch) 2000.

28 *Baetge, Jörg/Fey, Gerd/Weber, Claus-Peter*, § 248 Bilanzierungsverbote, in: *Küting, Karlheinz/Weber, Claus-Peter* (Hrsg.), Handbuch der Rechnungslegung – Einzelabschluss. Kommentar zur Bilanzierung und Prüfung, Stuttgart (Schäffer-Poeschel) 5. Aufl. 2003, Rn. 44, 16–17.

29 *Hauptfachausschuss des IDW*, IDW Rechnungslegungsstandard: Aufstellung des Lageberichts, in: Die Wirtschaftsprüfung 51 (1998), 653–666, hier: 661.

30 *Harvey, Michael G./Lusch, Robert F.*, Balancing the Intellectual Capital Books: Intangible Liabilities, in: European Management Journal 17 (1999), 85–92, hier: 86; *Caddy, Ian*, Intellectual Capital: Recognizing Both Assets and Liabilities, in: Journal of Intellectual Capital 1 (2000), 129–146.

31 *Scholz, Christian*, Personalmanagement. Informationsorientierte und verhaltenstheoretische Grundlagen, München (Vahlen) 5. Aufl. 2000, 50.

32 *Granovetter, Mark S.*, Economic Action and Social Structure: The Problem of Embeddedness, in: American Journal of Sociology 91 (1985), 481–510.

33 *Pfeffer, Jeffrey/Salancik, Gerald R.*, The External Control of Organizations. A Resource Dependence Perspective, New York etc. (Addison-Wesley) 1978.

34 *Simon, Hermann*, Was ist ein Mitarbeiter wert?, in: management Berater 4 (7/2000), 52–53.

35 *Simon, Hermann*, Was ist ein Mitarbeiter wert?, in: management Berater 4 (7/2000), 52–53, hier: 53.

36 *Bechtel, Roman*, Wertschöpfung durch Personalführung, in: *Scholz, Christian/Gutmann, Joachim* (Hrsg.), Webbasierte Personalwertschöpfung. Theorie – Konzeption – Praxis, Wiesbaden (Gabler) 2003, 159–175.

37 *Peters, Tom*, The Tom Peters Seminar. Crazy Times Call for Crazy Organizations, New York (Random House) 1994.

38 *Scholz, Christian/Stein, Volker*, Darwiportunismus und Selbstqualifikation, in: *Schleiken, Thomas* (Hrsg.), Wenn der Wind des Wandels weht ... Kooperative Selbstqualifikation im organisationalen Kontext. Festschrift für *Clemens Heidack* anlässlich seines 65. Geburtstages, München – Mering (Hampp) 2003, 45–56.

39 *Alfred Herrhausen Gesellschaft für internationalen Dialog* (Hrsg.), Wieviel Bildung brauchen wir? Humankapital in Deutschland und seine Erträge, Kriftel (Libro) 2002.

40 *Stein, Volker*, Personalcontrolling, innovative Aspekte, in: *Horváth, Péter/Reichmann, Thomas* (Hrsg.), Vahlens Großes Controlling Lexikon, München (Beck/Vahlen) 2. Aufl. 2003, 539–541.

41 *Scholz, Christian*, Personalmanagement. Informationsorientierte und verhaltenstheoretische Grundlagen, München (Vahlen) 5. Aufl. 2000, 83–85.

42 zum Beispiel *North, Klaus*, Wissensorientierte Unternehmensführung. Wertschöpfung durch Wissen, Wiesbaden (Gabler) 1998; *North, Klaus/Probst, Gilbert J. B./Romhardt, Kai*, Wissen messen – Ansätze, Erfahrungen und kritische Fragen, in: Zeitschrift Führung + Organisation 67 (1998), 158-166; *Bontis, Nick/Dragonetti, Nicola C./ Jacobsen, Kristine/Roos, Göran*, The Knowledge Toolbox: A Review of the Tools Available to Measure and Manage Intangible Resources, in: European Management Journal 17 (1999), 391–402; *Picot, Arnold/*

Fiedler, Marina, Der ökonomische Wert des Wissens, in: *Boos, Monica/Goldschmidt, Nils* (Hrsg.), WissensWert!? Ökonomische Perspektiven der Wissensgesellschaft, Baden-Baden (Nomos) 2000, 15–37; *Picot, Arnold/Scheuble, Sven*, Die Rolle des Wissensmanagements in erfolgreichen Unternehmen, in: *Mandl, Heinz/Reinmann-Rothmeier, Gabi* (Hrsg.), Wissensmanagement: Informationszuwachs – Wissensschwund? Die strategische Bedeutung des Wissensmanagements, München – Wien (Oldenbourg) 2000, 19–38; *Bontis, Nick*, Assessing Knowledge Assets: A Review of the Models Used to Measure Intellectual Capital, in: International Journal of Management Reviews 3 (1/2001), 41–60; *Upton Jr., Wayne S.*, Business and Financial Reporting. Challenges from the New Economy. Special Report, Financial Accouting Series No. 219-A, Norwalk, Connecticut (Financial Accounting Standards Board of the Financial Accounting Foundation) April 2001; *Sveiby, Karl-Erik*, Methods for Measuring Intangible Assets, in: http://www.sveiby.com/articles/IntangibleMethods.htm, Oktober 2002, abgerufen am 17.06.2003.

43 *Picot, Arnold/Scheuble, Sven*, Die Rolle des Wissensmanagements in erfolgreichen Unternehmen, in: *Mandl, Heinz/Reinmann-Rothmeier, Gabi* (Hrsg.), Wissensmanagement: Informationszuwachs – Wissensschwund? Die strategische Bedeutung des Wissensmanagements, München – Wien (Oldenbourg) 2000, 19–38.

44 *Stewart, Thomas A.*, Intellectual Capital. The New Wealth of Organizations, London (Nicholas Brealey) 1997, 224–225.

45 *Stewart, Thomas A.*, Intellectual Capital. The New Wealth of Organizations, London (Nicholas Brealey) 1997, 225.

46 *Stewart, Thomas A.*, Intellectual Capital. The New Wealth of Organizations, London (Nicholas Brealey) 1997, 224–225.

47 *Fitz-enz, Jac*, The ROI of Human Capital. Measuring the Economic Value of Employee Performance, New York etc. (Amacom) 2000, 38.

48 *Fitz-enz, Jac*, The ROI of Human Capital. Measuring the Economic Value of Employee Performance, New York etc. (Amacom) 2000, 31.

49 *Standfield, Ken*, Extending the Intellectual Capital Framework, in: http://www.knowcorp.com/article075.htm, 1999, abgerufen am 06.06.2001.

50 *Tobin, James*, A General Equilibrium Approach to Monetary Theory, in: Journal of Money, Credit, and Banking 1 (1969), 15–29.

51 *Mankiw, Gregory N.*, Makroökonomik, Stuttgart (Schäffer-Poeschel) 3. Aufl. 1998, 512.

52 *Sveiby, Karl-Erik*, Methods for Measuring Intangible Assets, in: http://www.sveiby.com/articles/IntangibleMethods.htm, Oktober 2002, abgerufen am 17.06.2003.

53 *North, Klaus/Probst, Gilbert J. B./Romhardt, Kai*, Wissen messen – Ansätze, Erfahrungen und kritische Fragen, in: Zeitschrift Führung + Organisation 67 (1998), 158–166, hier: 160.

54 *North, Klaus/Probst, Gilbert J. B./Romhardt, Kai*, Wissen messen – Ansätze, Erfahrungen und kritische Fragen, in: Zeitschrift Führung + Organisation 67 (1998), 158–166, hier: 160.

55 *Simon, Hermann*, Was ist ein Mitarbeiter wert?, in: management Berater 4 (7/2000), 52–53.

56 *Simon, Hermann*, Was ist ein Mitarbeiter wert?, in: management Berater 4 (7/2000), 52–53, hier: 53.

57 *Simon, Hermann*, Was ist ein Mitarbeiter wert?, in: management Berater 4 (7/2000), 52–53, hier: 52.

58 *Simon, Hermann*, Was ist ein Mitarbeiter wert?, in: management Berater 4 (7/2000), 52–53, hier: 52.

59 *Ernst & Young LLP*, Measures that Matter, ohne Ort 1997.

60 *Cap Gemini Ernst & Young*, Measuring the Future. The Value Creation Index, Cambridge, MA 2000; *Low, Jonathan,* The Value Creation Index, in: Journal of Intellectual Capital 1 (2000), 252–262.

61 *Nash, Humphrey H.*, Value Based Accounting, http://home.sprintmail.com/~humphreynash/index.htm, abgerufen am 23.07.2003.

62 *Hermanson, Roger H.*, Accounting for Human Assets, Occasional Paper No. 14, Michigan State University, East Lansing, Michigan 1964; *Brummet, R. Lee/Flamholtz, Eric G./Pyle, William C.*, Human Resource Measurement – A Challenge for Accountants, in: The Accounting Review 43 (1968), 217–224; *Brummet, Lee R./Flamholtz, Eric G./Pyle, William C.* (Hrsg.), Human Resource Accounting. Development and Implementation in Industry, Ann Arbor, Michigan (Braun & Brumfield) 1969; *Committee on Human Resource Accounting,*

Report of the Committee on Human Resource Accounting, in: The Accounting Review, Supplement (1973), 169–185; *Flamholtz, Eric*, Human Resource Accounting, Encino/California – Belmont/California (Dickenson) 1974; *Conrads, Michael*, Human Resource Accounting als Abbildung des Humanvermögens in Unternehmensrechnungssystemen für die Lösung interner und externer Aufgaben eines Unternehmens unter besonderer Berücksichtigung der aktienrechtlichen Jahresabschlußrechnung, Diss., Universität Köln 1975; *Mirvis, Philip H./Macy, Barry A.*, Human Resource Accounting: A Measurement Perspective, in: Academy of Management Review 1 (2/1976), 74–83; *Aschoff, Christoff*, Betriebliches Humanvermögen. Grundlagen einer Humanvermögensrechnung, Wiesbaden (Gabler) 1978; *Rumpf, Hartmut*, Betriebliche Humanvermögensrechnungen, in: Zeitschrift für betriebswirtschaftliche Forschung 30 (1978), 453–463; *Fischer-Winkelmann, Wolf F./Hohl, Eberhard K.*, Konzepte und Probleme der Humanvermögensrechnung, in: Der Betrieb 35 (1982), 2636–2644; *Bartscher, Thomas R./Steinmann, Olaf*, Der Human-Resource-Accounting-Ansatz innerhalb der Personal-Controlling-Diskussion, in: Zeitschrift für Personalforschung 4 (1990), 387–401; *Marr, Rainer/Schmidt, Herbert*, Humanvermögensrechnung, in: *Gaugler, Eduard/Weber, Wolfgang* (Hrsg.), Handwörterbuch des Personalwesens, Stuttgart (Poeschel) 2. Aufl. 1992, 1031–1042; *Schoenfeld, Hanns M. W.*, Humanvermögen, in: *Chmielewicz, Klaus/Schweitzer, Marcel* (Hrsg.), Handwörterbuch des Rechnungswesens, Stuttgart (Schäffer-Poeschel) 3. Aufl. 1993, 889–896; *Flamholtz, Eric G./Bullen, Maria L./Hua, Wie*, Human Resource Accounting: A Historical Perspective and Future Implications, in: Management Decision 40 (10/2002), 947–954; *Wall, Friederike/Gebauer, Michael*, Human Resource Accounting Considered Harmful …? Ein Stakeholder-orientierter Argumentationsleitfaden für ein neues altes Instrumentarium des Rechnungswesens, in: Kostenrechnungspraxis 46 (2002), 311–318.

63 insbesondere *Likert, Rensis*, New Patterns of Management, New York – Toronto – London (McGraw-Hill) 1961.

64 *Schoenfeld, Hanns M. W.*, Humanvermögen, in: *Chmielewicz, Klaus/Schweitzer, Marcel* (Hrsg.), Handwörterbuch des Rechnungswesens, Stuttgart (Schäffer-Poeschel) 3. Aufl. 1993, 889–896, hier: 890 [Hervorhebungen im Original].

65 *Marr, Rainer/Schmidt, Herbert*, Humanvermögensrechnung, in: *Gaugler, Eduard/Weber, Wolfgang* (Hrsg.), Handwörterbuch des Personalwesens, Stuttgart (Poeschel) 2. Aufl. 1992, 1031–1042, hier: 1032.

66 *Kiehn, Adrian*, Möglichkeiten und Grenzen der ökonomischen Analyse der Wertschöpfung des Personalmanagements, Bamberg (Difo-Druck) 1996, 20–21.

67 *Fischer-Winkelmann, Wolf F./Hohl, Eberhard K.*, Konzepte und Probleme der Humanvermögensrechnung, in: Der Betrieb 35 (1982), 2636–2644, hier: 2640.

68 *Bontis, Nick/Dragonetti, Nicola C./Jacobsen, Kristine/Roos, Göran*, The Knowledge Toolbox: A Review of the Tools Available to Measure and Manage Intangible Resources, in: European Management Journal 17 (1999), 391–402, hier: 393.

69 *Flamholtz, Eric*, The Role of Human Resource Accounting in Social Accounting, in: *Dierkes, Meinolf/Bauer, Raymond A.* (Hrsg.), Corporate Social Accounting, New York – Washington – London (Praeger) 1973, 166–182, hier: 167; *Bartscher, Thomas R./Steinmann, Olaf*, Der Human-Resource-Accounting-Ansatz innerhalb der Personal-Controlling-Diskussion, in: Zeitschrift für Personalforschung 4 (1990), 387–401, hier: 400.

70 *Bontis, Nick/Dragonetti, Nicola C./Jacobsen, Kristine/Roos, Göran*, The Knowledge Toolbox: A Review of the Tools Available to Measure and Manage Intangible Resources, in: European Management Journal 17 (1999), 391–402, hier: 394.

71 *Fischer-Winkelmann, Wolf F./Hohl, Eberhard K.*, Konzepte und Probleme der Humanvermögensrechnung, in: Der Betrieb 35 (1982), 2636–2644, hier: 2642 + 2644.

72 *Wimmer, Peter/Neuberger, Oswald*, Personalwesen 2. Personalplanung, Beschäftigungssysteme, Personalkosten, Personalcontrolling, Stuttgart (Enke) 1998, 456.

73 *Kiehn, Adrian*, Möglichkeiten und Grenzen der ökonomischen Analyse der Wertschöpfung des Personalmanagements, Bamberg (Difo-Druck) 1996, 251.

74 *Lawler, III, Edward E.*, Quality of Working Life and Social Accounts, in: *Dierkes, Meinolf/Bauer, Raymond A.* (Hrsg.), Corporate Social

Accounting, New York – Washington – London (Praeger) 1973, 154–165, hier: 159.

75 *Phillips, Jack J.*, Accountability in Human Resource Management, Houston/Texas etc. (Gulf) 1996, 36.

76 *Lev, Baruch/Schwartz, Aba*, On the Use of the Economic Concept of Human Capital in Financial Statements, in: The Accounting Review 46 (1/1971), 103–112; *Siegert, Theo*, Humankapital: Erfolgsmessung und Partizipation, in: *Bühler, Wolfgang/Siegert, Theo* (Hrsg.), Unternehmenssteuerung und Anreizsysteme. Kongress-Dokumentation 52. Deutscher Betriebswirtschafter-Tag 1998, Stuttgart (Schäffer-Poeschel) 1999, 17–46.

77 *Siegert, Theo*, Humankapital: Erfolgsmessung und Partizipation, in: *Bühler, Wolfgang/Siegert, Theo* (Hrsg.), Unternehmenssteuerung und Anreizsysteme. Kongress-Dokumentation 52. Deutscher Betriebswirtschafter-Tag 1998, Stuttgart (Schäffer-Poeschel) 1999, 17–46, hier: 22.

78 *Siegert, Theo*, Humankapital: Erfolgsmessung und Partizipation, in: *Bühler, Wolfgang/Siegert, Theo* (Hrsg.), Unternehmenssteuerung und Anreizsysteme. Kongress-Dokumentation 52. Deutscher Betriebswirtschafter-Tag 1998, Stuttgart (Schäffer-Poeschel) 1999, 17–46, hier: 18–19.

79 *Siegert, Theo*, Humankapital: Erfolgsmessung und Partizipation, in: *Bühler, Wolfgang/Siegert, Theo* (Hrsg.), Unternehmenssteuerung und Anreizsysteme. Kongress-Dokumentation 52. Deutscher Betriebswirtschafter-Tag 1998, Stuttgart (Schäffer-Poeschel) 1999, 17–46, hier: 21.

80 *Siegert, Theo*, Humankapital: Erfolgsmessung und Partizipation, in: *Bühler, Wolfgang/Siegert, Theo* (Hrsg.), Unternehmenssteuerung und Anreizsysteme. Kongress-Dokumentation 52. Deutscher Betriebswirtschafter-Tag 1998, Stuttgart (Schäffer-Poeschel) 1999, 17–46, hier: 19.

81 *Lingemann, Hans-Friedrich*, Wissensbilanz. Instrument für die Personalarbeit, in: FB/IE – Zeitschrift für Unternehmensentwicklung und Industrial Engineering 50 (2001), 175–177.

82 *Hartz, Peter*, Job Revolution. Wie wir neue Arbeitsplätze gewinnen können, Frankfurt/Main (Frankfurter Allgemeine Buch) 2001, 130; *Volkswagen AG*, Wissensmanagement. Wissen in der Volkswagenwelt. Wissensbilanz, http://www.vw-personal.de/content/www/de/wissen/wissensmanagement/wissensbilanz.html, abgerufen am 11.11.2003.

83 *Volkswagen AG*, Wissensmanagement. Wissen in der Volkswagenwelt. Wissensbilanz, http://www.vw-personal.de/content/www/de/wissen/wissensmanagement/wissensbilanz.html, abgerufen am 11.11.2003.

84 *Lingemann, Hans-Friedrich*, Wissensbilanz. Instrument für die Personalarbeit, in: FB/IE – Zeitschrift für Unternehmensentwicklung und Industrial Engineering 50 (2001), 175–177, hier: 176.

85 *Andriessen, Daniel/Tissen, René*, Weightless Wealth. Finding Your Real Value in a Future of Intangible Assets, London etc. (Financial Times/Prentice Hall) 2000; *Andriessen, Daniel*, Weightless Wealth: Four Modifications to Standard IC Theory, in: Journal of Intellectual Capital 2 (2001), 204–214; *Andriessen, Daniel*, The Financial Value of Intangibles. Searching for the Holy Grail, Arbeitspapier präsentiert auf dem 5. World Congress on the Management of Intellectual Capital, Hamilton, Ontario, 16.–18.01.2002.

86 *Prahalad, Coimbatore K./Hamel, Gary*, The Core Competence of the Corporation, in: Harvard Business Review 68 (3/1990), 79–91.

87 *Andriessen, Daniel/Tissen, René*, Weightless Wealth. Finding Your Real Value in a Future of Intangible Assets, London etc. (Financial Times/Prentice Hall) 2000.

88 *Sveiby, Karl-Erik*, Wissenskapital – das unentdeckte Vermögen. Immaterielle Unternehmenswerte aufspüren, messen und steigern, Landsberg/Lech (moderne industrie) 1998; *Sveiby Knowledge Associates*, http://www.sveiby.com, 2001, abgerufen am 01.08.2003.

89 zum Beispiel *Barchan, Margareta*, Capturing Knowledge for Business Growth. How Celemi Ensures Strategic Gains by Measuring Intangible Assets (zitiert nach: http://www.celemi.com/articles/texts/capturingknow9811.asp, 1998a, abgerufen am 15.11.2001); *Barchan, Margareta*, Celemi's Intangible Assets Monitor 1998, in: *Celemi*, Annual Report 1998, Malmö 1998b (zitiert nach: http://www.celemi.com/articles/texts/ia98.asp, 1998, abgerufen am 03.09.2002); *Celemi*, Annual Report 2002, Malmö 2003 (zitiert nach: http://www.celemi.com/about/news/pdf/Annual%20Report%2002.pdf, 2003, abgerufen am 01.07.2003).

90 *Celemi*, Annual Report 2002, Malmö 2003, 13 (zitiert nach: http://www.celemi.com/about/news/pdf/Annual%20Report%2002.pdf, 2003, abgerufen am 01.07.2003).

91 *North, Klaus/Probst, Gilbert J. B./Romhardt, Kai*, Wissen messen – Ansätze, Erfahrungen und kritische Fragen, in: Zeitschrift Führung + Organisation 67 (1998), 158–166, hier: 163.

92 *Roos, Göran/Roos, Johan*, Measuring Your Company's Intellectual Performance, in: Long Range Planning 30 (1997), 413–426; *Roos, Johan/Roos, Göran/Dragonetti, Nicola C./Edvinsson, Leif*, Intellectual Capital. Navigating the New Business Landscape, Houndmills etc. (Macmillan Business) 1997; *Reinhardt, Rüdiger*, Das Management von Wissenskapital, in: *Pawlowsky, Peter* (Hrsg.), Wissensmanagement. Erfahrungen und Perspektiven, Wiesbaden (Gabler) 1998, 145–176; *Bontis, Nick/Dragonetti, Nicola C./Jacobsen, Kristine/ Roos, Göran*, The Knowledge Toolbox: A Review of the Tools Available to Measure and Manage Intangible Resources, in: European Management Journal 17 (1999), 391–402, hier: 397.

93 *Roos, Göran/Roos, Johan*, Measuring Your Company's Intellectual Performance, in: Long Range Planning 30 (1997), 413–426, hier: 415 [Übersetzung der Verfasser].

94 *Stewart, Thomas A.*, Intellectual Capital. The New Wealth of Organizations, London (Nicholas Brealey) 1997.

95 *Stewart, Thomas A.*, Getting Real about Brainpower, in: Fortune 132 (27.11.1995), 97–99, hier: 99 [Übersetzung der Verfasser].

96 *Edvinsson, Leif*, Developing Intellectual Capital at Skandia, in: Long Range Planning 30 (1997), 366-373; *Edvinsson, Leif/Malone, Michael S.*, Intellectual Capital. Realizing Your Company's True Value by Finding its Hidden Brainpower, New York (HarperBusiness) 1997; *Roos, Johan/Roos, Göran*, A 2nd Generation of Intellectual Capital Practices, in: *Skandia* (Hrsg.), FuturICing. Skandia and Intellectual Capital (CD-ROM), Stockholm 1997; *Skandia* (Hrsg.), FuturICing. Skandia and Intellectual Capital (CD-ROM), Stockholm 1997; *Skandia*, Human Capital in Transformation. Intellectual Capital Prototype Report, Skandia 1998, Stockholm 1998; *Edvinsson, Leif/Brünig, Gisela*, Aktivposten Wissenskapital. Unsichtbare Werte bilanzierbar machen, Wiesbaden (Gabler) 2000; *IC Community AB*, Skandia's Navigator and Process Model, in: http://www.iccommunity.com/articles1.shtml, 2003, abgerufen am 24.07.2003; *Rydén, Marek/Bredahl, Ann-Charlotte*, Implementing Strategic Planning with the Skandia Navigator, in: Controlling 15 (2003), 169–174; *Grafström, Gottfried/Edvinsson, Leif*,

Accounting for Minds. An Inspirational Guide to Intellectual Capital, ohne Ort (Larsherberts Offset) ohne Jahr, 38–40.

97 *Edvinsson, Leif/Brünig, Gisela*, Aktivposten Wissenskapital. Unsichtbare Werte bilanzierbar machen, Wiesbaden (Gabler) 2000, 130–131.

98 *Scholz, Christian/Bechtel, Roman*, Vordenker und mustergültige Unternehmen. Human-Capital-Management, in: Personalwirtschaft 29 (1/2002), 10–11.

99 *Sveiby, Karl-Erik*, Wissenskapital – das unentdeckte Vermögen. Immaterielle Unternehmenswerte aufspüren, messen und steigern, Landsberg/Lech (moderne industrie) 1998, 254–256.

100 *Kaplan, Robert S./Norton, David P.*, The Balanced Scorecard. Translating Strategy into Action, Boston/Massachusetts (Harvard Business School Press) 1996a, 210–211; *Edvinsson, Leif*, Developing Intellectual Capital at Skandia, in: Long Range Planning 30 (1997), 366–373, hier: 369 + 371.

101 *North, Klaus/Probst, Gilbert J. B./Romhardt, Kai*, Wissen messen – Ansätze, Erfahrungen und kritische Fragen, in: Zeitschrift Führung + Organisation 67 (1998), 158–166, hier: 163.

102 *Sveiby, Karl-Erik*, Methods for Measuring Intangible Assets, in: http://www.sveiby.com/articles/IntangibleMethods.htm, Oktober 2002, abgerufen am 17.06.2003.

103 *Brooking, Annie*, The Management of Intellectual Capital, in: Long Range Planning 30 (1997), 364–365; *Brooking, Annie*, Intellectual Capital. Core Asset for the Third Millennium Enterprise, London etc. (Thomson) 1998; *Brooking, Annie*, Corporate Memory. Strategies for Knowledge Management, London etc. (Thomson) 2000.

104 *Brooking, Annie*, Corporate Memory. Strategies for Knowledge Management, London etc. (Thomson) 2000, 16–17 [Übersetzung der Verfasser].

105 *Lundquist, John*, Intellectual Capital in Information Technology Companies. A Correlational Study of IC Rating™ and Variables Measuring Growth and Profitability, Örebro University 15.06.2000; *Edvinsson, Leif/Kivikas, Mart*, The New Longitude Perspective for Value Creation, in: Controlling 15 (2003), 163–167; *Tenbieg, Marc S./Kivikas, Mart*, Intellectual Capital Management auf Basis eines IC-Rating™.

Hintergrund, Methodik und Nutzwert, Braiconn Deutschland & Wissenskapital 2003; *Intellectual Capital Sweden AB*, http://www.intellectualcapital.se, abgerufen am 29.07.2003.

106 *Tenbieg, Marc S./Kivikas, Mart*, Intellectual Capital Management auf Basis eines IC-Rating™. Hintergrund, Methodik und Nutzwert, Braiconn Deutschland & Wissenskapital 2003, 6.

107 zum Beispiel *Kaplan, Robert S./Norton, David P.*, The Balanced Scorecard – Measures that Drive Performance, in: Harvard Business Review 70 (1/1992), 71–79; *Kaplan, Robert S./Norton, David P.*, Putting the Balanced Scorecard to Work, in: Harvard Business Review 71 (5/1993), 134–142; *Kaplan, Robert S./Norton, David P.*, The Balanced Scorecard. Translating Strategy into Action, Boston/Massachusetts (Harvard Business School Press) 1996a; *Kaplan, Robert S./Norton, David P.*, Using the Balanced Scorecard as a Strategic Management System, in: Harvard Business Review 74 (1/1996b), 75–85; *Kaplan, Robert S./Norton, David P.*, Linking the Balanced Scorecard to Strategy, in: California Management Review 39 (1/1996c), 53–79; *Epstein, Marc/Manzoni, Jean-François*, Implementing Corporate Strategy: From Tableaux de Bord to Balanced Scorecards, in: European Management Journal 16 (1998), 190–203; *Kaplan, Robert S./Atkinson, Anthony A.*, Advanced Management Accounting, Upper Saddle River, New Jersey (Prentice Hall) 3. Aufl. 1998; *Mooraj, Stella/Oyon, Daniel/Hostettler, Didier*, The Balanced Scorecard: A Necessary Good or an Unnecessary Evil?, in: European Management Journal 17 (1999), 481–491; *Müller, Armin*, Strategisches Management mit der Balanced Scorecard, Stuttgart – Berlin – Köln (Kohlhammer) 2000; *Kaplan, Robert S./Norton, David P.*, Die strategiefokussierte Organisation. Führen mit der Balanced Scorecard, Stuttgart (Schäffer-Poeschel) 2001; *Bischof, Jürgen*, Die Balanced Scorecard als Instrument einer modernen Controlling-Konzeption. Beurteilung und Gestaltungsempfehlungen auf der Basis des Stakeholder-Ansatzes, Wiesbaden (Deutscher Universitäts-Verlag) 2002.

108 *Kaplan, Robert S./Norton, David P.*, The Balanced Scorecard – Measures that Drive Performance, in: Harvard Business Review 70 (1/1992), 71-79, hier: 72–73 [Übersetzung der Verfasser].

109 *Deutsche Bank AG*, Results 1999. Geschäftsbericht, Frankfurt/Main 2000, 10–15; *Deutsche Bank AG*, Results 2000. Geschäftsbericht, Frankfurt/Main 2001, 12–17.

110 *Töpfer, Armin*, Zielvereinbarung, Leistungsbewertung und Erfolgsbeteiligung beim Einsatz der Balanced Score Card, in: *Töpfer, Armin* (Hrsg.), Das Management der Werttreiber. Die Balanced Score Card für die Wertorientierte Unternehmenssteuerung, Frankfurt/Main (Frankfurter Allgemeine Buch) 2000, 281–310, hier: 281–282.

111 *Bontis, Nick/Dragonetti, Nicola C./Jacobsen, Kristine/Roos, Göran*, The Knowledge Toolbox: A Review of the Tools Available to Measure and Manage Intangible Resources, in: European Management Journal 17 (1999), 391–402, hier: 397.

112 *Wimmer, Peter/Neuberger, Oswald*, Personalwesen 2. Personalplanung, Beschäftigungssysteme, Personalkosten, Personalcontrolling, Stuttgart (Enke) 1998, 567.

113 *Becker, Brian E./Huselid, Mark A./Ulrich, Dave*, The HR Scorecard: Linking People, Strategy, and Performance, Boston/Massachusetts (Harvard Business School Press) 2001; *Feige, Wolfgang*, Balanced Scorecard im Bildungswesen, in: Personalwirtschaft 29 (7/2002), 30–33; *Huselid, Mark A./Barnes, Jane E.*, Human Capital Measurement Systems as a Source of Competitive Advantage, Arbeitspapier, Rutgers University, Piscataway, NJ 01.10.2002; *Beatty, Richard W./ Huselid, Mark A./Schneier, Craig E.*, New HR Metrics: Scoring on the Business Scorecard, in: Organizational Dynamics 32 (2/2003), 107–121; *Philipps, Gordian/Windheim, Jürgen*, Prozesse zielgerichtet steuern. HR Balanced Scorecard, in: CoPers 11 (4/2003), 22–26.

114 zum Beispiel *Kaplan, Robert S./Norton, David P.*, The Balanced Scorecard – Measures that Drive Performance, in: Harvard Business Review 70 (1/1992), 71–79; *Kaplan, Robert S./Norton, David P.*, The Balanced Scorecard. Translating Strategy into Action, Boston/ Massachusetts (Harvard Business School Press) 1996a.

115 *Becker, Brian E./Huselid, Mark A./Ulrich, Dave*, The HR Scorecard: Linking People, Strategy, and Performance, Boston/Massachusetts (Harvard Business School Press) 2001, IX [Übersetzung der Verfasser].

116 *Huselid, Mark A./Barnes, Jane E.*, Human Capital Measurement Systems as a Source of Competitive Advantage, Arbeitspapier, Rutgers University, Piscataway, NJ 01.10.2002, 6.

117 *North, Klaus*, Wissensorientierte Unternehmensführung. Wertschöpfung durch Wissen, Wiesbaden (Gabler) 1998; *North, Klaus/Probst,*

Gilbert J. B./Romhardt, Kai, Wissen messen – Ansätze, Erfahrungen und kritische Fragen, in: Zeitschrift Führung + Organisation 67 (1998), 158-166; *Probst, Gilbert J. B./Raub, Steffen/Romhardt, Kai*, Wissen managen. Wie Unternehmen ihre wertvollste Ressource optimal nutzen, Frankfurt/Main – Wiesbaden (Frankfurter Allgemeine Buch/Gabler) 3. Aufl. 1999; *Maul, Karl-Heinz*, Wissensbilanzen als Teil des handelsrechtlichen Jahresabschlusses. Wissensbilanzen dargestellt am Beispiel des Jahresabschlusses von Hochschulen, in: Deutsches Steuerrecht 47 (2000), 2009-2016; *Maul, Karl-Heinz/Menninger, Jutta*, Das „Intellectual Property Statement" – eine notwendige Ergänzung des Jahresabschlusses?, in: Der Betrieb 53 (2000) 529–533; *Haller, Axel/Dietrich, Ralph*, Intellectual Capital Bericht als Teil des Lageberichts, in: Der Betrieb 54 (2001), 1045–1052.

118 *Probst, Gilbert J. B./Raub, Steffen/Romhardt, Kai*, Wissen managen. Wie Unternehmen ihre wertvollste Ressource optimal nutzen, Frankfurt/Main – Wiesbaden (Frankfurter Allgemeine Buch/Gabler) 3. Aufl. 1999, 326.

119 *ARC Seibersdorf Research GmbH*, Wissensbilanz 2001. Wissen schafft Zukunft, Seibersdorf – Wien 2002, 18.

120 *Meer-Kooistra, Jeltje van der/Zijlstra, Siebren M.*, Reporting on Intellectual Capital, in: Accounting, Auditing & Accountability Journal 14 (2001), 456–476; *Gazdar, Kaevan/Bornmüller, Andreas*, Personalbilanzen fehlt der Glanz, in: Personalwirtschaft 29 (3/2002), 62–66.

121 *Systematic Software Engineering A/S,* Intellectual Capital Report 2000, Aarhus, DK 2000.

122 *WM-data AB,* Annual Report 2000, Stockholm (Tryckindustri) 2001.

123 *Danish Ministry of Science, Technology, and Innovation*, Intellectual Capital Statements – The New Guideline, Kopenhagen (saloprint a/s) 2003.

124 *Friederichs, Peter*, Konsequentes Führungscontrolling durch den Employee-Value-Index, in: Personalführung 31 (4/1998), 70–75; *Friederichs, Peter*, Wachstum durch Unternehmenskultur und Changeability. Die Antriebsfunktion der Personalentwicklung für die Zukunftsfähigkeit der Unternehmen, in: *Friederichs, Peter/Althauser, Ulrich* (Hrsg.), Personalentwicklung in der Globalisierung. Strategien der Insider, Neuwied – Kriftel (Luchterhand) 2001, 3–69.

125 *Friederichs, Peter*, Konsequentes Führungscontrolling durch den Employee-Value-Index, in: Personalführung 31 (4/1998), 70–75, hier: 70.

126 *Wucknitz, Uwe D.*, Handbuch Personalbewertung. Messgrößen – Anwendungsfelder – Fallstudien, Stuttgart (Schäffer-Poeschel) 2002a.

127 *Wucknitz, Uwe D.*, Bewertung von Personal in der Due Diligence, in: Personal 53 (2001), 674–678.

128 *Wucknitz, Uwe D.*, Personalrisiken erkennen und beeinflussen, in: Personalwirtschaft 29 (10/2002b), 28–32.

129 *Wucknitz, Uwe D.*, Handbuch Personalbewertung. Messgrößen – Anwendungsfelder – Fallstudien, Stuttgart (Schäffer-Poeschel) 2002a, 90.

130 *Wucknitz, Uwe D.*, Handbuch Personalbewertung. Messgrößen – Anwendungsfelder – Fallstudien, Stuttgart (Schäffer-Poeschel) 2002a, 23.

131 *Kreft, Hans-Diedrich*, Das Humanpotenzial. Grundlagen und Anwendungen, Zusammenfassung eines Vortrages, gehalten am 06.07.2001; *Gloth, Hans-Jürgen*, If You Can't Measure it, You Cannot Manage it. Humatics: Wissen messen, in: CoPers 11 (1/2003), 80–85; *Kreft, Hans-Diedrich*, Mathematische Zusammenhänge zwischen Kompetenz, Rationalisierung und Erfolg in Unternehmen. Die Erweiterung des ökonomischen Erklärungsrahmens durch Anwendung mathematischer Methoden, Dassendorf ohne Jahr.

132 *Gloth, Hans-Jürgen*, If You Can't Measure it, You Cannot Manage it. Humatics: Wissen messen, in: CoPers 11 (1/2003), 80–85, hier: 80.

133 *Kreft, Hans-Diedrich*, Mathematische Zusammenhänge zwischen Kompetenz, Rationalisierung und Erfolg in Unternehmen. Die Erweiterung des ökonomischen Erklärungsrahmens durch Anwendung mathematischer Methoden, Dassendorf ohne Jahr, 7–9.

134 *Kreft, Hans-Diedrich*, Das Humanpotenzial. Grundlagen und Anwendungen, Zusammenfassung eines Vortrages, gehalten am 06.07.2001, 9.

135 *Mayo, Andrew*, The Human Value of the Enterprise. Valuing People as Assets. Monitoring, Measuring, Managing, London (Nicholas Brealey) 2001.

136 *Mayo, Andrew*, The Human Value of the Enterprise. Valuing People as Assets. Monitoring, Measuring, Managing, London (Nicholas Brealey) 2001, 82–83.

137 *Mohr, Hans-Christian/Keilholz, Ulrich*, Human Capital in der Post Merger Integration. Eine Studie von William M. Mercer, Frankfurt/ Main 2001.

138 *Mohr, Hans-Christian/Keilholz, Ulrich*, Human Capital in der Post Merger Integration. Eine Studie von William M. Mercer, Frankfurt/ Main 2001, 11.

139 *Ulrich, Dave*, Intellectual Capital = Competence ∗ Commitment, in: Sloan Management Review 39 (2/1998), 15–26.

140 *Deutsche Bank AG*, Motivierte Mitarbeiter, http://career.deutsche-bank.com/wms/dbhr/index.php?ci=3&language=1, abgerufen am 19.11.2003.

141 *Esselborn, Richard Fr./Henke, Mareile*, Humankapital. Das aries® Verfahren zur Berechnung von Human- und Unternehmungskapital, Freiburg – Leipzig (Books on Demand) 2. Aufl. 2001.

142 *Esselborn, Richard Fr./Henke, Mareile*, Humankapital. Das aries® Verfahren zur Berechnung von Human- und Unternehmungskapital, Freiburg – Leipzig (Books on Demand) 2. Aufl. 2001, 11.

143 *Chartered Institute of Personnel and Development*, Human Capital. External Reporting Framework, London 2003.

144 *Bornemann, Manfred*, Empirical Analysis of the Intellectual Potential of Value Systems in Austria according to the VAIC™ Method, in: http://www.measuring-ip.at/Opapers/Bornemann/Empirical/Empirical AnalysisAustria.html, Februar 1998, abgerufen am 17.06.2003; *Pulić, Ante*, Measuring the Performance of Intellectual Potential in Knowledge Economy, in: http://www.measuring-ip.at/OPapers/Pulic/Vaictxt/ vaictxt.html, Februar 1998, abgerufen am 17.06.2003.

145 *Bornemann, Manfred*, Empirical Analysis of the Intellectual Potential of Value Systems in Austria according to the VAIC™ Method, in: http://www.measuring-p.at/Opapers/Bornemann/Empirical/Empirical AnalysisAustria.html, Februar 1998, abgerufen am 17.06.2003 [Übersetzung der Verfasser].

146 *Pulić, Ante*, Measuring the Performance of Intellectual Potential in Knowledge Economy, in: http://www.measuring-ip.at/OPapers/Pulic/Vaictxt/vaictxt.html, Februar 1998, abgerufen am 17.06.2003.

147 *Pulić, Ante*, VAIC™ – An Accounting Tool for IC Management, in: http://www.measuring-ip.at/Papers/ham99txt.htm, Januar 2000, abgerufen am 17.06.2003.

148 *Pulić, Ante*, VAIC™ – An Accounting Tool for IC Management, in: http://www.measuring-ip.at/Papers/ham99txt.htm, Januar 2000, abgerufen am 17.06.2003.

149 zum Beispiel *Harvey, Michael G./Lusch, Robert F.*, Protecting the Core Competencies of a Company: Intangible Asset Security, in: European Management Journal 15 (1997), 370–380; *Young, David*, Economic Value Added: A Primer for European Managers, in: European Management Journal 15 (1997), 335–343.

150 *Mensch, Gerhard*, Finanz-Controlling. Finanzplanung und -kontrolle. Controlling zur finanziellen Unternehmensführung, München – Wien (Oldenbourg) 2001, 145.

151 *Bontis, Nick/Dragonetti, Nicola C./Jacobsen, Kristine/Roos, Göran*, The Knowledge Toolbox: A Review of the Tools Available to Measure and Manage Intangible Resources, in: European Management Journal 17 (1999), 391–402, hier: 395 [Übersetzung der Verfasser].

152 *Stewart, III, G. Bennett*, The Quest for Value. The EVA™ Management Guide, New York, NY (HarperBusiness) 1991; *Young, David*, Economic Value Added: A Primer for European Managers, in: European Management Journal 15 (1997), 335–343; *Bontis, Nick/Dragonetti, Nicola C./Jacobsen, Kristine/Roos, Göran*, The Knowledge Toolbox: A Review of the Tools Available to Measure and Manage Intangible Resources, in: European Management Journal 17 (1999), 391–402; *Ehrbar, Al*, EVA. Economic Value Added. Der Schlüssel zur wertsteigernden Unternehmensführung, Wiesbaden (Gabler) 1999; *Fischer, Thomas M.*, Economic Value Added (EVA®) – Informationen aus der externen Rechnungslegung zur internen Unternehmenssteuerung?, HHL-Arbeitspapier Nr. 27, Handelshochschule Leipzig 1999; *Seeberg, Thomas*, Wertorientierte Unternehmensführung bei Siemens mit EVA®/GWB®, in: *Bühler, Wolfgang/Siegert, Theo* (Hrsg.), Unternehmenssteuerung und Anreizsysteme. Kongress-Dokumentation 52. Deutscher Betriebswirtschafter-Tag 1998, Stuttgart (Schäffer-Poeschel)

1999, 269–278; *Hostettler, Stephan*, Economic Value Added (EVA). Darstellung und Anwendung auf Schweizer Aktiengesellschaften, Bern – Stuttgart – Wien (Haupt) 4. Aufl. 2000; *Neubürger, Heinz-Joachim*, Wertorientierte Unternehmensführung bei Siemens, in: Zeitschrift für betriebswirtschaftliche Forschung 52 (2000), 188–196; *Keller, Bernd/Plack, Andreas*, Economic Value Added (EVA) als Unternehmenssteuerungs- und -bewertungsmethode, in: Kostenrechnungspraxis 45 (2001), 347–351; *Stern, Joel M./Shiely, John S./Ross, Irwin*, Wertorientierte Unternehmensführung mit E(conomic) V(alue) A(dded). Strategie, Umsetzung, Praxisbeispiele, München (Econ) 2002.

153 *Bontis, Nick/Dragonetti, Nicola C./Jacobsen, Kristine/Roos, Göran*, The Knowledge Toolbox: A Review of the Tools Available to Measure and Manage Intangible Resources, in: European Management Journal 17 (1999), 391–402, hier: 395 [Übersetzung der Verfasser].

154 *Metro AG*, Geschäftsbericht 2002. Konzernabschluss der Metro Group, Düsseldorf (Druckpartner Essen) 2003, 20.

155 *Drucker, Peter F.*, The Information Executives Truly Need, in: Harvard Business Review 73 (1/1995), 54–62, hier: 59.

156 *Epstein, Marc/Manzoni, Jean-François*, Implementing Corporate Strategy: From Tableaux de Bord to Balanced Scorecards, in: European Management Journal 16 (1998), 190–203, hier: 191.

157 *Fitz-enz, Jac*, The ROI of Human Capital. Measuring the Economic Value of Employee Performance, New York etc. (Amacom) 2000, 32.

158 *Metro AG*, Geschäftsbericht 2002. Konzernabschluss der Metro Group, Düsseldorf (Druckpartner Essen) 2003, 20 + 29.

159 *Nölting, Andreas*, Werttreiber Mensch, in: manager magazin 30 (4/2000), Sonderdruck „The Boston Consulting Group"; *Strack, Rainer/Franke, Jutta/Dertnig, Stephan*, Workonomics™: Der Faktor Mensch im Wertmanagement, in: Zeitschrift Führung + Organisation 69 (2000), 283–288; *Schwarz, Gunther*, Wertorientierte Steuerung von Kapital, Kunden und Mitarbeitern. Ein Steuerungs-Dreieck statt Aussagen ohne Steuerungskraft, in: Versicherungswirtschaft 56 (2001), 236–239; *Strack, Rainer/Hansen, Julie/Dörr, Thorsten*, Wertmanagement: Implementierung und Erweiterung um das Human und Customer Capital, in: Kostenrechnungspraxis 45 (Sonderheft 1/2001), 63–72; *Strack, Rainer/Villis, Ulrich*, RAVE™: Die nächste Generation im

Shareholder Value Management, in: Zeitschrift für Betriebswirtschaft 71 (2001), 67–84; *The Boston Consulting Group*, Workonomics. Linking Human Resources and Shareholder Value, http://www.bcg.com/workonomics/index.htm, 2001, abgerufen am 01.07.2003; *Strack, Rainer*, Workonomics™: Wertorientierte Steuerung des Humankapitals, in: *Klinkhammer, Heinz* (Hrsg.), Personalstrategie. Personalmanagement als Business Partner, Neuwied – Kriftel (Luchterhand) 2002, 71–90; *Strack, Rainer/Villis, Ulrich*, RAVE™: Integrated Value Management for Customer, Human, Supplier and Invested Capital, in: European Management Journal 20 (2/2002), 147–158; *Strack, Rainer/Villis, Ulrich/Klose, Frank*, Wertsteigerung durch den Mitarbeiter, in: Personalwirtschaft 30 (12/2003), 23–27.

160 *Roos, Alexander/Stelter, Daniel*, Die Komponenten eines integrierten Wertmanagementsystems, in: Controlling 11 (1999), 301–307, hier: 304.

161 *Barber, Felix/Zimmermann, Karsten*, Workonomics: Measuring the Importance of People, in: http://www.bcg.com/publications/search_view_ofas.asp?pubID=610, 2001, abgerufen am 04.10.2002 [Übersetzung der Verfasser].

162 *Barber, Felix/Mei-Pochtler, Antonella/Strack, Rainer*, Shareholder Value und Human Resources, in: http://www.unternehmenskultur.org/mitbest/Strack_P2.html, abgerufen am 17.09.2003 [Übersetzung der Verfasser].

163 *Strack, Rainer/Franke, Jutta/Dertnig, Stephan*, Workonomics™: Der Faktor Mensch im Wertmanagement, in: Zeitschrift Führung + Organisation 69 (2000), 283–288, hier: 283.

164 *Nölting, Andreas*, Werttreiber Mensch, in: manager magazin 30 (4/2000), Sonderdruck „The Boston Consulting Group", 5 [Umrechnung von DM in Euro durch die Verfasser].

165 *Fitz-enz, Jac*, The ROI of Human Capital. Measuring the Economic Value of Employee Performance, New York etc. (Amacom) 2000, 32.

166 *Lorson, Peter*, Shareholder Value-Ansätze. Zweck, Konzepte und Entwicklungstendenzen, in: Der Betrieb 52 (1999), 1329–1339, hier: 1336.

167 *Strassmann, Paul A.*, Does Knowledge Capital Explain Market/Book Valuations?, in: http://files.strassmann.com/pubs/km/1999-9.php, 1999a, abgerufen am 24.07.2003.

168 *Mintz, S. L.*, Seeing Is Believing. A Better Approach to Estimating Knowledge Capital, in: CFO Magazine (Februar 1999), 29–37.

169 *Strassmann, Paul A.*, The Value of Knowledge Capital, in: American Programmer, März 1998 (zitiert nach: http://www.strassmann.com/pubs/valuekc/, März 1998, abgerufen am 04.07.2003); *Strassmann, Paul A.*, Measuring and Managing Knowledge Capital, in: Knowledge Executive Report, 1999b (zitiert nach: http://www.strassmann.com/pubs/measuring-kc/, 1999, abgerufen am 04.07.2003); *Strassmann, Paul A.*, Calculating Knowledge Capital, in: Knowledge Management, 1999c (zitiert nach: http://files.strassmann.com/pubs/km/1999-10.php, 1999, abgerufen am 04.07.2003); *Strassmann, Paul A.*, Personal Capitalists, in: http://files.strassmann.com/pubs/km/2001-5.php, Mai 2001, abgerufen am 04.07.2003.

170 *Strassmann, Paul A.*, The Value of Knowledge Capital, in: American Programmer, März 1998 (zitiert nach: http://www.strassmann.com/pubs/valuekc/, März 1998, abgerufen am 04.07.2003) [Übersetzung der Verfasser].

171 *Sharpe, William F./Alexander, Gordon J./Bailey, Jeffrey V.*, Investments, Upper Saddle River, New Jersey (Prentice Hall) 6. Aufl. 1999, 227.

172 *Strassmann, Paul A.*, Calculating Knowledge Capital, in: Knowledge Management, 1999c (zitiert nach: http://files.strassmann.com/pubs/km/1999-10.php, 1999, abgerufen am 04.07.2003).

173 *McLean, Rob*, Measuring the Creation of Value, in: http://www.matrixlinks.ca/valuecreation.html, 1999, abgerufen am 02.07.2003; *The Canadian Institute of Chartered Accountants*, Tracking Value Creation. An Overview of TVC™ Concepts and Developments, in: http://www.greengene.net/casestudy/TVCConcepts.html, 2000, abgerufen am 02.07.2003; *The Canadian Institute of Chartered Accountants and TVC International Inc.* (Hrsg.), TVC® Frequently Asked Questions: Top Level, http://www.totalvaluecreation.com/TVCfaq/, 2000, abgerufen am 02.07.2003.

174 *Hentze, Joachim/Kammel, Andreas*, Personalcontrolling. Eine Einführung in Grundlagen, Aufgabenstellungen, Instrumente und Organisation des Controlling in der Personalwirtschaft, Bern – Stuttgart – Wien (Haupt) 1993, 170–172.

175 *Hoss, Günter*, Personalcontrolling im industriellen Unternehmen: Controlling auf der operativen und taktischen Problemebene des Personalsystems, Krefeld (Matzenbacher Wissenschaftsverlag) 1989, 231.

176 *Rühle, Andreas*, Die Beurteilung strategischer Personalinvestitionen. Kritische Analyse traditioneller Verfahren der Investitionsbeurteilung und Entwurf eines eigenen ganzheitlichen Ansatzes, Berlin (Schmidt) 1999, 260–261.

177 *Scholz, Christian*, Personalmanagement. Informationsorientierte und verhaltenstheoretische Grundlagen, München (Vahlen) 5. Aufl. 2000, 138–150 + 539–546.

178 *Rühle, Andreas*, Die Beurteilung strategischer Personalinvestitionen. Kritische Analyse traditioneller Verfahren der Investitionsbeurteilung und Entwurf eines eigenen ganzheitlichen Ansatzes, Berlin (Schmidt) 1999, 262.

179 *Rühle, Andreas*, Die Beurteilung strategischer Personalinvestitionen. Kritische Analyse traditioneller Verfahren der Investitionsbeurteilung und Entwurf eines eigenen ganzheitlichen Ansatzes, Berlin (Schmidt) 1999, 262.

180 *Picot, Arnold/Fiedler, Marina*, Der ökonomische Wert des Wissens, in: *Boos, Monica/Goldschmidt, Nils* (Hrsg.), WissensWert!? Ökonomische Perspektiven der Wissensgesellschaft, Baden-Baden (Nomos) 2000, 15–37.

181 *Scholz, Christian*, Personalmanagement. Informationsorientierte und verhaltenstheoretische Grundlagen, München (Vahlen) 5. Aufl. 2000, 543.

182 *Hentze, Joachim/Kammel, Andreas*, Personalcontrolling. Eine Einführung in Grundlagen, Aufgabenstellungen, Instrumente und Organisation des Controlling in der Personalwirtschaft, Bern – Stuttgart – Wien (Haupt) 1993, 171.

183 *Picot, Arnold/Fiedler, Marina*, Der ökonomische Wert des Wissens, in: *Boos, Monica/Goldschmidt, Nils* (Hrsg.), WissensWert!? Ökonomische Perspektiven der Wissensgesellschaft, Baden-Baden (Nomos) 2000, 15–37.

184 *Stewart, Thomas A.*, Intellectual Capital. The New Wealth of Organizations, London (Nicholas Brealey) 1997.

185 *Stewart, Thomas A.*, Intellectual Capital. The New Wealth of Organizations, London (Nicholas Brealey) 1997, 227.

186 *Stewart, Thomas A.*, Intellectual Capital. The New Wealth of Organizations, London (Nicholas Brealey) 1997, 227–228.

187 *Stewart, Thomas A.*, Intellectual Capital. The New Wealth of Organizations, London (Nicholas Brealey) 1997, 228.

188 *Stewart, Thomas A.*, Intellectual Capital. The New Wealth of Organizations, London (Nicholas Brealey) 1997, 229.

189 *Sullivan, Patrick H. Jr./Sullivan, Patrick H. Sr.*, Valuing Intangibles Companies. An Intellectual Capital Approach, in: Journal of Intellectual Capital 1 (2000), 328–340.

190 *Bender, Christian/Röhling, Thomas*, Ansätze zur Bewertung und Risikomessung von Humankapital, in: *Kossbiel, Hugo* (Hrsg.), Modellgestützte Personalentscheidungen, Bd. 5, München – Mering (Hampp) 2001, 27–39.

191 *Bender, Christian/Röhling, Thomas*, Ansätze zur Bewertung und Risikomessung von Humankapital, in: *Kossbiel, Hugo* (Hrsg.), Modellgestützte Personalentscheidungen, Bd. 5, München – Mering (Hampp) 2001, 27–39, hier: 28.

192 *Fitz-enz, Jac*, The ROI of Human Capital. Measuring the Economic Value of Employee Performance, New York etc. (Amacom) 2000.

193 *Fitz-enz, Jac*, The ROI of Human Capital. Measuring the Economic Value of Employee Performance, New York etc. (Amacom) 2000, 32–37.

194 *Mintz, S. L.*, Seeing Is Believing. A Better Approach to Estimating Knowledge Capital, in: CFO Magazine (Februar 1999), 29-37; *Mintz, S. L.*, The Second Annual Knowledge Capital Scoreboard: A Knowing Glance, in: CFO Magazine (Februar 2000), 52-62; *Osterland, Andrew*, Grey Matters: CFO's Third Annual Knowledge Capital Scorecard, in: CFO Magazine (April 2001), zitiert nach: http://www.cfo.com/Article?article=2514, 2003, abgerufen am 24.07.2003.

195 *Mintz, S. L.*, Seeing Is Believing. A Better Approach to Estimating Knowledge Capital, in: CFO Magazine (Februar 1999), 29–37, hier: 34.

196 *Strassmann, Paul A.*, Does Knowledge Capital Explain Market/Book Valuations?, in: http://files.strassmann.com/pubs/km/1999-9.php, 1999a, abgerufen am 24.07.2003.

197 zum Beispiel *Giarini, Orio/Liedtke, Patrick M.*, Wie wir arbeiten werden. Der neue Bericht an den Club of Rome, München (Heyne) 1998, 113; *Güldenberg, Stefan/Mayerhofer, Helene/Steyrer, Johannes*, Zur Bedeutung von Wissen, in: *Eckardstein, Dudo von/Kasper, Helmut/Mayrhofer, Wolfgang* (Hrsg.), Management. Theorien – Führung – Veränderung, Stuttgart (Schäffer-Poeschel) 1999, 589-598, hier: 594; *Höckels, Astrid*, Möglichkeiten zur Sicherung von Humankapital im Unternehmen. Eine Analyse aus institutionenökonomischer Sicht, Frankfurt/Main etc. (Lang) 2000, 79.

198 *Scholz, Christian/Scholz, Maria*, Mitarbeiterbefragungen: Mehr als nur einfach Meinungsumfragen. Instrumente, Konzepte, Durchführung, in: Personalführung 28 (1995), 728-740.

199 *Giarini, Orio/Liedtke, Patrick M.*, Wie wir arbeiten werden. Der neue Bericht an den Club of Rome, München (Heyne) 1998, 113.

200 *Scholz, Christian/Scholz, Maria*, Mitarbeiterbefragungen: Mehr als nur einfach Meinungsumfragen. Instrumente, Konzepte, Durchführung, in: Personalführung 28 (1995), 728-740.

201 *Herzberg, Frederick*, Work and Nature of Man, London (Crosby Lockwood Staples) 1966; *Herzberg, Frederick*, One More Time: How Do You Motivate Employees?, in: Harvard Business Review 46 (1/1968), 53-62; *Wunderer, Rolf/Küpers, Wendelin*, Demotivation – Remotivation. Wie Leistungspotenziale blockiert und reaktiviert werden, Neuwied – Kriftel (Luchterhand) 2003.

202 *Scholz, Christian*, Personalmanagement. Informationsorientierte und verhaltenstheoretische Grundlagen, München (Vahlen) 5. Aufl. 2000.

203 *Scholz, Christian*, Strategisches Management. Ein integrativer Ansatz, Berlin – New York (de Gruyter) 1987, 88.

204 *Scholz, Christian*, Personalmanagement – Strategisches Outsourcing oder operative Selbstauflösung?, in: *Speck, Peter/Wagner, Dieter* (Hrsg.), Personalmanagement im Wandel. Vom Dienstleister zum Businesspartner. *Karl-Friedrich Ackermann* zum 65. Geburtstag, Wiesbaden (Gabler) 2003, 105–123, hier: 117–118.

205 *Porter, Michael E.*, Competitive Strategy. Techniques for Analyzing Industries and Competitors, New York (Free Press) 1980.

206 *Hommelhoff, Peter/Hopt, Klaus J./Werder, Axel von* (Hrsg.), Handbuch Corporate Governance. Leitung und Überwachung börsennotierter Unternehmen in der Rechts- und Wirtschaftspraxis, Köln – Stuttgart (Schmidt/Schäffer-Poeschel) 2003.

207 *Aschoff, Christoff*, Betriebliches Humanvermögen. Grundlagen einer Humanvermögensrechnung, Wiesbaden (Gabler) 1978, 37.

208 *Ortner, Gerhard E.*, Die Zukunft der Unternehmen: Humankapital und Personalvermögen, Rede des Symposiums an der Technischen Akademie Schwäbisch Gmünd am 25. April 1997, Hagener Universitätsreden, Nr. 27, Hagen 2000, 19.

209 *Hauser, John/Katz, Gerald*, Metrics: You Are What You Measure!, in: European Management Journal 16 (1998), 517–528, hier: 517.

210 *Scholz, Christian*, Innovative Personalorganisation in neuen Märkten, in: *Klinkhammer, Heinz* (Hrsg.), Personalstrategie. Personalmanagement als Business Partner, Neuwied – Kriftel (Luchterhand) 2002, 113–133.

Namen

A

Abbott Laboratories 185
Adidas-Salomon AG 55, 58, 63, 70, 170, 181
Allianz AG 72
Anderson, Rod 186
Andriessen, Daniel 97
AON Corporation 25
ARC Seibersdorf Research GmbH 133–134
Arthur Andersen 25
Austrian Intellectual Capital Research Center (AICRC) 161

B

Barber, Felix 178–179
BASF AG 55, 58, 63, 70, 170, 181
Bayer AG 55, 58, 63, 70, 72, 170, 181
Bayerische Hypotheken- und Wechsel-Bank AG 136–138
Bechtel, Roman 9
Becker, Brian E. 129
Beiersdorf AG 72
Bender, Christian 199
BMW AG 55–56, 58–59, 63, 70, 170, 181
Bontis, Nick 169, 172
Bornemann, Manfred 161
Bothwell, Marc 206
Brokat Infosystems AG 72
Brooking, Annie 117–118
Brünig, Gisela 115

C

Canadian Institute of Chartered Accountants 186
Cap Gemini Ernst & Young 75–76
Celemi 102–103
Center for Business Innovation (CBI) 75
Chartered Institute of Personnel and Development (CIPD) 158
Club of Rome 20, 233
Continental AG 72
Crusoe, Robinson 38

D

DaimlerChrysler AG 55–56, 58–60, 63, 70, 72, 169–170
Dänisches Ministerium für Wissenschaft, Technologie und Innovation 135
Deloitte & Touche 25
Deutsche Bank AG 72, 127, 154
Deutsche Gesellschaft für Personalführung e.V. (DGFP) 9
Deutsche Lufthansa AG 55, 58, 60, 63, 70, 170, 181
Deutsche Telekom AG 55, 58, 63, 70, 72, 170, 181
Deutscher Aktienindex (DAX) 55, 58, 63, 70, 170, 181
Deutsches Zentrum für Luft- und Raumfahrt e.V. (DLR) 133
Dolphin 113
Donau-Universität Krems 133
Douglas Publications, Inc. 25
Dragonetti, Nicola C. 169, 172
Drucker, Peter F. 18

E

Edvinsson, Leif 111, 115, 121
EM.TV 32–33, 72
Esselborn, Richard Fr. 156
Extra Verbrauchermärkte GmbH 173, 176

F

Fischer-Winkelmann, Wolf F. 81
Fitz-enz, Jac 61–62, 64–65, 175, 182, 202–203, 205
Friederichs, Peter 136, 139

G

Gartner, Inc. 25
Giarini, Orio 233
Gloth, Hans-Jürgen 145

H

Hamel, Gary 95
Henke, Mareile 156
Henkel KGaA 55, 58, 63, 70, 170, 181
Hohl, Eberhard K. 81
Huselid, Mark A. 129

I

IBM Corporation 233
Infineon Technologies AG 17–18
Intellectual Capital Management Group, Inc. (ICMG) 195, 199
Intellectual Capital Services Ltd. 104
Intellectual Capital Sweden AB 121
Intershop Communications AG 72

J

Jacobsen, Kristine 169, 172

K

Kaplan, Robert S. 116, 124, 126, 129
Karstadt-Quelle AG 72
Kaufhof Warenhaus AG 173, 176
Keilholz, Ulrich 152
Kellogg School of Business, Northwestern University, Illinois 192
Kivikas, Mart 122
KPMG 95
Kreft, Hans-Diedrich 145–146

L

Lev, Baruch 85, 183, 206, 208–209
Liedtke, Patrick M. 233
Linde AG 55, 58, 63, 70, 170, 181
Lingemann, Hans-Friedrich 91
Lycos Europe 72

M

MAN AG 55, 58, 63, 70, 170, 181
Marr, Rainer 80
Mayo, Andrew 148, 150
McLean, Rob 186
Media-Saturn-Holding GmbH 173, 176
Mei-Pochtler, Antonella 179
Merck & Co., Inc. 193–194, 208–209
Metro AG 55, 58, 63, 70, 170, 181
Metro Cash & Carry 173, 176
Metro Gruppe 173, 176
Mintz, S. L. 209
Mobilcom AG 72
Mohr, Hans-Christian 152
Moody's Investors Service 121

N

Nash, Humphrey H. 78
NCI Research 192
Nölting, Andreas 181
North, Klaus 70
Norton, David P. 116, 124, 126, 129

P

PeopleSoft, Inc. 25, 236
Pixelpark AG 72
Prahalad, Coimbatore K. 95
Praktiker Bau- und Heimwerkermärkte AG 173, 176
PricewaterhouseCoopers (PwC) 25
Probst, Gilbert J. B. 70, 132
Pulić, Ante 161, 163, 165, 167

R

Raub, Steffen 132
Real Holding GmbH 173, 176
Röhling, Thomas 199
Romhardt, Kai 70, 132
Roos, Göran 104–105, 169, 172
Roos, Johan 104–105
Rühle, Andreas 190
RWE AG 55, 58, 63, 70, 170, 181

S

SAP AG 55, 58, 63–64, 70–72, 169–170, 181, 236
SAS Institute, Inc. 25
Scarbrough, Harry 158
Schering AG 55, 58, 63, 70, 72, 170, 181
Schmidt, Herbert 80
Schoenfeld, Hanns M. W. 80

Scholz, Christian 5, 9
Schwartz, Aba 85
Siegert, Theo 85–89
Siemens AG 55, 58, 63, 70, 72, 88, 170, 181
Simon, Hermann 33, 71–74
Skandia AFS 111
Skandia Insurance Company Ltd. 111–113, 116–117
Standard & Poor's 121
Standfield, Ken 66
Stein, Volker 9
Stern Stewart & Co. 171
Stewart, Thomas A. 108, 110, 193–195
Strack, Rainer 179
Strassmann, Paul A. 183–186, 209
Sveiby, Karl-Erik 100, 116
Systematic Software Engineering A/S 134

T

Tenbieg, Marc S. 122
The Boston Consulting Group (BCG) 178
The Technology Broker 117
Tissen, René 97
Tobin, James 68–69

U

Ulrich, Dave 129, 154–155

V

Vester, Frederic 20
Volkswagen AG 55–56, 58–59, 63–64, 70, 72, 90, 169–170, 181

W

Watson Wyatt 25
Web.de AG 72
William M. Mercer 151–152
WM-data AB 134
Wucknitz, Uwe D. 140, 142–143

Z

Zimmermann, Karsten 178

Stichworte

A

Abschreibung 38, 57, 69, 71, 78, 81, 174, 179, 182, 187
Accounting For The Future (AFTF) 78–79, 217
Accounting-orientierte Ansätze 78–94, 224
Akquisition 73, 196–197
Aktionsphasen 37
Aktivierung 29–30, 82, 187
Akzeptanz 28, 43, 89, 103, 110, 123, 152, 182, 190, 213–215
Arbeitsmarkt 32–36, 120, 164, 167, 185, 214, 224, 226–227, 232, 235, 248
Arbeitsorganisation 131, 143
Arbeitsplatzsicherheit 257
Arbeitsumfeld 20, 93
Arbeitsvertrag 17, 121, 150, 248
Arbeitswelt 6, 8, 17, 19, 31, 47, 233, 250, 257–258
Arbitrage Pricing Theory (APT) 199
Aries 156–158, 217
Auditierung 120

B

Balanced Scorecard (BSC) 116, 124–129, 131, 135, 139, 188, 217
Basel II 140
Benchmarking 106, 109, 111, 120, 123, 174
Berichterstattung 99, 117, 135, 158
Berichtsfunktion 99, 125
Betriebsrat 17, 19, 28, 43, 256
Betriebszugehörigkeit 81–82, 101, 113, 134, 225, 227–229, 236, 239–240, 248, 250
Bewertung auf Basis zukünftiger Einkünfte 82
Bewertung mit Hilfe zukünftiger Leistungsbeiträge 83
Bewertungsklasse 51, 224
Beziehungskapital 23
Bilanz 5, 16, 23–24, 30, 41, 54, 57, 66, 69, 82–83, 87, 89, 105, 111, 118, 123, 132, 168–169, 173, 176, 187, 192, 196, 207
Bilanzierung 30, 78, 81, 84, 132–133, 240
Bilanzpolitik 30
Bildungsinvestition 254
Börsenkapitalisierung 54
Börsenpsychologie 24, 56
Business Partner, strategischer 259

C

Calculated Intangible Value (CIV) 110, 192–195, 217
Capital Asset Pricing Model (CAPM) 184, 199
Cash Value Added (CVA) 178–183
Cash-Flow 78–79, 178, 187–188, 196–197
CIPD-Framework 158–160, 217
Cockpit 180
Competence x Commitment 154–155, 217, 224
Controlling 80, 152
Corporate Governance 255
Corporate Responsibility-Bericht 134
Customizing 22, 127

D

Darwiportunismus 6, 8
Demotivation 222, 226, 231, 238, 250
Deprofessionalisierung 254
Diskriminierung 256
Diversity Management 133

E

Economic Value Added (EVA) 171–178, 182–186, 188, 217
Effektivität 254
Eigenkapital 24, 54–55, 58, 62, 66, 163, 168–170, 254–255

Employability 35
Employee-Value-Index (EVI) 136–140, 217
Employer Branding 255
Entgeltbarwert-Ansatz 85–89, 217, 224
Entlassungswelle 254
Entscheidungsbaum 216–217
Erfahrungswissen 221–222, 236
Erfolgsfaktor 15, 32, 105–106, 112, 126
Ermessensspielraum 30
Ertragsorientierte Ansätze 192–210, 225
Exit-Interview 218

F

Fähigkeitsmerkmal 214
Fähigkeitsprofil 36, 39, 91–93
Fair View 29
Finanzielles Kapital 23
Finanzkennzahlen 15, 112, 124, 135, 171
Finanzplanung 22
Firmenwertmethode 82
Fluktuationskosten 189–190, 203, 205–206
Fremdkapital 168–170
Führungsbilanz 137
Führungscontrolling 136
Führungsleitbild 137
Führungsqualität 105, 136
Full-Time Equivalent (FTE) 31, 61–64, 115, 134, 172, 175–177, 182, 184, 202–203, 224, 226–227, 232–233, 238, 240, 242
Fusion 16, 140, 151
Fußballspieler 6, 17, 27–28

G

Gehaltsstudie 233, 243
Gesamtkostenverfahren 163, 166
Geschäftsbericht 15, 52, 54, 62, 72, 83, 102, 116, 127, 135, 173, 176, 180, 207, 212
Geschäfts-/Firmenwert, derivativer 29–30
Gleichgestelltenbeurteilung 119–120
Globalisierung 16
Going-Concern 195, 197
Goodwill 5
GuV-Rechnung 41, 83, 89, 162–163, 166, 248

H

Halbwertszeit des Wissens 227, 233
Handelsgesetzbuch (HGB) 29–30
HC-Bekenntnis 6, 8, 258
HC-Bewertung 7–9, 37–44, 51–210, 221–251, 258
HC-Bewertungsansätze 51–210, 221–251
HCM-System 19, 31, 47, 253, 256
HC-Optimierung 7–8, 37, 45–47, 248, 258
HC-Wertbasis 226–227
HC-Wertkompensation 230
HC-Wertveränderung 231
HC-Wertverlust 227–229
Headhunter 32
High-Performance Work Systems (HPWS) 130–131
HR Due Diligence 140, 153
HR Performance Driver 130–131
HR Scorecard 129–132, 139, 217
HR-Architektur 129
Human Asset Worth (HAW) 148–151, 217
Human Capital Indikator 151–153, 217
Human Capital Market Value (HCMV) 61–65, 217, 224
Human Capital Measurement System 131
Human Capital Pricing Model (HCPM) 199–202, 217
Human Capital Statement 31
Human Economic Value Added (HEVA) 175–178, 182, 217
Human Resource Accounting (HRA) 80–85, 217, 224
Humanvermögensbericht 83
Humatics 145–148, 217

I

ICM Model 195–199, 217
IC-Rating 121–124, 217
Independent Contractor 34
Indikatorenbasierte Ansätze 95–160, 224
Informationstechnologie 16, 27
Intangible Assets Monitor (IAM) 100–104, 116, 135, 217, 225
Intellectual Capital Erosion (ICE) 66–67
Intellectual Capital Navigator 108–111, 217
Intellectual Capital Statement 134–135
Intellectual Capital Supplement 112, 116
Intellectual Capital-Audit (IC-Audit) 117–121, 217
Intellectual Capital-Controlling 112–113
Intellectual Capital-Index (IC-Index) 104–108, 217
Intellectual Capital-Report 113, 134
Intellectual Property Report 134
Interaktion 44, 226, 231, 237
International Accounting Standards (IAS) 5, 15, 29
International Financial Reporting Standards (IFRS) 15, 29
Investitionsrechnung 22, 81, 83, 189
Investor Relations 255
Investor-Assigned Market Value (IAMV) 66–68, 217

J

Jahresabschluss 29, 55, 58, 63, 70, 83, 96, 132, 170, 182

K

Kennzahlenbasierte Wissensbilanz 132–136, 217
Kernkompetenz 95–99
Know-how 105, 133, 145, 149, 254
Knowledge Capital 183–186, 217
Knowledge Capital Scoreboard 183, 206–210, 217
Komplexität 28, 30–31, 38, 43, 74, 85, 92, 144, 200, 212, 218, 256
Komplexitätsreduktion 126, 128
Kontrakt 17–18
Kostenfaktor 6
Kosten-Nutzen-Analyse (KNA) 188–191, 217
Kostenverursacher 28
Kostenwertmethode 82

L

Lagebericht 30, 213
Leitstand 103
Lernen, lebenslanges 230
Lernkurve 38
Lernprozess 90, 100, 105, 257
Lernzeit 90–94
Lernzeitbasierte Wissensbilanz 90–94, 217, 224
Loyalität 17–18, 157, 159

M

M&A-Prozess 198
Machbarkeitswahn 85, 256
Management by Objectives (MbO) 127
Management-Informationssystem 98, 102, 236
Market Value Added (MVA) 168–172, 217
Market-Based View 32, 248
Markt-/Buchwert-Differenz 57–65, 67–68, 169–170, 194, 208, 210, 217
Markt-/Buchwert-Lücke 56
Markt-/Buchwert-Relation 54–60, 68, 71, 110, 194, 208, 217
Markteintrittsbarriere 254–255
Markterfolg 18
Marktkapitalisierung 54–56, 58, 70, 72, 87, 170, 194
Marktmechanismus 27, 47, 67, 82, 224
Marktpreis 24, 27, 34, 185–186, 189, 227, 248
Marktwert/Mitarbeiter-Quotient 71–74, 217

Marktwertorientierte Ansätze 54–77, 224
Massenentlassung 256
Merger 151–153, 196–197
Messaufwand 43
Methode der Verhaltensvariablen 83
Methods-Time-Measurement 199
Mitarbeiterbefragung 31, 110, 126, 218, 226, 231, 236, 245
Mitarbeitergespräch 137
Multiplikatorenverfahren 82

N

Nachhaltigkeit 41, 96, 213, 249
Nachhaltigkeitsbericht 134
Neuer Markt 17
New Economy 32–33, 74, 179
Niederstwertprinzip 240
Non-Profit-Organisation 95, 135
Nutzungsdauer 29, 82, 98, 224, 227

O

Opportunitätskostenmethode 82
Organisation der Personalarbeit 7, 16
Organisation, lernende 127–128
Organisationales Kapital 23
Originärer Value Added Intellectual Coefficient (VAIC) 161–164, 167, 217
Outsourcing 25, 212, 254, 256

P

Passivposten 30
Passivseite 54, 168
Performance 25, 69, 75, 104–105, 124, 126, 159, 169, 174–175
Performance-Bewertung 131
Performancegröße 173
Performance Management Program 17–18
Performance-Maß 170, 172, 186
Performance Measurement 124, 129, 256
Performance-Messung 113, 124
Personalarbeit, professionelle 6, 8, 22, 30–31, 258–259
Personalaufwand 29–30, 81, 86–89, 134, 138, 162–163, 165–167, 179, 204, 206, 248
Personalbedarfsbestimmung 45
Personalbericht 31, 134
Personalbeschaffung 45
Personalbestandsanalyse 45
Personalcontrolling 42, 84, 140, 189–190
Personaleinsatz 45
Personalentwicklung 45
Personalfreisetzung 45
Personalführung 46
Personal-Kennzahlen 110, 137, 159–160
Personalkostenmanagement 45, 116, 164, 167, 189
Personalkostenmethode, effizienzgewichtete 82
Personalmanagementfelder 45
Personalpolitik 6, 130, 137
Personalstrategie 30, 32, 138–139, 213
Physisches Kapital 23
Potenzialmarktplatz 34–35
Preisbildungsmechanismus 34
Profisport 6

R

Radar-Chart 110
Rating 140
Rechnungslegung 15, 29–30, 78–81, 83–84, 111, 133, 161, 174, 187–188, 206–207
Rechnungswesen 5, 29–30, 80–81, 84, 86, 101, 173–174, 189, 255
REFA 91, 199
Rentabilitätscontrolling 189
Reporting 160
Residual Income (Residualgewinn) 171
Residualgröße 29, 173
Resource-Based View 32, 248
Restlaufzeit 89
Return on Assets (ROA) 171, 193, 195

Return on Equity (ROE) 171
Return on Human Capital 172–173
Return on Intellectual Capital 172
Return on Investment (ROI) 47, 200–201
ROI of Human Capital (HCROI) 202–206, 217
Rolle der Personalabteilung 6, 16, 120, 258–259
Rolle des Personalmanagements 5, 16
Rückstellungen 29–30, 41, 162

S

Saarbrücker Formel 221–251
Saarbrücker Personalforschung 8
Shareholder 54, 125, 135, 187
Shareholder Value 25, 43, 73, 174, 177–178, 199
Signalling 255
Skandia Navigator 111–117, 135, 217
Sozialabgaben 151, 162
Sozialbericht 30, 134
Sozialbilanz 83
Spielregeln 19, 21, 251
Stakeholder 30, 83, 104, 133, 135, 149–150, 187, 255, 258
Stammplatzgarantie 6, 8, 17, 19, 21, 31, 47, 257
Steuerung 15, 43, 47, 74, 78–79, 89–90, 93, 104–105, 128, 140, 179–180, 183, 190, 258
Stimmigkeit 211
Stock Options 89
Substanzerhaltung 240
Summenmodell des Humankapitals 140–144, 217
Synergie 5, 44

T

Talent 34–35, 109, 154
Talentoptimierung 34–35
Tobin's q 68–71, 110, 194, 217
Total Value Creation (TVC) 186–188, 217
Transferpreis 174
Trendstudie 6, 8
Turnover 228

U

Übernahme 73, 140, 197
Unternehmensbewertung 32, 210
Unternehmenserfolg 38, 162
Unternehmensführung 7, 122
Unternehmenskultur 100, 127, 141–142, 251
Unternehmensleitung 19, 83, 105, 136, 237, 254, 258–259
Unternehmensperformance 109, 159, 169, 171–172, 186
Unternehmensressourcen 41, 121
Unternehmensstrategie 32, 112, 124–125, 127, 130
Unternehmenswert 5, 23–24, 29, 33, 43–44, 58, 66–67, 73–75, 92–93, 161, 172, 196, 199
Unternehmensziele 40, 42, 47, 125, 130, 133, 139, 211, 237
Unternehmenszugehörigkeit 82
Unternehmenszusammenschluss 152–153, 197
Unverbindlichkeit 7, 20, 107, 110, 117, 218, 254–255, 259
Ursache-Wirkungs-Zusammenhang 99, 127–128, 130, 164, 180, 195
US-amerikanische Generally Accepted Accounting Principles (US-GAAP) 5, 15, 29

V

Value Added-Ansätze 161–191, 225
Value Creation Index (VCI) 75–77, 217
Value Explorer 95–99, 217
Verfügungsrechte 85, 253
Vergütungssysteme 33, 139, 152
Virtualisierung 16
Vision 28, 125, 127, 237
Vollzeitkraft *siehe* Full-Time Equivalent (FTE)
Vorschlagswesen, betriebliches 126

W

War for Talents 42
Weiterentwickelter Value Added Intellectual Coefficient (VAIC) 165–168, 217
Werthebelbaum 180
Werttreiber 5, 7, 75–76, 141, 143–144, 218
Wettbewerbsanalyse 255
Wettbewerbsdruck 17, 47
Wettbewerbsnachteil 178
Wettbewerbsumfeld 34, 47, 49
Wettbewerbsvorteil 27, 67, 105, 194, 251
Wiederbeschaffungskostenverfahren 82
Wiederbeschaffungswert 69, 227
win-win 48
Wirtschaftlichkeit 7, 188–189
Wissensbasis 27, 90
Wissensgesellschaft 227
Wissensmanagement 90, 100, 189, 227
Wissensrelevanz 226–228, 232–233, 235–236, 240, 243, 249–250
Wissenssubstanz 222, 228
Wissensveraltung 227, 249
Wissensverlust 93, 222
Workonomics 178–183, 217

Z

Zehn HCM-Postulate 22–49, 51, 247
Zielvereinbarung 137, 139